呂敬玉

요리의 세계에 입문한 지도 어느덧 30년, '중국요리 고수'라는 영광스런 닉네임을 갖게 되기까지 지나온 시간을 돌이켜보니 감회가 남다르다. 그간 난 신라호텔 조리장으로 24년을 근무했고, 중국 소주신라호텔 총주방장으로 활동했으며 지금은 중식당 'Luii(루이)'의 오너 셰프로 요리 인생을 살고 있다.

중국의 요리문화와 요리법을 좀 더 많은 사람들에게 전하고 싶어 홈페이지를 개설한 지도 어느덧 10년이 다 되어간다. 그간 MBC, KBS, SBS, EBS는 물론 케이블 TV 프로그램에 다수 출연했고 두어 권의 책도 냈다. 사실 처음 책을 내게 된 계기는 사람들이 중국요리에 관심을 갖고 쉽게 도전할 수 있도록 도움을 주고 싶어서였다. 그런데, 레서피대로만 했을 뿐인데 유명 호텔에서 먹던 그 맛이 부럽지 않다는 독자들의 전화를 받으면서 큰 보람을 느꼈다. 그래서 다시 책을 내기로 마음먹었다. 좀 더 체계적이고 실용적이며 누구나 쉽게 따라 할 수 있는 중국요리책이 필요하다는 생각에서다.

새 책을 위해 국내뿐 아니라 홍콩, 베이징, 상하이, 타이완 등 여러 나라 유명호텔 셰프와 의견을 나누고 그동안 현장에서 요리를 해왔던 경험과 요령들을 정리하면서, 요리도 시대에 따라 많이 발전하고 변해왔음을 새삼스레 깨닫게 되었다. 사람들의 입맛도 과거와는 많이 달라졌지만 새로운 식재료가 도입, 개발되고, 문화, 생활 여건이 달라지면서 같은 메뉴라 할지라도 조금씩 변화해온 것이다. 이는 중국요리 애호가의 눈과 혀를 즐겁게 하는 과정이 아니었을까 생각한다.

〈여경옥의 명품 중국요리〉는 실제 현장의 조리 과정과 맛내기 요령을 바탕으로 정확한 레서피와 자세한 과정사진, 자격증 대비를 위한 실용 정보들을 담아 체계적이고 이해하기 쉽게 만들었다. 또한 요리의 유래나 한자 등을 함께 기술하여 좀 더 즐겁고 재미있게 중국요리를 접할 수 있도록 했다.

중국요리에 관심이 있는 독자들에게 꼭 필요한 안내서가 되리라 믿고 또 기대하면서 이 책을 만드는 데 도움을 주신 많은 분들께 깊은 감사를 드린다.

여경옥

contents

PART 1
재료별 중국요리

PART 2
중국식 가정요리

PART 3
중국식 건강요리

PART 4
중국식 코스요리

책 속 부 록

중식기능사 자격증 시험
예상문제

BONUS PAGE⁺

시간은 줄이고 효과는 높이는
똑똑한 조리기구

{ 실력 없는 사람이 연장을 탓한다지만 중국요리를 잘하려면 일단 조리기구를 제대로 갖추는 것이 기본. 우묵한 중국팬과 납작하게 생긴 국자 등 몇 가지 기본이 되는 조리기구를 갖춰 두면 음식 만들기가 한결 쉽고 즐거워진다. 중국냄비와 튀김국자, 찜기 등 중국요리에서 자주 쓰는 조리기구의 쓰임새와 사용법을 살펴보자.

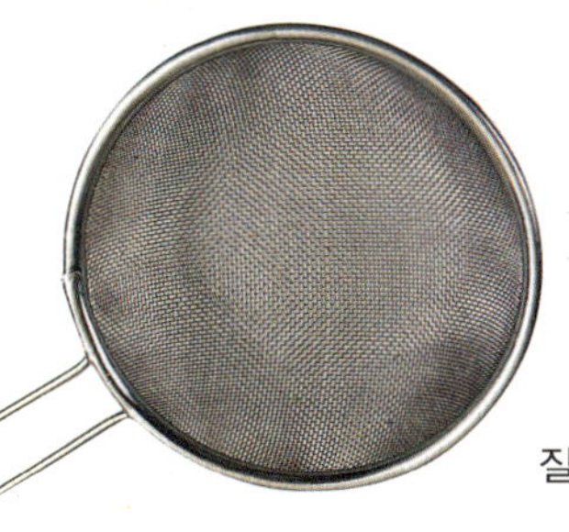

튀김국자
스테인리스 재질로 만들어진 망국자. 구멍국자와 같은 용도로 사용한다. 재료를 튀기거나 삶은 재료를 건질 때 편리하게 쓰인다.

양수팬
평평한 우리네 팬과는 달리 중국팬은 둥글고 입구가 넓으며 밑면이 오목하게 들어가 있는 것이 특징이다. 센불에 재빨리 볶아내는 조리법이 많아서 오목해야 사용하기 편리하다. 센불이 팬 전체에 고루 닿아 많은 양을 재빨리 볶을 수 있는 것이 장점. 큰 것은 찜기를 올릴 수도 있고 면을 삶아내는 데도 좋다. 손잡이가 양쪽에 있기 때문에 튀김을 할 때도 안정감이 있다. 가정용으로는 지름 33cm 정도의 크기가 적당하다. 사용 후에는 깨끗이 씻은 다음 종이타월에 기름을 묻혀 한 번 닦아서 보관한다.

편수팬
'웍(wok)' 이라고 불리는 중국요리용 볶음팬. 편수팬은 팬 전체가 넓고 오목해 양수팬과 닮았지만 손잡이가 한쪽에만 달려 있고 좀 더 두꺼운 것이 특징이다. 한 손엔 손잡이를, 다른 손엔 주걱을 잡고 재료를 볶으면 편리하다. 오목하기 때문에 재료가 밖으로 튀어나갈 염려가 없고 기름에 살짝 데칠 때도 편리하다. 중국요리는 주로 볶는 것이 많으니 편수팬 하나 정도는 기본으로 갖춰 두는 것이 좋다.

구멍국자
재료를 끓는 기름에 넣었다가 빼는 식으로 살짝 데치거나 튀길 때 요긴하다. 둥글고 오목하게 생긴 모양으로 바닥에 구멍이 뚫려 있어 기름기를 뺄 때도 유용하다. 재료를 담아 끓는 기름에 담그듯이 잠깐 튀기면 두 번 튀긴 것처럼 바삭해진다. 삶은 것을 건지거나 기름기와 물기를 뺄 때 등 두루 쓰인다.

국자
일반 국자보다 손잡이가 길어 센불에서 조리할 때 편리하다. 국자 하면 국물을 뜰 때 사용하는 것만 떠올리게 되는데 널찍한 중국팬에서 재료를 섞거나 볶을 때, 재료를 넣거나 꺼내 담을 때 등 두루두루 사용한다. 보통 한 국자는 1/2컵 정도의 분량이다.

볶음용 뒤집개
국자와 함께 재료를 뒤집거나 섞을 때, 볶을 때 주로 쓴다. 바닥이 평평하고 삼각형 모양으로 되어 있다. 볶음밥을 할 때 팬을 툭툭 치면서 볶아야 하는데, 이 때 사용하면 편리하다.

칼
요리 맛내기의 시작은 재료 손질과 썰기. 중국요리도 예외가 아니다. 중국에서는 요리를 배울 때 가장 먼저 칼 다루는 법을 며칠에 걸쳐 배울 정도라고 하니 그 중요성을 알 만하다. 중국 칼은 날렵하게 생긴 우리네와 달리 폭이 넓고 직사각형에 가까운 모양을 하고 있다. 무거운 쇠로 만들어져 그 무게로 여러 가지 재료를 쉽게 자를 수 있다. 야채를 써는 칼날이 얇은 칼과 고기를 토막 낼 때 쓰는 두꺼운 칼, 뼈를 토막 내는 칼 등 세 종류로 구분해 쓴다. 칼은 재료를 자르는 용도 외에도 다양한 쓰임새가 있다. 칼등을 이용해 고기를 연하게 두들기거나 옆으로 뉘어 마늘과 생강을 으깰 때 쓰기도 한다. 칼은 사용 후 관리를 어떻게 하는가에 따라 수명이 달라진다. 다 쓴 후에는 깨끗이 씻어 물기를 잘 닦은 후 보관한다.

대나무솔
중국요리는 재료별로 볶아내는 경우가 많은데 한 가지를 볶은 후 다음 것을 볶을 때마다 팬을 씻어야 한다면 너무 번거롭다. 또 번번이 물로 씻어 내는 것도 좋지 않다. 이때 필요한 것이 대나무를 가늘게 잘라 엮어서 만든 대나무솔이다. 조리하고 난 팬에 기름을 조금 부어 대나무솔로 문지르면 말끔히 닦인다.

대나무 찜기
생선찜, 두부찜 등을 비롯해 딤섬, 만두 등 모든 찜요리에 필요한 조리기구. 대나무로 만들어 찜을 하면 재료에 독특한 향이 배어 풍미를 좋게 한다. 냄비에 물을 팔팔 끓인 후 그 위에 찜통을 얹어서 사용한다. 여러 개를 겹쳐 쌓을 수 있어 한꺼번에 많은 양을 찔 수도 있다. 찜기 바닥에 대나무 발이 깔려 있는데 재료를 놓기 전에 젖은 면보를 깔아서 찐다. 뚜껑은 대나무가 얼기설기 짜여 있어 수증기가 빠져나가기 쉬워 요리에 물방울이 떨어지지 않는다. 크기는 다양한데, 지름 60cm 전후의 것이 가장 많이 쓰인다. 딤섬이나 만두 하나가 들어갈 정도의 작은 찜통도 있는데 이것을 그대로 식탁에 올리면 멋스럽다. 대나무 찜기가 없다면 집에서 흔히 쓰는 스테인리스로 만든 찜기를 이용해도 괜찮다.

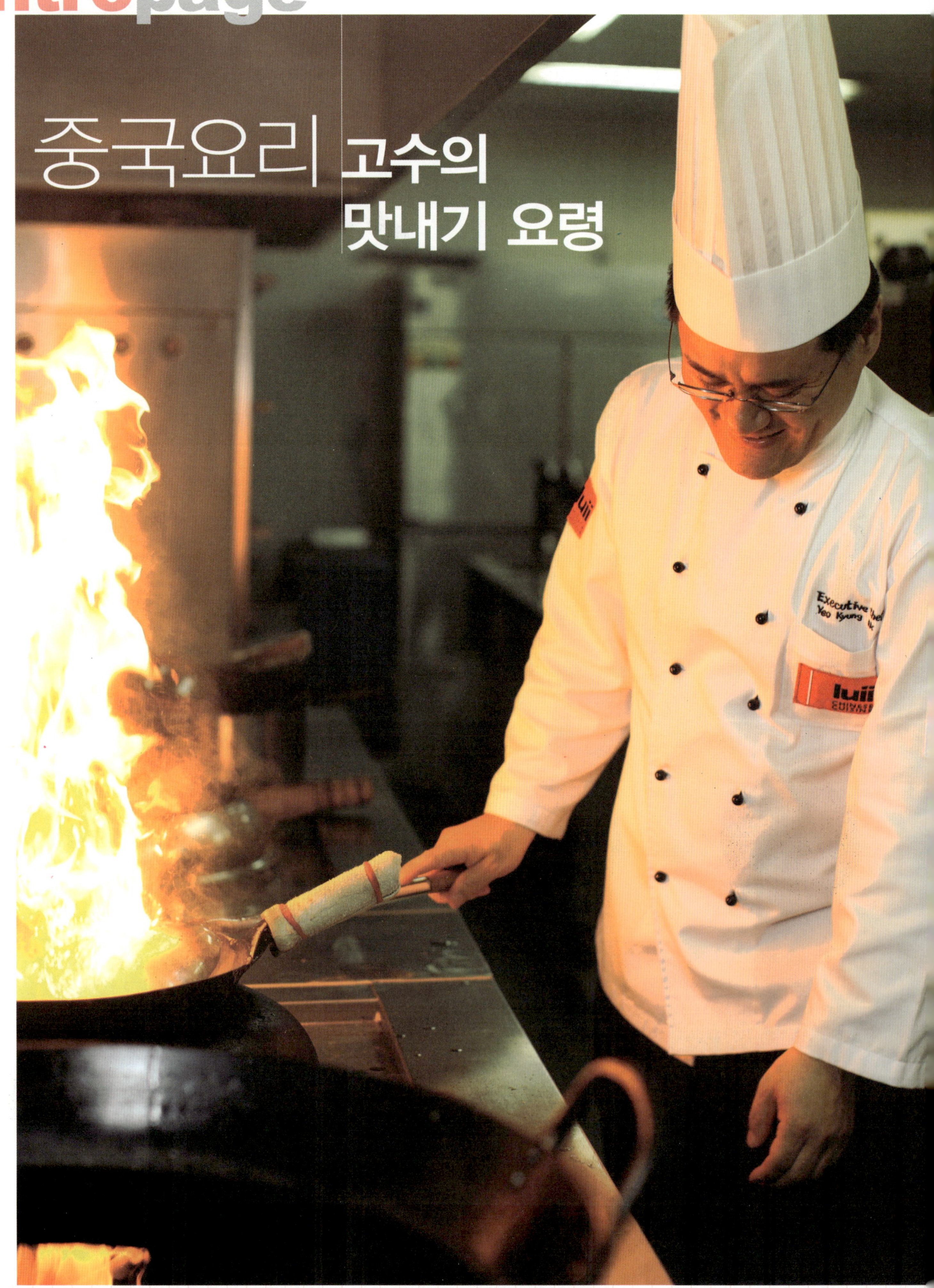

중국요리 고수의 맛내기 요령

중국요리를 하다 보면 들인 정성에 비해 맛이 좋지 않을 때가 있다. 이는 불 조절,
양념 사용 등 조리의 기본 요령이 부족하기 때문. 본토 중국요리의 맛을
재현하면서도 우리 입맛에 맞게 조리하는 여경옥 셰프만의 맛내기 요령을 배워 보자.

point 1··· 불 조절하기

흔히 중국요리 하면 불꽃을 한껏 피워 올려 팬이 마치 불길에 휩싸인 듯한 광경을 먼저 떠올린다. 불꽃에 휩싸인 팬을 요리조리 흔들어가며 조리하는 모습은 마치 신기한 곡예를 보는 듯한 느낌을 자아낸다. 언제나 이렇게 불꽃을 피워 올려야 하는 것은 아니지만 중국요리에서 화력 조절이 맛내기의 가장 중요한 부분인 것만은 확실하다.

화력을 조절하는 요령은 조리법에 따라 차이가 있으므로 기본 요령을 익혔다가 재료와 메뉴에 따라 응용해 보자.

● **볶음···** 볼품 있고 맛있게 볶으려면 불을 최대한 세게 해야 한다. 팬 위까지 불꽃이 활활 타오르는 중국요리 전문점의 진풍경도 바로 볶음요리를 할 때의 모습. 물론 가정에서는 불꽃을 최대한 키워도 이렇게 되기는 어렵지만 그렇더라도 가장 센불에서 볶는 것이 좋다. 그래야 완성했을 때 재료의 맛과 색, 향이 고스란히 살아 있다.

또 한 가지, 재료를 볶기 전에 반드시 팬을 뜨겁게 달구어야 온도가 유지되어 맛과 모양이 산다.

● **튀김···** 튀김을 할 때는 기름 온도를 맞추는 게 중요한데, 보통 150~180℃면 적당하다. 재료를 처음 기름에 넣을 때 온도가 너무 높으면(180℃ 이상) 재료의 속이 익기도 전에 겉이 타기 시작하므로 주의한다.

재료에 따라 튀기는 온도에 차이가 있는데, 고기류는 중간 온도에서 시작해 충분히 튀긴 다음 마지막에 고온으로 올려 잠깐 튀겨야 속까지 고루 익고 바삭하다. 생선이나 채소는 센불에서 재빨리 튀겨야 본래의 빛깔과 촉감을 살릴 수 있다. 전문점처럼 화력이 세지 못하고, 온도를 조절하기 어려운 가정에서는 한 번에 튀기지 말고, 일단 재료를 애벌 튀긴 후 기름 온도를 높여 다시 한 번 튀기는 것이 좋다.

● **찜···** 육류를 찔 때는 처음에는 센불에서 찌다가 겉이 어느 정도 익으면 불을 줄여서 속까지 푹 익도록 뭉근하게 찐다. 생선은 센불에서 짧은 시간에 쪄야 생선살이 흐트러지는 일이 없고 제 맛도 난다.

● **조림···** 은은한 불에서 뭉근하게 익히는 게 기본. 너무 센불로 조리면 조림 양념의 맛이 제대로 배지 않는다. 중간중간 재료를 뒤적이거나 조림장을 끼얹었어야 양념 맛이 재료에 골고루 배어 맛이 좋다.

● **탕···** 탕은 센불에서 우르르 빨리 끓여 내는 게 기본. 그래야 재료 자체의 맛이 빠져나가지 않고 맛있다.

point 2··· 닭고기 육수 내기

우리나라는 주로 쇠고기 육수를 쓰지만 중국요리에서는 '청탕'이라고 불리는 닭고기 육수를 쓰는 것이 기본이다. 쇠고기 육수는 향이 너무 강해서 다른 재료의 맛에 영향을 미치는 데 반해 닭고기 육수는 다른 재료와 섞어도 맛에 영향을 주지 않기 때문이다.

게살수프·옥수수탕·산라탕·짬뽕 등 국물 요리는 물론 각종 볶음이나 조림용 국물로도 두루 쓰인다.

● **재료 준비**
노계(닭) 1마리, 물 10~15리터, 양파 1개, 대파 1대, 생강 1쪽

● **만들기**

① 노계(닭)는 내장과 기름을 뗀 뒤 반 갈라 끓는물에 데쳐 깨끗이 씻는다.

② 양파는 껍질을 벗겨 큼직하게 썰고 대파, 생강은 큼직하게 저민다.

③ 냄비에 물을 넉넉히 붓고 데친 노계, 양파, 대파, 생강을 넣어 약한불에서 국물이 넘치지 않도록 잘 살펴가며 천천히 끓인다. 이때 돼지고기 목살이나 돼지뼈를 넣고 같이 끓여도 좋다.

④ 끓기 시작하면 위에 떠오르는 거품과 불순물을 말끔히 걷어 낸다. 뭉근하게 2시간 정도 계속 끓여 주면 구수한 육수가 우러나온다. 센불에 바글바글 끓이면 육수가 맑지 않고 탁해지므로 반드시 약한불에서 서서히 끓인다.

⑤ 불에서 내린 다음 한김 식으면 체에 한 번 밭쳐 맑은 국물을 받는다.

point 3··· 국수 반죽 & 삶기

자장면, 짬뽕, 우동…. 뭐니 뭐니 해도 입안에 군침이 절로 고이는 중식 인기 메뉴는 바로 면요리다. 면요리의 맛은 면발이 결정하는데, 면이 맛있으려면 부드러우면서도 쫄깃한 반죽을 만드는 게 중요하다. 그런 다음 넉넉한 물에 면을 넣고 탄력 있게 삶아 낸다.

● **재료 준비**

중력분 120g, 물 55g, 소금·소다 1g씩

● **반죽하기 & 삶기**

① 준비한 재료를 한데 넣고 잘 섞는다.

② 약 3~5분간 치대며 반죽한다. 반죽의 겉이 반들반들해지면서 윤기가 돌 때까지 치대는 것이 요령. 반죽이 완성되면 30분 정도 그대로 놓아 둔다.

③ 반죽을 얇게 민 뒤 밀가루나 전분을 뿌리고 둥글게 말아 먹기 좋게 썰어 훌훌 턴다.

④ 큼직한 냄비에 물을 넉넉히 넣고 끓인다. 팔팔 끓어오르면 국수를 잘 펼쳐 넣고 삶는다. 물이 적거나 덜 끓었을 때 국수를 넣거나 국수를 펼치지 않고 그냥 넣으면 국수가 뭉쳐서 서로 들러붙고 면발도 매끈하지 않으므로 주의한다.

⑤ 국수 삶는 물이 끓어오르면서 하얀 거품이 올라오면 찬물을 약간 붓고 나서 젓가락으로 살살 저어 준다. 이 과정을 세 번 정도 반복한다. 면발을 한 가닥 건져 잘라 보아 하얀 심이 보이지 않으면 다 익은 것.

⑥ 익은 국수를 꺼내 재빨리 찬물에 담가 씻은 뒤 여러 번 헹궈 건져 물기를 뺀다. 상에 내기 전, 뜨거운 물에 다시 한 번 데친다.

point 4··· 기름에 데치기

재료를 튀기는 것은 아니면서 낮은 온도의 기름에 잠깐 넣었다 꺼내는 것을 '기름에 데친다' 또는 '유통한다'고 표현한다. 눈여겨볼 만한 중국식 조리법 중 하나로 요리에 윤기를 주면서 부드러운 맛을 내는 비결이다. 우리 요리에는 잘 쓰이지 않는 방법이지만, 이것에 능숙해지면 중국요리 가운데 볶음을 마스터했다고 할 정도로 중요한 과정이다.

● **기름에 데치는 과정**

① 재료를 기름에 데치기 전에 미리 밑간한다.

② 밑간한 고기나 생선에 녹말가루를 조금 뿌려 버무린다. 녹말가루가 많으면 튀김처럼 되므로 조금만 입힌다.

③ 재료 분량의 두 배 정도의 기름을 준비해 끓인다. 기름 온도는, 쇠고기는 80℃, 돼지고기나 닭고기는 100℃ 정도가 적당하다. 기름 온도가 너무 높거나 양이 많으면 '튀김'이 된다.

④ 준비한 기름에 ②를 넣고 들러붙지 않도록 국자로 흩어가며 살짝 데친다. 기름 온도를 높여 짧은 시간 내에 부드럽게 데치는 게 요령이다.

point 5··· 녹말물 VS 불린녹말

물녹말은 녹말가루와 물을 1:2 비율로 넣고 고루 잘 섞어 만든다. 물녹말은 재료의 맛을 유지해 주고, 재료에서 맛있는 성분이 흘러나오는 것을 막아 주며 맛이 고루 어우러지게 돕는다. 또한 탕수육처럼 튀김이나 볶음요리에 물녹말을 넣어 만든 소스를 끼얹으면 맛이 부드러워지고 윤기가 돌아 한결 먹음직스럽다.

국물요리에도 물녹말을 넣는 경우가 많은데, 뜨거운 국물요리에 물녹말을 넣으면 음식이 빨리 식지 않아 좋다. 이때 반드시 국물이 끓고 있을 때 넣어 한소끔 끓인 뒤 마무리해야 국물이 투명하다. 불린 녹말은 말 그대로 녹말을 물에 불린 것으로 튀김옷을 만들 때 주로 쓰인다. 튀김옷으로 녹말가루 대신 불린 녹말을 쓰면 반죽에 끈기가 생겨 쉽게 벗겨지지 않고 쫄깃한 맛이 난다.

● **불린 녹말 만들기**

① 녹말가루를 그릇에 담고 녹말가루가 푹 잠길 정도로 찬물을 넉넉히 부은 다음 고루 저어 녹말가루와 물이 잘 섞이도록 한다.

② 고루 섞이면 10분 정도 그대로 두어 녹말을 가라앉힌다. 완전히 가라앉아 윗물이 맑아지면 가만히 따라버리고 앙금만 남긴다.

③ 윗물을 따라낸 뒤 아래에 남은 앙금이 바로 불린 녹말이다. 불린 녹말은 뭉쳐서 냉장고에 넣어 두고 필요한 만큼 덜어서 쓴다.

 겨자소스 만들기

양장피나 새우냉채 등 중국 냉
채요리에 빠지지 않고 곁들이는
것이 바로 겨자소스.
중국요리 전문점에서 맛보던 코
끝을 얼얼하게 하는 강한 맛을
내려면 시판용 연겨자 대신 겨
자가루를 직접 불려 소스를 만
든다.

● **재료 준비**
겨자가루 20g, 물 40cc, 소금 1/2큰술,
설탕 1큰술, 식초 2큰술

● **만들기**
① 그릇에 겨자가루를 넣고 같은 양의 따뜻한 물(20cc)을 넣고 잘 섞는
   다. 물이 적당히 따끈해야 (50~70℃) 발효가 잘된다.
② 한 방향으로 저어 잘 갠 뒤 20분간 그대로 둔다.
③ 다시 물 20cc를 넣고 잘 섞은 뒤 준비한 소금, 설탕, 식초를 넣고 잘
   섞는다.

 고추기름 만들기

고춧가루를 기름에 태워 만든 기름으로, 식용유 대신 쓰면
매콤한 맛과 향을 낸다. 매운맛이 나는 대부분의 중국요리
에 들어가는데, 고추잡채나 짬뽕 국물의 매콤한 맛도 바로
이 고추기름 덕분이다.
'라유'라고도 불리며 시중에서 쉽게 구할 수 있지만, 품질
좋은 고춧가루로 직접 만들면 중국요리뿐 아니라 한식요리
에도 두루 활용할 수 있다.

● **재료 준비**
식용유 1/4컵, 고춧가루 2큰술

● **만들기**
① 식용유를 팬에 붓고 불에 올린 다음
   준비한 고춧가루를 넣는다.
② 가열하면서 고춧가루를 볶듯이 튀
   긴다. 고춧가루가 검게 탄 듯이 되
   면 그릇에 담는다.
③ 몇 분간 그릇에 그대로 두면 자체의
   열에 의해서 고춧가루가 볶아진다.
④ 고운 망이나 면보에 걸러 맑은 기름
   만 받아 병에 담아 두고 쓴다.

 파기름 만들기

중국요리는 맛과 동시에 향을 중요하게 생각한다. 볶음을
할 때 조리 전에 기름에 파나 양파를 볶아 향을 내는 것도
그 때문. 파를 미리 기름에 볶아 '파기름'을 만들어 두면 볶
음, 찜, 수프 등에 기름 대신 이용할 수 있다.

● **재료 준비**
대파 1대, 양파 1개, 식용유 2컵

● **만들기**
① 대파·양파는 깨끗하고 싱싱한 것으로 골라 채썬다. 생강을 함께 준비
   해도 좋다.
② 팬에 기름을 넉넉히 붓고
   준비한 파와 양파를 넣고
   끓인다. 파와 양파가 갈색
   이 날 때까지 1시간 정도
   뭉근하게 끓여야 한다. 너
   무 오래 끓이면 연기가
   날 수 있으니 주의할 것.
③ 완성되면 불을 끈 뒤 체
   에 걸러 기름만 받는다.
   볶음 등에 이용하면 감칠
   맛과 향을 낼 수 있다.

자주 쓰이는 중국 양념

소흥주··· 중국 소흥 지방의 명주로 우리의 청주와 같은 용도로
쓰인다. 술의 향이 강해 볶음요리할 때 팬 가장자리에 몇 방울 뿌리
면 재료의 나쁜 냄새를 없애 주고 풍미를 돋운다. 조림장, 튀김용
양념장 등에 조금씩 넣기도 한다.

홍식초··· 중국 식초 중 하나로 상어지느러미 요리, 산라탕 등에
사용되는 붉은색 식초.

라유··· 고추기름이라고 하며 고춧가루를 기름에 태워서 만든다.
매운 향이 나며 재료에 고운 붉은빛이 감돌게 한다. 칼칼한 맛을 내
는 중국요리에 주로 쓰인다.

향유··· 참기름을 말하며, 거의 모든 요리의 마지막 단계에 떨어뜨
려 고소한 맛과 풍미를 더한다.

마른고추··· 사천요리의 매운맛을 살려 주는 재료로 어슷하게 썰
어 기름에 타지 않게 볶아 쓴다.

생강··· 돼지고기나 해물을 자주 쓰는 중국에서는 잡냄새를 없애
주고 음식의 풍미를 높이는 데 생강이 많이 쓰인다. 얇게 저며 기름
두른 팬에 볶아 쓰는 게 보통.

재료별 중국요리

만들어 놓으면 그 어떤 요리보다 화려하고 그럴듯하며 푸짐한 것이 중국요리예요. 쇠고기, 돼지고기, 닭고기, 생선, 해물, 두부, 야채 그 어떤 재료로도 볼품 있는 요리를 만들 수 있지요. 중국 사람들이 가장 즐겨 먹는 돼지고기는 기름에 바삭하게 튀겨서 소스에 버무려 맛깔스럽게 담아 내고, 쇠고기는 셀러리 등 야채를 곁들여 먹음직스럽게 볶아내세요. 중국요리? 어려울 거라고 미리 겁먹지 마세요. 생각보다 조리법이 단순해서 한 가지만 익혀 두면 재료를 바꿔가며 응용하기 쉽답니다. 지금 바로 도전하세요!

Polaroid

point…1 반드시 밑간한 다음 볶으세요

중국요리에서는 고기를 볶을 때 돼지고기든, 닭고기든, 쇠고기든 간에 그냥 바로 볶는 경우는 거의 없다. 대개 양념을 하는 것이 기본. 밑간 양념은 주로 청주와 소금 또는 간장이다. 흰색이 나는 재료나 깔끔한 요리는 소금으로 간하고, 그 외는 간장으로 간한다. 고기를 양념에 잴 때는 녹말가루를 꼭 넣는다. 이때 녹말은 아주 조금만 넣으면 된다. 양념한 고기는 20분 정도 간이 쏙 배게 그대로 둔다. 고기를 양념에 재면 육질이 부드러워지고 맛도 좋아진다.

point…2 녹말가루는 조금만 넣으세요

양념할 때 녹말가루를 많이 넣게 되면 튀김처럼 되어 재료의 색감과 모양을 살릴 수 없다. 특히, 중국요리에 익숙하지 않은 초보자의 경우 얼마나 넣어야 하는지 감 잡기가 어렵다. 녹말가루의 양은 재료 200~300g당 1큰술 정도가 알맞다.

point…3 향신료를 넣으면 누린내가 없어져요

양념에 잴 때 생강, 대파, 팔각 등 향신료를 넣으면 고기 누린내를 없앨 수 있다. 오향 가운데 하나인 팔각은 회향풀의 씨를 건조한 것으로, 고기의 냄새나 잡맛을 없애주고 특유의 향으로 맛을 살린다.

쇠고기요리 제 맛 내는 요령

중국 사람들은 쇠고기보다 돼지고기를 좋아해 쇠고기요리는 비교적 적은 편이다. 돼지고기요리를 주로 먹다가 가끔 별식으로 쇠고기를 먹는 정도. 채소를 넣고 볶거나 곁들여 먹는 스피드요리가 많다. 쇠고기요리할 때 제 맛 내는 요령을 알아보자.

point…4 고기는 기름에 데친 후 볶으세요

어떤 고기든 먼저 기름에 부드럽게 데친 후 볶는 것이 기본 조리방법이다. 기름에 데치는 걸 잘하면 볶음요리는 마스터한 거나 다름없다. 기름의 양은 데칠 재료의 두 배 정도가 적당하다. 재료가 기름 속에서 자유롭게 떠다닐 수 있는 양이어야 한다. 마지막으로 중요한 것은 온도. 처음 재료를 넣을 때는 중온 정도가 알맞다. 양념한 재료를 넣고 서로 붙지 않게 국자로 풀어준 후 불을 세게 해서 살짝만 익혀 내는 것이 요령이다. 고기를 지나치게 오래 익히면 고기가 뻣뻣하고 풍미가 없어지므로 주의한다.

point…5 곁들이는 채소는 살짝만 익히세요

쇠고기요리는 거의 채소 한두 가지를 섞어서 볶는 스피드요리가 많다. 이때 채소는 살짝만 볶아야 색깔도 예쁘고 아삭아삭한 맛이 살아난다. 채소는 제철에 나는 것을 이용하면 풍미를 살릴 수 있다. 셀러리나 양상추 등을 주로 이용하는데 셀러리를 이용할 때는 표면의 섬유질을 벗긴 후 팔팔 끓는물에 소금을 조금 넣고 살짝 데쳐 바로 찬물에 헹구어 사용하고, 양상추는 팬에 기름을 두르고 뜨겁게 열이 오르면 센불에서 재빨리 볶아 아삭한 맛을 살리는 것이 포인트.

point…6 선홍빛의 쇠고기를 고르세요

신선한 재료를 쓰는 것이야말로 맛내기의 기본이다. 쇠고기가 가장 맛이 좋고 결이 연한 시기는 보통 도살 후 5일에서 10일 사이라고 한다. 연한 쇠고기는 검붉은색을 띤다. 붉은 살 사이에 가느다란 실 같은 지방이 그물처럼 얽혀 있다. 이런 고기는 썰 때 질감에서도 차이가 느껴진다. 칼날에 고기가 착착 달라붙는 느낌. 맛이 없고 질긴 쇠고기는 결이 피둥피둥하고 새빨간 색을 띠며 썰 때 자른 단면에서 진물이 흐른다.

糖醋牛肉

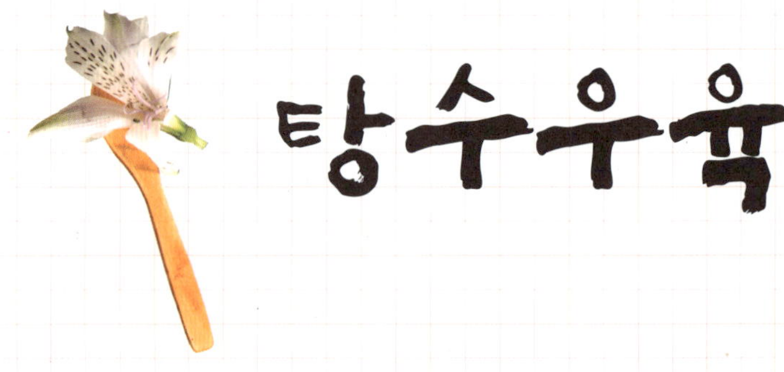
탕수우육

중국집 탕수육처럼 바삭하게
튀기고 싶어요

튀김옷은 물과 녹말을 1:1로 섞어서 냉장고에 차게 보관한 다음 사용하면 튀김이 바삭해진다. 튀길 때는 두 번 튀기는 것이 좋은데 한 번 튀기고 난 다음 체에 받쳐서 국자로 툭툭 쳐주면 튀김 속의 수분이 빠져 더욱 바삭하게 튀겨진다. 튀긴 다음 소스에 바로 버무려야 눅눅해지지 않는다.

재 ▶ 료

쇠고기 _ 150g
달걀흰자 _ 1개 분량
녹말 _ 80g
식용유 _ 4컵

소스

당근·오이 _ 1/5개씩
불린 목이버섯 _ 30g
파인애플(통조림) _ 1쪽
완두콩 _ 15g
물 _ 2/3컵
간장 _ 1큰술
설탕 _ 3큰술
식초·물 _ 2큰술씩
녹말 _ 1큰술

만 ▶ 들 ▶ 기

1_ 야채 준비하기 당근과 오이는 손질하여 편으로 썰고, 파인애플은 먹기 좋게 자른다. 완두콩과 불린 목이버섯도 분량대로 준비한다.

2_ 튀김옷 입히기 고기는 4×1cm 크기로 썬 다음 핏물을 빼고 달걀흰자와 녹말 80g을 넣고 버무린다.

3_ 고기 튀기기 튀김팬에 식용유 4컵을 붓고 온도가 160~170℃ 정도 되면 ②의 고기를 하나씩 넣는다.

4_ 튀긴 고기 건지기 고기는 20초 정도 튀긴 다음 건진다.

5_ 한 번 더 튀기기 건져 낸 고기를 국자나 주걱으로 툭툭 쳐서 붙은 고기를 떼 놓은 다음 튀김팬에 넣어 약 5분 정도 더 튀긴다.

6_ 소스 끓이기 다른 팬에 물을 2/3컵 정도 붓고 간장, 설탕, 식초를 분량대로 넣고 끓이다가 ①의 준비해 놓은 야채를 넣고 끓인다.

7_ 물녹말 넣어 걸쭉하게 만들기 녹말 1큰술과 물 2큰술을 섞어서 물녹말을 만든 다음 ⑥의 팬에 넣고 걸쭉한 상태로 농도를 맞춘다.

8_ 소스에 고기 섞기 튀긴 고기를 ⑦에 넣은 다음 재빨리 섞어 접시에 담는다.

쇠고기새송이볶음

좀 더 부드러운 맛을 내려면 어떻게 하나요?

새송이버섯은 미리 데치지 않고 고기와 함께 기름에 익힌다. 그러면 데치는 것보다 좀 더 부드러운 맛이 난다. 기름이 부담스럽다면 끓는물에 데친다. 새송이버섯 대신 표고버섯, 느타리버섯, 만가닥버섯, 송이버섯 등을 써도 좋다.

재 ▶ 료

새송이버섯 _ 150g
쇠고기(등심) _ 150g
녹말 _ 1작은술
달걀흰자 _ 1/2개 분량
청경채 _ 1뿌리

양념
대파 _ 20g
마늘 _ 2쪽
생강 _ 1쪽
청주 · 물녹말 _ 1큰술씩
식용유 _ 1큰술
진간장 _ 1큰술반
치킨파우더 _ 1작은술
후춧가루 _ 조금
참기름 _ 1/2작은술

만 ▶ 들 ▶ 기

1_ 대파 · 마늘 · 생강 준비하기 대파는 반으로 갈라 4cm 길이로 썰고, 꼭지 부분을 잘라 낸 마늘과 껍질을 벗긴 생강은 얇게 편으로 썬다.

2_ 새송이버섯과 쇠고기 썰기 새송이버섯과 쇠고기는 편으로 썰고, 청경채는 깨끗이 씻어 4cm 크기로 썬다.

3_ 쇠고기에 녹말과 달걀흰자 넣어 버무리기 쇠고기는 녹말과 달걀흰자를 분량대로 넣고 잘 버무려서 넉넉한 기름을 두른 팬에 놓고 익힌다.

4_ 새송이버섯과 청경채 데치기 새송이버섯과 청경채는 끓는물에 넣고 살짝 데쳐서 건진다.

5_ 대파와 마늘 · 생강 볶기 팬에 식용유 1큰술을 넣고 대파, 마늘, 생강을 5초 정도 볶는다.

6_ 버섯과 청경채 넣기 ⑤에 청주와 간장을 넣고 데친 새송이버섯과 청경채를 넣어 10초 정도 더 볶다가 물을 넣는다.

7_ 치킨파우더 넣어 간 맞추기 ⑥에 치킨파우더와 후춧가루를 넣어 간을 맞춘다.

8_ 참기름 넣기 ⑦에 물녹말을 넣어 농도를 걸쭉하게 맞춘 다음 참기름을 넣어서 완성한다.

쇠고기양상추쌈

+ point

좀 더 색다르고 맛있게 먹는 방법이 있나요?

상에 낼 때 쇠고기양상추쌈만 내는 것보다는 생면이나 당면을 튀겨서 잘 으깬 다음 볶음과 곁들이거나, 콘플레이크를 잘게 부수어 곁들여 먹으면 더 푸짐하고 맛있다. 아이들 간식으로도 좋은데 양상추를 작게 준비하고, 위에 담는 볶음도 1/2 정도만 얹는다.

재 ▶ 료

쇠고기 _ 100g
양상추 _ 1포기
대파 · 오이 _ 1/2개씩
양파 _ 1/2개
표고버섯 _ 1개
죽순 _ 20g
홍고추 _ 1개
셀러리 _ 20g
달걀흰자 _ 1/2개 분량
녹말 _ 1작은술
식용유 _ 적당량

양념

식용유 _ 1큰술
대파 _ 1/3대
생강 _ 조금
마늘 _ 1쪽
청주 _ 1큰술
간장 _ 1작은술
굴소스 _ 1큰술
흰후춧가루 _ 조금
물녹말 _ 1큰술
해선장 _ 2큰술

만 ▶ 들 ▶ 기

1_ 양상추와 대파 · 오이 준비하기 양상추는 지름 10cm 정도로 둥글게 자르고, 대파는 흰 부분만 채썰고, 오이는 껍질 벗겨 4cm 길이로 가늘게 채썬다.

2_ 야채와 고기 잘게 썰기 표고버섯, 죽순, 양파, 홍고추, 셀러리, 대파, 마늘, 생강은 모두 잘게 썰고, 쇠고기는 사방 0.5cm 크기로 썬다.

3_ 고기에 달걀흰자와 녹말 넣어 버무리기 썰어 놓은 고기는 달걀흰자와 녹말을 넣고 잘 버무린다.

4_ 쇠고기 익히기 팬에 기름을 넉넉히 두르고 온도가 130℃ 정도가 되면 ③의 쇠고기를 넣고 익힌다.

5_ 야채 볶기 팬에 식용유 1큰술을 두르고 잘게 썬 대파, 생강, 마늘을 넣고 5초 정도 볶다가 청주와 간장을 넣고, ②의 나머지 야채를 넣어 20초 정도 볶는다.

6_ 쇠고기 넣어 볶기 ⑤에 굴소스, 흰후춧가루를 넣어 간을 맞추고 나서 기름에 익힌 쇠고기를 넣어 20초 정도 더 볶는다.

7_ 물녹말 넣어 농도 맞추기 ⑥에 물녹말을 분량대로 넣고 재빨리 섞어 농도를 걸쭉하게 맞춘다.

8_ 그릇에 담기 그릇에 양상추, 고기와 야채 볶은 것, 채썬 대파와 오이, 해선장을 차례로 올린다.

마라우육

소스 농도를 잘 맞추는 비법 좀 알려 주세요

중국요리에서는 주로 물녹말로 요리의 농도를 맞추는데 처음부터 너무 많은 양의 물녹말을 넣지 말고 약간씩 넣어가면서 농도를 확인해야 한다. 물녹말을 넣고 저을 때는 불을 끄고 재빨리 저어야 소스가 엉키지 않는다. 쇠고기를 기름에 익힐 때 기름이 너무 뜨거우면 서로 달라붙을 수 있으므로 140℃ 정도에서 서서히 익힌다.

재 ▶ 료

쇠안심 _ 150g
청·홍피망 _ 1/2개씩
양파 _ 30g
셀러리 _ 1/3개
간장·녹말 _ 1작은술씩
청주 _ 1큰술
달걀흰자 _ 1개 분량
후춧가루 _ 조금
식용유 _ 1컵

양념
마른고추 _ 2~3개
대파 _ 20g
마늘 _ 2쪽
생강 _ 1쪽
두반장·간장 _ 1작은술씩
청주 _ 1큰술
물 _ 2/3컵
굴소스 _ 1큰술
후춧가루 _ 조금
설탕 _ 1/2작은술
물녹말 _ 2큰술
고추기름 _ 2큰술

만 ▶ 들 ▶ 기

1_ 쇠고기 썰기 쇠안심은 길이 4cm, 굵기 1.5cm 크기로 썬다.

2_ 야채 썰기 피망, 양파, 셀러리는 4×1.5cm 크기로 썬다. 마른고추는 깨끗이 닦아 큰 것은 2cm 크기로 자르고, 작은 것은 그대로 둔다. 마늘과 생강은 편으로 썰고 대파는 반 갈라 4cm 길이로 썬다.

3_ 쇠고기 양념하여 버무리기 쇠고기는 간장, 청주, 달걀흰자, 녹말, 후춧가루를 분량대로 넣고 버무린다.

4_ 기름에 쇠고기 익히기 팬에 식용유 1컵을 넣고 140℃ 정도로 가열한 후 ③의 쇠고기를 넣어 익힌다.

5_ 야채 넣어 익히기 썰어 놓은 야채 중에서 마른고추와 파, 마늘, 생강을 제외한 야채를 ④에 넣고 쇠고기와 같이 익힌 다음 꺼내어 기름기를 뺀다.

6_ 파·마늘·생강·고추기름에 볶기 팬에 고추기름 1큰술을 두르고 마른고추를 넣어 5초 정도 볶다가 파, 생강, 마늘, 두반장을 넣고 5초 정도 더 볶는다.

7_ 고기와 야채 넣기 ⑥에 청주, 간장을 넣고 물을 부어 살짝 끓인 다음 굴소스, 후춧가루, 설탕 등으로 양념한 후 고기와 야채를 넣어 볶는다.

8_ 물녹말과 고추기름 넣기 약 5초 정도 볶다가 물녹말을 부어서 걸쭉하게 한 다음 바로 고추기름을 1큰술 더 넣고 잘 섞는다.

매운 중국식 스테이크

고기는 꼭 기름 두른 팬에서 익혀야 하나요?

고기를 꼭 팬에서 익힐 필요는 없다. 오븐이나 그릴에서 구워도
된다. 오븐에서 구울 때는 220℃로 예열된 오븐에서 25분 정도
구우면 속까지 다 익고, 15분 정도 익히면 약간 덜 익은 상태가
된다. 그릴에서는 10분 정도 구우면 미디움, 15분 정도 구우면
웰던이 된다. 오븐과 그릴을 이용하면 고기에서 기름이 빠져 더
욱 담백한 맛을 느낄 수 있다.

재 ▶ 료

쇠안심 _ 200g
녹말 _ 1큰술
달걀흰자 _ 1/2개 분량
식용유 _ 1작은술
청경채 _ 4뿌리
소금 _ 1작은술
식용유 _ 1컵

소스
고추기름 _ 1큰술
대파·셀러리 _ 10g씩
생강·마늘 _ 5g씩
간장 _ 1작은술
홍고추 _ 1/2개
두반장 _ 1작은술
물 _ 2/3컵
굴소스 _ 1작은술
청주·식초 _ 1큰술씩
설탕 _ 1큰술
후춧가루·소금 _ 조금씩
물녹말 _ 2큰술

만 ▶ 들 ▶ 기

1_ 쇠안심에 칼집 넣어 버무리기 쇠안심은 덩어리째 두께 1cm 정도로 넓게 썬 다음 양면에
사선으로 칼집을 넣고 달걀흰자와 녹말에 잘 버무려 둔다.

2_ 청경채 데치기 청경채는 큰 것은 반으로 가르고, 작은 것은 그대로 하여 식용유와 소금을 1작은술씩
넣은 끓는물에 넣어 데친다.

3_ 쇠안심 기름에 익히기 팬에 기름을 1컵 정도 넣고 온도는 130℃ 정도로 하여 쇠안심을 익힌다.

4_ 향신 채소 잘게 썰기 대파, 생강, 마늘은 껍질을 벗기고, 홍고추는 반으로 갈라 씨를 털어낸 다음 잘
게 썬다. 셀러리도 잘게 썬다.

5_ 대파·생강·마늘 볶기 팬에 고추기름을 두르고 대파와 생강, 마늘을 5초 정도 볶는다.

6_ 셀러리·홍고추 넣고 두반장 넣어 볶기 ⑤에 청주와 간장을 분량대로 넣고 잘게 썬 셀러리와 홍고추
를 넣은 다음 두반장을 넣고 10초 정도 더 볶는다.

7_ 간 맞추어 끓이기 물을 분량대로 붓고 굴소스, 식초, 후춧가루, 설탕, 소금을 넣어 간을 맞춰 끓인다.

8_ 물녹말 넣어 농도 맞추기 소스가 보글보글 끓으면 물녹말을 부어 농도를 걸쭉하게 맞춘 다음 익혀
놓은 쇠안심 위에 뿌리고 ②의 데친 청경채를 옆에 곁들인다.

통후추쇠안심볶음

고기를 질기지 않게 볶는 방법이 궁금해요

고기를 팬에서 너무 오래 익히면 육질이 질겨져서 맛이 떨어진다. 쇠고기는 기름에 익힌 다음 한 번 더 볶아야 하므로 처음에 익힐 때는 130℃ 정도의 약한불에서 살짝만 익혀야 맛있다.

재 ▶ 료
쇠고기(안심) _ 200g
녹말·청주 _ 1큰술씩
달걀흰자 _ 1/2개 분량
양상추 _ 1/2포기
대파 _ 30g
마늘 _ 5쪽
식용유 _ 1컵
참기름 _ 1/2작은술

소스
물 _ 1/4컵
간장·굴소스 _ 1큰술씩
흑후추 _ 1작은술
물녹말 _ 1큰술

만 ▶ 들 ▶ 기

1_ 쇠고기 달걀흰자와 녹말에 버무리기 쇠고기는 2×3cm 크기로 썬 다음 달걀흰자, 녹말 1큰술을 넣어 버무린다.

2_ 양상추와 대파·마늘 준비하기 양상추는 먹기 좋은 크기로 뜯어 접시에 4~5장씩 담는다. 대파는 반 갈라 3~4cm 길이로 썰고, 마늘은 편으로 썬다.

3_ 고기 익히기 팬에 식용유 1컵을 넣고 130℃ 정도에서 ①의 고기를 살짝 익힌다.

4_ 소스 만들기 물이나 육수, 간장, 굴소스, 흑후추, 물녹말을 분량대로 넣고 잘 섞는다.

5_ 파·마늘 볶기 예열한 팬에 식용유를 약간 두르고 준비해 놓은 파, 마늘을 넣어 향이 나도록 5초 정도 볶는다.

6_ 쇠고기 넣기 ⑤의 팬에 청주 1큰술을 넣고 저은 다음 익힌 쇠고기를 넣는다.

7_ 소스 부어 볶기 불을 가장 세게 하고 만들어 놓은 ④의 소스를 ⑥에 넣고 섞어가며 볶는다.

8_ 참기름 넣어 마무리하기 다 볶았으면 분량의 참기름을 둘러 고소한 맛이 돌게 하고, 담아 놓은 양상추 위에 올린다.

BONUS PAGE+

돼지고기 요리 제 맛 내는 요령

중국요리에서 '육' 자가 들어간 것은 대부분 돼지고기를 이용했다고 해도 과언이 아니다. 그만큼 중국 사람들은 돼지고기를 즐긴다. 돼지고기는 주로 튀겨서 소스를 끼얹거나 버무려 내는데 조리할 때 청주나 대파, 생강즙을 이용하면 누린내가 사라진다. 중국식 돼지고기요리의 기본기, 확실히 알아 두자.

회꽈육

**돼지고기의 냄새를 없애려면
어떻게 하나요?**

삼겹살은 끓는물에 넣어 삶은 다음 기름기를 빼고 볶아
야 느끼하지 않다. 이 과정을 거치면 돼지고기 특유의 냄
새도 줄어든다. 삶을 때 정향이나 통후추, 대파 뿌리 등
을 함께 넣으면 더욱 좋다. 소스 재료 중 해선장이 없다
면 춘장과 설탕을 1큰술씩 넣고 섞어서 사용해도 된다.

재 ▶ 료

삼겹살 _ 200g
홍고추·청양고추 _ 2개씩
양파 _ 1/3개
튀김기름 _ 2컵

양념
대파 _ 1/2대
마늘 _ 3쪽
생강 _ 1쪽
마른고추 _ 3~4개
청주·고추기름 _ 1큰술씩
간장 _ 1작은술

소스
물·두반장 _ 1큰술씩
후춧가루 _ 1/2작은술
해선장 _ 1큰술

만 ▶ 들 ▶ 기

1_ 삼겹살 삶기 삼겹살은 4×5cm 크기, 0.5cm 두께로 먹기 좋게 썰어서 끓는물에 삶는다.

2_ 야채 썰어서 준비하기 청·홍고추는 반 갈라 씨를 빼고, 양파는 2×4cm 크기, 대파는
4cm 길이로 썬다. 마늘은 편으로 썰고 생강은 채썬다. 마른고추는 큰 것은 반 가른다.

3_ 삶은 삼겹살 튀기기 삶은 돼지고기는 물기를 거둔 뒤 튀김기름에 넣어 바삭하게 튀겨 기름기를 뺀다.

4_ 소스 만들기 그릇에 물, 후춧가루, 두반장, 해선장을 분량대로 넣고 섞어 소스를 만든다.

5_ 향 재료 볶기 팬에 고추기름을 두르고 마른고추를 5초 정도 볶다가 대파와 생강, 마늘을 넣고 향이
날 때까지 5초 정도 더 볶는다.

6_ 고추·양파 넣어 볶기 ⑤에 분량의 청주, 간장을 넣고 썰어 둔 청·홍고추와 양파를 넣어 5초 정도
볶는다.

7_ 튀긴 고기 넣어 볶기 ⑥에 튀긴 고기를 넣어 양념과 야채가 잘 섞이도록 팬에서 버무리듯 볶는다.

8_ 소스 부어 볶기 ④에서 준비해 놓은 소스를 부어서 소스가 졸아들 때까지 볶아 완성한다.

광동식탕수육

신맛을 좀 줄이고 싶은데
어떻게 하면 되나요?

식초 대신 레몬즙을 넣으면 레몬 향은 나면서 신맛은
덜하다. 신맛을 싫어한다면 식초를 아예 넣지 않아도 된
다. 소스에 넣는 야채로 오이나 당근 등을 추가하여 만
들 수도 있다. 튀김용 물녹말은 물과 녹말을 1:1 비율로
맞춰 섞은 다음 차게 하여 사용한다.

재 ▶ 료

돼지등심 _ 150g
달걀 _ 1개 분량
녹말 _ 80g
튀김기름 _ 2~3컵

소스

식용유 _ 1큰술
파인애플(통조림) _ 1쪽
청·홍피망 _ 1/2개씩
양파 _ 1/4개
물 _ 2/3컵
케첩·설탕 _ 3큰술씩
식초 _ 1큰술
물녹말 _ 2큰술

만 ▶ 들 ▶ 기

1_ 돼지고기 굵게 채썰기 돼지고기는 등심으로 준비하여 1×4cm 크기로 굵게 채썬다.

2_ 돼지고기 버무리기 돼지고기를 달걀, 녹말에 버무린다. 녹말은 물과 1:1의 비율로 섞어
서 차게 둔 다음 사용하면 더 좋다.

3_ 소스에 들어가는 야채, 삼각 썰기 청·홍피망과 파인애플, 양파는 한쪽 길이가 3cm 정도가 되도록
세모나게 썬다.

4_ 튀김옷 입힌 돼지고기 튀기기 튀김팬에 식용유 2~3컵을 넣고 온도가 160~170℃ 정도로 오르면 ②
의 고기를 넣어 튀긴다.

5_ 야채 볶기 팬에 식용유를 1큰술 두르고 ③의 썰어 놓은 야채를 살짝 볶는다.

6_ 야채에 물과 양념 넣어 끓이기 ⑤의 팬에 분량의 물, 케첩, 설탕, 식초를 넣고 끓인다.

7_ 물녹말 넣어 농도 맞추기 끓으면 바로 물녹말을 재빨리 풀어서 농도를 걸쭉하게 만든다.

8_ 소스에 고기 넣어 버무리기 ⑦에서 만들어 놓은 소스에 튀긴 고기를 넣고 버무린다.

난자완스

완자의 모양을 예쁘게 만들 수 있는 방법이 궁금해요

다진고기에 달걀과 녹말을 넣고 여러 번 치대야 완자가 깨지지 않는다. 처음에 완자를 만들 때는 불을 약하게 한 다음 익혀야 부서지지 않는다. 완자를 납작하게 만들 때는 속이 덜 익었을 때 눌러야 모양이 둥글게 된다. 완자에서 돼지 냄새가 심할 경우, 생강즙과 청주, 간장을 약간 더 넣으면 냄새가 나지 않는다.

재 ▶ 료

다진돼지고기 _ 200g
청주 _ 1작은술
후춧가루 _ 조금
생강즙·간장 _ 1/2작은술씩
달걀 _ 1개
녹말 _ 2큰술
불린 표고 _ 3개
양송이버섯 _ 3개
죽순 _ 40g
청경채 _ 1뿌리
식용유 _ 1컵

소스

식용유·굴소스 _ 1큰술씩
대파 _ 1/2대
마늘 _ 2쪽
생강 _ 1쪽
청주·간장 _ 1큰술씩
육수(물) _ 1컵
후춧가루 _ 조금
치킨파우더 _ 1작은술
물녹말 _ 2큰술
참기름 _ 1작은술

만 ▶ 들 ▶ 기

1_ 야채 준비하기 죽순과 버섯은 편으로 썰고, 청경채는 4cm 길이로, 파는 반 갈라 3cm 길이로 썰고, 생강과 마늘은 편으로 썬다.

2_ 돼지고기에 달걀과 녹말 넣어 반죽하기 다진돼지고기는 청주, 후춧가루, 생강즙, 간장으로 밑간하고 달걀과 녹말을 넣고 반죽해 여러 번 치댄다.

3_ 돼지고기 반죽 완자로 빚기 ②의 돼지고기는 지름 2.5cm 크기의 동그란 완자로 빚는다. 손에 물이나 식용유를 묻히고 빚으면 고기가 묻어나지 않는다.

4_ 완자 튀기듯 익히기 팬에 식용유 1컵을 붓고 온도가 100~120℃ 정도 되면 완자를 놓아 겉을 살짝 익히고 뒤집어서 뒤집개로 살짝 눌러가면서 납작하게 만든다. 갈색을 띨 때까지 익힌다.

5_ 야채 양념하여 볶기 팬에 식용유를 1큰술 정도 두르고 파, 마늘, 생강을 5초 정도 볶다가 청주와 간장을 넣고 나머지 야채를 15초 정도 볶는다.

6_ 굴소스 넣어 간하기 ⑤에 물이나 육수를 1컵 정도 넣고 굴소스, 후춧가루, 치킨파우더를 넣어 간한다.

7_ 조리기 완자를 넣고 소스를 위로 끼얹어가면서 2~3분 정도 더 조린다.

8_ 물녹말 넣기 물녹말을 풀어 걸쭉해지면 참기름을 넣고 접시에 담는다.

부추잡채

부추의 아삭한 맛을 느끼고 싶어요

부추를 볶을 때는 최대한 센불로 볶아야 아삭한 맛을
낼 수 있다. 부추에 소금과 여러 가지 양념을 해놓은 다
음 볶으면 따로 양념하는 시간을 절약할 수 있다. 중국
호부추는 11월부터 3월 사이에 나는 것이 잎이 부드럽
고 향도 좋다. 다른 계절에 나는 것은 질기고 아린맛이
나므로 볶음요리에 잘 사용하지 않는다.

재 ▶ 료

돼지고기 _ 80g
달걀흰자 _ 1/3개 분량
녹말 _ 1작은술
부추 _ 200g
식용유 _ 1/2컵
청주 _ 1큰술
국간장 _ 1작은술
소금 _ 1/2작은술
치킨파우더 _ 1작은술
참기름 _ 1작은술

만 ▶ 들 ▶ 기

1_ 부추 준비하기 부추는 잘 씻은 후 물기를 닦아서 하얀 줄기 부분과 파란 잎 부분을 구분
해서 5cm 길이로 썬다.

2_ 돼지고기 버무리기 돼지고기는 0.3cm 두께, 5cm 길이로 썬 다음 녹말과 달걀흰자를 분량대로 넣고
잘 버무린다.

3_ 기름에 돼지고기 익히기 팬에 식용유를 두르고, 온도가 130℃ 정도 되면 고기를 넣어 익힌다.

4_ 체에 건져 기름기 빼기 고기는 오래 익히지 말고 어느 정도 익었으면 체에 건져 기름기를 뺀다.

5_ 부추 흰 부분 볶기 팬을 가열한 다음 식용유를 두르고 부추의 흰 줄기 부분과 청주를 넣어 볶는다.

6_ 부추 양념하여 볶기 국간장, 소금, 치킨파우더를 분량대로 넣어 간을 한 다음 20초 정도 더 볶다가
부추의 잎 부분을 넣고 살짝 볶는다.

7_ 돼지고기 넣어 볶기 ⑥에 기름에 익힌 돼지고기를 넣고 섞어서 10초 정도 더 볶는다.

8_ 참기름 넣기 고기와 부추의 맛이 서로 잘 어우러졌으면 분량의 참기름을 넣고 살짝 볶아 그릇에 담
는다.

東坡肉

동파육

만 ▶ 들 ▶ 기

1_ 삼겹살 삶아서 간장 바르기 삼겹살은 통째로 삶아 기름기를 뺀 다음 간장을 바른다.

2_ 삼겹살 튀기기 간장 바른 삼겹살을 뜨거운 기름에 넣어 튀긴다. 뜨거운 기름을 끼얹어도 효과는 같다. 갈색을 띨 때까지 튀긴다.

3_ 향신 재료 함께 넣기 튀긴 삼겹살은 1.5cm 두께로 썰어 찜할 그릇에 담고, 통으로 썬 대파, 저민 마늘, 생강, 팔각을 같이 넣는다.

4_ 소스 재료 넣어 찜하기 ③의 찜 그릇에 물, 청주, 간장, 설탕, 치킨파우더, 노두유, 후춧가루를 분량대로 넣고 1시간 30분 동안 찐 다음 접시에 담는다. 고기를 찔 때 나온 국물은 위의 기름기를 걷어 낸다.

5_ 브로콜리 데치기 브로콜리는 뜨거운 물에 소금을 약간 넣고 데친다.

6_ 소스 만들기 팬에 청주 1큰술, 기름을 걷어낸 찜 국물을 1컵 붓는다.

7_ 물녹말 · 참기름 넣기 ⑥이 바글바글 끓으면 분량의 물녹말을 넣고 끓인 다음 참기름을 넣는다.

8_ 삼겹살 위에 소스 붓기 썰어 놓은 삼겹살찜 위에 ⑦의 소스를 붓는다. 상에 낼 때는 데친 브로콜리를 곁들인다.

경장육사

재 ▶ 료

돼지고기채 _ 150g
달걀 _ 1/2개 분량
녹말 _ 1큰술
대파 _ 1대
죽순 _ 80g
식용유 _ 1/2컵

양념

식용유 _ 2큰술
다진마늘 _ 1작은술
생강 _ 1작은술
춘장·청주 _ 1큰술씩
간장·설탕 _ 1작은술씩
물 _ 2/3컵
치킨파우더 _ 1큰술
물녹말 _ 1큰술
후춧가루·참기름 _ 조금씩

만 ▶ 들 ▶ 기

1_ 죽순·대파·양념 준비하기 죽순은 5cm 길이로 채썰고, 대파 3/2 정도는 4~5cm 길이로 채썰고, 나머지는 송송 썬다. 마늘과 생강은 다진다.

2_ 대파 매운맛 빼기 채썬 대파는 물에 담가서 매운맛을 뺀 다음 접시에 담는다.

3_ 고기에 달걀과 녹말 넣어 버무리기 고기 채썬 것에 달걀과 녹말을 넣고 잘 버무린다.

4_ 고기 익히기 팬에 식용유를 1/2컵 정도 두르고 기름 온도가 130℃가 되면 고기를 넣어 80% 정도만 익힌다.

5_ 향신 채소와 춘장 볶기 팬에 식용유 2큰술을 두르고 송송 썬 대파, 다진생강과 마늘, 춘장을 넣어 20초 정도 볶는다.

6_ 죽순 넣고 양념하기 분량의 청주, 간장, 죽순을 넣고 살짝 볶다가 물을 붓고 설탕, 치킨파우더, 후춧가루를 넣어 간을 한 다음 10초 정도 끓인다.

7_ 고기 넣어 볶기 ⑥에 익힌 고기를 넣고 약 20초 정도 더 볶다가 물녹말을 넣고 잘 섞는다.

8_ 참기름 넣기 ⑦에 참기름을 조금 넣어 섞은 다음 접시에 담아 둔 파채 위에 올린다.

닭고기 요리 제 맛 내는 요령

중국요리 이름에 '기' 자가 들어간 것은 닭고기를 이용한 요리. 닭고기요리는 부위별로 요리하는 것이 많아 손질을 잘해야 한다. 담백한 맛이 좋아 우리네 식탁에 자주 오르는 닭고기. 부위별 손질 요령과 제 맛 내는 비결을 꼼꼼히 익혀 색다르게 요리해 보자.

깐풍기

재 ▶ 료

닭고기살 _ 300g
달걀 _ 1개
녹말 _ 50g
식용유 _ 3~4컵

양념

청·홍고추 _ 1개씩
대파 _ 1/2대
생강 _ 1/4쪽
마늘 _ 2쪽
식용유 _ 1큰술
청주 _ 1큰술

소스

물 _ 3큰술
식초 _ 2큰술
간장 _ 1큰술
설탕 _ 1큰술
굴소스 _ 1/2큰술
후춧가루 _ 1/2작은술
참기름 _ 1/2작은술

만 ▶ 들 ▶ 기

1_ **닭살고기 손질하여 썰기** 닭살고기는 껍질과 기름기를 떼어내고 손질하여 지름이 3cm 정도 되도록 썬다.

2_ **닭고기에 달걀과 녹말 넣어 버무리기** 준비한 닭고기에 달걀과 녹말을 분량대로 넣어 잘 버무린다.

3_ **야채 잘게 썰기** 청·홍고추, 대파, 마늘, 생강은 잘게 썬다.

4_ **튀김옷 입힌 닭 튀기기** 튀김팬에 식용유 3~4컵을 붓고 가열한 다음 온도가 170℃ 정도로 오르면 튀김옷 입힌 닭고기를 하나씩 넣고 튀긴다.

5_ **튀긴 다음 수분 빼기** 약 1분 후 꺼내어 국자나 주걱으로 툭툭 쳐서 닭 속에 있는 수분을 뺀 다음 다시 기름에 넣고 3~4분 정도 더 튀긴다. 양이 많을 때는 여러 번으로 나누어서 튀긴다.

6_ **소스 재료 섞기** 그릇에 물, 식초, 간장, 굴소스, 설탕, 후춧가루, 참기름을 분량대로 넣고 잘 섞는다.

7_ **잘게 썬 야채 볶기** 다른 팬에 식용유 1큰술을 넣고 썰어 놓은 ③의 야채를 넣고 10초 정도 볶는다.

8_ **튀긴 닭 넣고 소스 뿌리기** ⑦에 청주 1큰술을 넣고 튀긴 닭고기를 넣은 다음 ⑥에서 만들어 놓은 소스를 닭고기 위에 뿌려서 재빨리 섞는다.

辣椒鷄

라조기

고추기름이 없으면
어떻게 하나요?

고추기름은 매운맛을 내기 위해 넣는 것이므로 식용유 2큰술과 고춧가루 1큰술을 대신 넣고 볶아도 된다. 자칫 고춧가루가 타기 쉬우므로 낮은 온도에서 서서히 볶도록 한다.

재 ▶ 료

닭고기살 _ 200g
달걀 _ 1개
녹말 _ 3큰술
표고버섯 _ 2개
죽순 _ 40g
양송이버섯 _ 3개
청경채 _ 1뿌리
홍피망 _ 1/2개
식용유 _ 2~3컵

소스

고추기름 _ 2큰술
마른고추 _ 3개
대파 _ 10g
마늘 _ 2쪽
생강 _ 2g
청주·간장 _ 1큰술씩
물 _ 1컵
굴소스 _ 1큰술
후춧가루 _ 조금
치킨파우더 _ 1작은술
물녹말 _ 2큰술

만 ▶ 들 ▶ 기

1_ 닭고기 길쭉하게 썰기 닭고기는 손질하여 4cm 길이, 1cm 굵기로 썬다.

2_ 야채 썰기 표고버섯, 죽순, 양송이버섯은 저며 썬다. 청경채는 4cm로, 홍피망은 2×4cm로 썬다. 대파는 반 갈라 3cm로 썰고, 생강은 채썰고, 마늘은 편으로 썬다. 마른고추는 반 갈라 씨를 턴다.

3_ 닭고기에 튀김옷 입히기 닭고기는 달걀과 녹말을 분량대로 넣고 조물조물 섞어 튀김옷을 입힌다.

4_ 튀김옷 입힌 닭고기 튀기기 팬에 튀김기름을 2~3컵 정도 넣고 170℃ 전후로 가열한 다음 튀김옷 입힌 닭고기를 넣고 두 번 튀긴다.

5_ 대파·생강·마늘 볶기 다른 팬에 고추기름을 두르고 마른고추를 넣어 볶다가 손질한 대파, 생강, 마늘을 넣고 청주와 간장을 넣어 좀 더 볶는다.

6_ 야채 넣어 20~30초 더 볶기 양송이버섯, 죽순, 표고버섯, 청경채, 홍피망을 넣고 20~30초 더 볶는다.

7_ 물녹말 넣어 젓기 ⑥에 물 1컵을 붓고 굴소스, 후춧가루, 치킨파우더를 넣어 간을 한 다음 끓으면 물녹말을 넣어 잘 섞이도록 젓는다.

8_ 소스에 튀긴 닭고기 넣기 ⑦의 농도가 걸쭉하게 맞춰졌으면 튀긴 닭고기를 넣고 재빨리 섞어 접시에 담는다.

油淋鷄

유ㄹ림기

닭고기에는 꼭 빵가루만
묻혀야 하나요?

밑간한 닭고기에 빵가루 대신 녹말
가루를 발라서 튀겨도 맛있다. 좀 더
신선한 맛을 주기 위해 양상추나 야
채 샐러드를 만들어 같이 곁들이면
좋다.

재 ▶ 료

닭다리살 _ 3개
청주·간장 _ 1작은술씩
달걀 _ 1/2개 분량
빵가루 _ 100g
식용유 _ 2컵

소스
대파 _ 1/4대
청·홍고추 _ 1/2개씩
다진마늘 _ 1작은술
물 _ 2큰술
간장·식초 _ 1큰술씩
설탕 _ 1큰술
후춧가루 _ 1/2작은술
참기름 _ 1작은술

만 ▶ 들 ▶ 기

1_ 대파·고추 썰고, 마늘 다지기 대파는 반 갈라 송송 썰고, 청·홍고추는 반 갈라 씨를 털어내고 송송 썬다. 다진마늘은 분량대로 준비한다.

2_ 소스에 들어가는 양념 준비하기 물, 간장, 식초, 설탕, 후춧가루, 참기름을 분량대로 넣고 섞는다.

3_ 소스 만들기 ②에 ①을 섞어 소스를 만든다.

4_ 닭다리살에 밑간하기 뼈를 발라낸 닭다리살을 도마 위에 놓고 칼등으로 쳐서 납작하게 만든 다음 청주 1작은술, 간장 1작은술을 넣고 밑간한다.

5_ 닭다리살에 달걀 묻혀 버무리기 중간 크기의 볼에 달걀 1/2개 분량을 풀고 밑간한 닭다리살을 넣어 살짝 버무린다.

6_ 빵가루 골고루 묻히기 접시에 빵가루를 펼쳐 놓고 그 위에 달걀 묻힌 닭고기를 놓아 빵가루를 골고루 묻힌다.

7_ 닭고기 튀기기 튀김팬에 식용유를 넣고 170℃까지 오르면 빵가루 묻힌 닭고기를 넣어 튀긴다.

8_ 튀긴 닭고기 썰기 튀긴 닭고기를 1.5cm 폭으로 썰어서 접시에 담은 다음 그 위에 만들어 놓은 ③의 소스를 뿌린다.

죽순닭안심볶음

물녹말은 언제, 어떻게 넣어야 하나요?

물녹말은 대부분 요리가 거의 완성되었을 때 농도를 맞추기
위해서 넣는데 팬에 있는 재료와 물녹말이 서로 엉키지 않
도록 재빠르게 잘 섞어야 한다. 이때 불이 너무 세면 더욱
잘 엉키므로 불을 잠깐 끄고 섞는 것이 좋다. 닭고기는 안심
대신 닭가슴살을 사용해도 된다. 데친 죽순과 청경채는 찬
물에 헹구지 않는다.

재 ▶ 료

닭안심살 _ 150g
청경채 _ 1개
죽순 _ 150g
달걀흰자 _ 1/2개 분량
녹말 _ 1큰술
식용유 _ 1컵

양념

식용유 _ 1큰술
대파 _ 10g
생강 _ 3g
마늘 _ 2쪽
청주 _ 1큰술
간장 _ 1작은술
물 _ 1/2컵
소금 _ 1/2작은술
후춧가루 _ 조금
치킨파우더 _ 1작은술
물녹말 _ 2큰술
참기름 _ 조금

만 ▶ 들 ▶ 기

1_ 닭안심 · 청경채 · 죽순 썰기 닭안심은 얇게 저며 먹기 좋게 자르고 청경채는 4cm 크기
로 자른다. 죽순은 얇게 저며 썬다.

2_ 죽순과 청경채 데치기 죽순과 청경채는 끓는물에 데쳐 물기를 뺀다.

3_ 닭고기에 녹말 · 달걀흰자 넣어 버무리기 썰어 놓은 닭고기는 녹말과 달걀흰자를 넣고 버무린다.

4_ 닭고기 익히기 팬에 식용유를 약 1컵 정도 붓고 기름 온도가 130℃가 되면 버무린 닭고기를 넣어 튀
기듯이 살짝 익힌 다음 건져 낸다.

5_ 대파 · 생강 · 마늘 볶기 대파는 반으로 갈라 4cm 길이로 썰고, 생강은 채썰고 마늘은 편으로 썬다.
식용유 1큰술을 두른 팬에 썰어 놓은 대파와 생강, 마늘을 넣고 5초 정도 볶는다.

6_ 죽순과 청경채 넣기 청주와 간장을 분량대로 넣은 다음 데친 죽순과 청경채를 넣고 20~30초 정도
볶는다.

7_ 물 붓고 양념하기 물을 붓고 익힌 닭고기, 소금, 후춧가루, 치킨파우더를 넣고 10초 정도 더 볶는다.

8_ 물녹말과 참기름 넣어 섞기 물녹말을 넣고 재빨리 섞으면서 볶은 다음 참기름을 넣어 완성한다.

레몬소스닭고기

변화를 주고 싶을 때 활용할 만한 방법은
어떤 게 있을까요?

요리가 새콤달콤하므로 콘플레이크를 같이 곁들이면 더욱
맛있다. 콘플레이크는 요리 아래 깔아도 되고, 요리 위에 뿌
려도 된다. 닭다리살 대신 닭가슴살을 사용해도 되는데 부드
러운 맛은 있지만 좀 퍽퍽하다. 닭고기에 빵가루를 발라서
튀겨도 괜찮고, 레몬시럽 대신 레몬즙을 사용해도 된다.

재 ▶ 료

닭다릿살 _ 3개
송송 썬 대파 _ 1작은술
청주 _ 1큰술
소금 _ 조금
달걀 _ 1개
녹말 _ 3큰술
식용유 _ 2컵

소스

레몬 _ 1/2개
물 _ 1컵
소금 _ 1작은술
설탕 _ 3큰술
레몬시럽 _ 1작은술
물녹말 _ 2큰술

만 ▶ 들 ▶ 기

1_ 레몬 얇게 편으로 썰기 레몬은 껍질째 0.2cm 두께 편으로 썬다.

2_ 소스 재료 끓이기 팬에 썰어 놓은 레몬, 물, 소금, 설탕, 레몬시럽을 분량대로 넣고 끓
인다.

3_ 소스에 물녹말 넣어 걸쭉하게 만들기 ②가 바글바글 끓으면 물녹말을 풀어서 걸쭉하게 만든다. 뚜껑
을 덮어 따뜻하게 보관한다.

4_ 닭다리살 넓고 얇게 만들기 닭다리살은 칼등으로 쳐서 넓적하고 얇게 만든다.

5_ 닭고기에 밑간하기 닭고기를 펼쳐 놓고, 그 위에 송송 썬 대파, 청주, 소금을 분량대로 넣어 밑간한다.

6_ 튀김옷 만들기 닭다리살에 버무릴 튀김옷을 만든다. 달걀과 녹말을 분량대로 넣어 농도를 홀홀하게
맞춘다.

7_ 닭다리살에 튀김옷 뿌리기 닭고기를 넓은 접시 위에 펼쳐 놓은 다음 만들어 놓은 ⑥의 튀김옷을 골고
루 뿌려서 170℃의 튀김가름에 4분 정도 튀긴다.

8_ 튀긴 닭고기 썰기 닭고기가 바삭하게 튀겨졌으면 꺼내어 기름을 툭툭 털고 2cm 굵기로 썰어서 접시
에 담는다. 만들어 놓은 ③의 레몬소스를 따뜻하게 하여 닭고기 튀김 위에 끼얹는다.

腰果鷄丁

캐슈넛닭고기볶음

꼭 캐슈넛을 넣어야
하나요?

캐슈넛 대신 은행이나 호두 등을 넣어도 된다. 닭고기는 먼저 기름에 익힌 다음 다시 한 번 더 볶아야 하므로 처음부터 기름에 너무 많이 익히지 않는다. 닭고기는 오래 익힐수록 질겨진다.

재 ▶ 료

닭다리살 _ 200g
달걀흰자 _ 1개 분량
녹말 _ 1큰술
캐슈넛 _ 30개
죽순·표고버섯 _ 40g씩
청·홍피망 _ 1/2개씩
셀러리 _ 20g
양파 _ 40g
식용유 _ 2컵

양념
대파 _ 10g
생강 _ 1/2쪽
마늘 _ 1쪽
청주·간장 _ 1큰술씩
굴소스 _ 1큰술
물 _ 3큰술
후춧가루 _ 조금
치킨파우더 _ 1작은술
물녹말 _ 2큰술
참기름 _ 1작은술
식용유 _ 2큰술

만 ▶ 들 ▶ 기

1_ 닭다리살 썰기 닭다리는 살만 발라 사방 2cm 크기로 썬다.

2_ 닭다리살에 달걀흰자와 녹말 넣어 버무리기 닭다리살에 달걀흰자와 녹말을 분량대로 넣고 버무린다.

3_ 야채 같은 크기로 썰기 죽순, 표고버섯, 셀러리, 청·홍피망, 양파도 닭고기와 비슷한 크기로 썰고 대파는 반으로 갈라 2cm 길이로 썰고, 생강, 마늘은 모두 잘게 썬다.

4_ 닭고기와 캐슈넛 기름에 익히기 팬에 기름 2컵을 넣고 130℃ 정도까지 오르면 닭고기와 캐슈넛을 넣어 같이 익힌다.

5_ 체에 밭쳐 기름 빼기 식용유에 익힌 닭고기와 캐슈넛은 체에 밭쳐 기름기를 뺀다.

6_ 야채 볶기 팬에 식용유를 2큰술 정도 두르고 잘게 썬 대파, 생강, 마늘을 볶다가 청주 1큰술, 간장 1큰술을 넣고 나머지 야채도 같이 넣어 볶는다.

7_ 닭고기와 캐슈넛 볶다가 물녹말 풀기 ⑥을 5초 정도 볶다가 물을 넣고 굴소스, 치킨파우더, 후춧가루를 넣어 간을 하고 익힌 닭고기와 캐슈넛을 넣어 10초 정도 볶다가 물녹말을 푼다.

8_ 참기름 넣기 마지막으로 참기름을 조금 넣고 잘 섞는다.

BONUS PAGE+

point…1 손질을 잘해야 비린내가 나지 않아요

생선요리를 할 때 유의해야 할 것이 생선 손질. 어떻게 손질하느냐에 따라 비린내가 날 수도, 안 날 수도 있다. 일단 몸통에 붙어 있는 비늘을 비늘이 난 쪽과 반대 방향으로 긁어낸 다음 아가미를 통해 내장을 꺼내야 역한 냄새가 나지 않는다. 비늘을 긁어내지 않으면 비린내가 날 뿐만 아니라 양념이 생선 속까지 잘 스며들지 않아 맛도 덜하다.

point…2 주재료에 따라 소스 색깔을 선택하세요

중국요리에 생선이나 해물을 이용할 때는 주재료에 따라 소스를 달리해야 요리의 맛과 색감을 풍부하게 살릴 수 있다. 흰살 생선일 경우에는 소스 색깔도 맑고 깨끗한 것이 어울리고 새우나 붉은살생선일 경우에는 좀 더 짙은 색 소스가 어울린다.

point…3 생선찜은 상에 낼 때 뜨거운 기름을 끼얹으세요

생선찜을 완성해 상에 낼 때, 뜨거운 기름을 끼얹는다. 뜨거운 기름이 순간적으로 요리에 사용된 향채소의 향을 보존하고 생선의 맛은 더 부드럽게 해주기 때문이다. 먹을 때는 생선살을 발라 접시에 깔린 소스를 조금 묻혀 파채와 함께 먹으면 맛있다. 남은 소스에 밥을 비벼 먹거나 꽃빵을 찍어 먹어도 별미다.

생선&해물요리 제 맛 내는 요령

중국에서는 생선을 날로 먹지 않고 찜, 조림, 튀김 등으로 조리해서 먹는다. 어떤 조리법으로 하든 중국 향신료를 사용하기 때문에 그 맛이 특별하다. 생선·해물요리는 뭐니 뭐니 해도 재료의 신선도가 요리 맛의 반은 결정짓는다. 신선도가 뛰어난 생선은 찜으로, 좀 떨어지는 것은 튀기거나 소스로 맛을 내는 것이 요령이다.

point…4 생선이나 새우는 센불에서 찌세요

신선한 생선으로 찜을 하면 풍부한 맛을 즐길 수 있다. 찜을 할 때는 먼저 그릇에 대파와 생강편을 나란히 늘어 놓아 향이 올라오게 한 다음 손질한 생선을 올려 김이 오른 찜통에 넣고 찐다. 센불로 단시간에 쪄야 재료 본래의 맛을 잘 살릴 수 있다.

point…5 향신 채소와 양념을 잘 활용해 비린내를 없애요

정성 들여 생선요리를 만들었는데 비린내가 난다면 젓가락이 가지 않는다. 생선 비린내를 없애는 가장 확실한 방법은 대파, 마늘, 후춧가루, 고추, 생강 등 향신 채소와 갖은 양념을 잘 활용하는 것이다.

point…6 '탕수' 용은 두툼한 생선살이 적당해요

중국요리에서 '탕수' 는 설탕, 식초로 맛을 낸 새콤달콤한 음식을 말하며 돼지고기가 주가 되면 탕수육, 쇠고기가 주가 되면 탕수우육, 그리고 생선이 주가 되면 생선탕수라고 부른다. 생선탕수를 할 때는 살이 도톰한 흰살 생선이 좋은데, 특히 메로가 어울린다. 메로를 구하기 어려우면 대구나 동태살, 우럭살을 이용해도 된다. 단, 살이 두툼해야 모양이 산다. 튀길 때는 170℃의 기름에 한 개씩 넣어 튀긴다. 튀긴 생선살을 다시 한꺼번에 넣고 기름 위로 파르르 떠오를 때까지 튀겨 건진다.

point…7 오징어보다 갑오징어를 쓰세요

중국요리에서는 오징어보다는 갑오징어를 주로 쓴다. 오징어보다 살이 두툼하고 칼집을 넣어 모양을 내기도 좋기 때문이다. 물론 갑오징어가 없을 때는 오징어로 대신해도 된다. 갑오징어는 주로 몸통만 쓰기 때문에 다리만 남게 되는데, 남은 다리는 생선찌개나 매운탕을 끓일 때 넣으면 된다.

광동식 우럭찜

재 ▶ 료

우럭(500~600g) _ 1마리
대파 _ 2대
생강 _ 2쪽
고수 _ 20g
홍고추 _ 1/2개
식용유 _ 2큰술

소스

청주 _ 1큰술
간장 _ 3큰술
물 _ 1/2컵
설탕 _ 1작은술
치킨파우더 _ 1작은술

만 ▶ 들 ▶ 기

1_ 우럭 손질하여 등 쪽에 칼집 넣기 우럭은 신선한 것으로 준비하여 내장과 비늘을 제거하고 등지느러미의 양쪽으로 칼집을 깊숙이 넣는다.

2_ 대파와 생강·홍고추 썰어 준비하기 대파의 1/2분량은 반 갈라 4cm 길이로 썰고, 나머지는 채썬다. 생강도 1/2은 편으로 썰고, 나머지는 채썬다. 홍고추는 씨를 뺀 다음 4cm 길이로 채썬다.

3_ 생선 데치기 체에 생선을 담은 채 끓는물에 넣어서 국자로 끓는물을 끼얹어 가면서 살짝 데친 다음 꺼내서 찬물로 깨끗하게 씻어서 비린내를 없앤다.

4_ 생선에 대파와 생강 올려 찌기 씻은 생선을 넓은 접시에 담고 굵게 썬 대파와 편으로 썬 생강을 생선 위에 올려 찜기에 넣고 10분 정도 찐다.

5_ 생선에 채썬 대파와 생강 다시 올리기 우럭과 함께 쪄냈던 대파와 생강은 걷어내고, ②의 채썬 대파와 생강을 다시 우럭 위에 올린다.

6_ 달군 식용유 붓기 식용유를 뜨겁게 달궈 생선 위에 뿌린다.

7_ 생선에 소스 뿌리기 다른 팬에 청주, 간장, 물, 치킨파우더, 설탕을 분량대로 넣고 간을 한 다음 끓여서 생선 위에 뿌린다.

8_ 고수와 홍고추 채썬 것 올리기 ⑦의 위에 향이 나는 고수와 채썬 홍고추를 올려 장식한다.

강총소스바닷가재요리

바닷가재를 좀 더 부드럽게 하려면 어떻게 하나요?

바닷가재는 기름에 너무 바삭하게 튀기면 육질이 질 겨지기 때문에 170℃의 기름에 넣어서 잠깐만 튀긴 다. 가재 껍데기가 빨갛게 된 다음 1분 정도만 더 튀 기면 된다. 혹은 튀기지 않고 센불에서 8분 정도 찐 다음 볶아도 된다.

바닷가재(500~600g) _ 1마리
녹말가루 _ 3큰술
식용유 _ 2컵

소스
식용유 _ 1큰술
대파 _ 1대
생강 _ 1쪽
청주 _ 1큰술
물 _ 1/2컵
국간장 _ 1큰술
소금 _ 1/2큰술
후춧가루 _ 1/2작은술
물녹말 _ 1큰술
참기름 _ 1작은술

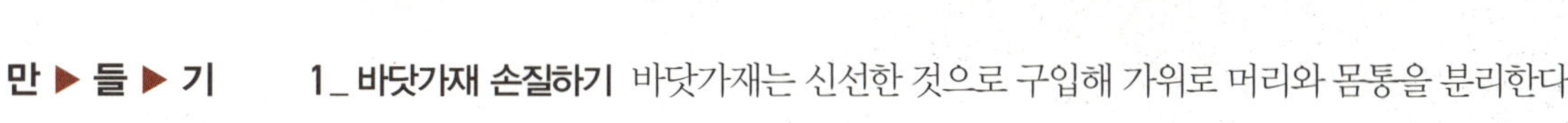

만 ▶ 들 ▶ 기

1_ 바닷가재 손질하기 바닷가재는 신선한 것으로 구입해 가위로 머리와 몸통을 분리한다.

2_ 바닷가재 썰기 몸통 부분은 사방 3cm 크기로 먹기 좋게 썬다.

3_ 대파와 생강 썰기 대파는 반으로 갈라 5cm 길이로 썰고, 생강은 가늘게 채썬다.

4_ 가재에 녹말가루 묻히기 손질한 가재에 녹말가루를 골고루 묻힌다. 많이 묻었으면 살살 털어 낸다.

5_ 가재 튀기기 튀김팬에 튀김 기름을 넣고 170℃ 정도로 온도가 오르면 녹말 묻힌 가재를 넣고 튀긴 다. 가재 껍데기가 빨갛게 되고 나서 1분 정도 더 튀긴다.

6_ 향신 채소 볶기 다른 팬에 식용유 1큰술을 넣고 준비한 대파, 생강을 넣어 5~10초 정도 향이 날 때 까지 볶는다.

7_ 가재 넣어 양념하기 ⑥에 청주, 물, 튀긴 가재 순으로 국간장, 소금, 후춧가루를 넣어 간을 맞춘 다음 10초 정도 더 볶다가 물녹말을 푼다.

8_ 참기름 넣기 참기름을 약간 넣어 잘 섞은 다음 넓은 접시에 모양을 내가면서 담는다. 머리 부분은 그 릇에 담을 때 장식으로 쓴다.

팔보채

주재료를 데치거나 볶을 때는 어떻게 해야 하나요?

해산물과 야채, 닭고기는 너무 오래 삶지 말고 살짝 데친다. 볶을 때도 너무 오래 볶지 말고 살짝만 볶아야 야채는 신선한 맛을 그대로 느낄 수 있고, 해물은 질겨지지 않는다. 물이나 육수를 붓고 난 다음 너무 오래 볶으면 소스가 졸아 없어진다. 이때 물을 약간 더 붓는다.

재 ▶ 료

표고버섯·양송이 _ 2개씩
청경채 _ 1뿌리
당근 _ 1/4개
죽순 _ 1/3개
불린 해삼 _ 60g
은행 _ 10알
중새우 _ 6마리
갑오징어살 _ 80g
소라 _ 2개
닭가슴살 _ 1/2개
식용유 _ 2컵

소스

식용유 _ 2큰술
대파 _ 10g
생강 _ 1/2쪽
마늘 _ 1쪽
청주·간장 _ 1큰술씩
굴소스 _ 1큰술
치킨파우더 _ 1작은술
참기름 _ 1작은술
후춧가루 _ 1/2작은술
물 _ 1/2컵
물녹말 _ 2큰술

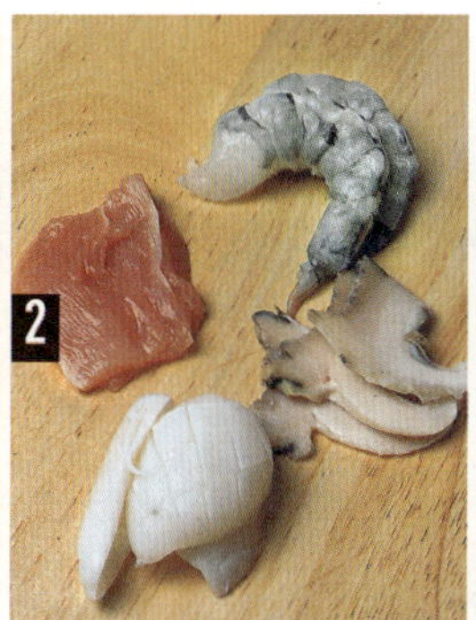

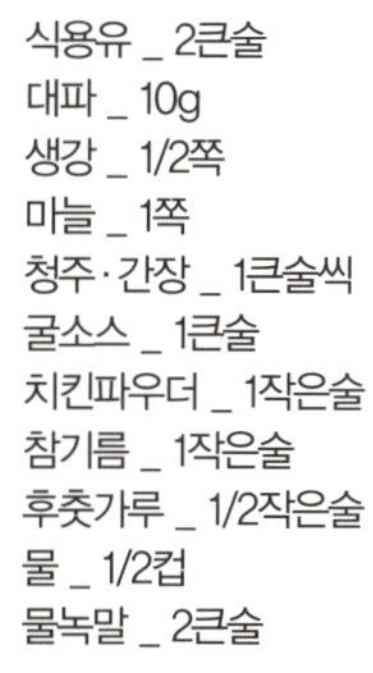

만 ▶ 들 ▶ 기

1_ 야채와 해삼 썰어서 준비하기 표고버섯, 당근, 양송이, 죽순은 편으로 썰고, 청경채는 4cm 길이로 썬다. 해삼은 넓적하게 썰고 은행은 껍질을 벗긴다. 대파는 반 갈라 3cm 길이로 썰고, 마늘은 편으로 썬다. 생강은 채썬다.

2_ 해산물과 닭고기 썰기 새우는 내장을 제거하고, 갑오징어는 대각선으로 칼집을 넣어 4cm 크기로 썰고, 소라·닭고기도 비슷한 크기로 썬다.

3_ 야채와 해산물·닭고기 데쳐 물기 빼기 끓는물에 대파와 생강, 마늘을 제외한 모든 야채와 ②의 재료를 넣고 데쳐 체에 건져 둔다.

4_ 대파·생강·마늘 볶다가 청주·간장 넣기 팬에 식용유 2큰술을 넣고 ①의 대파, 생강, 마늘을 5초 정도 볶다가 청주와 간장을 1큰술씩 넣는다.

5_ 데친 재료 넣어 볶기 ④에 데친 재료를 넣고 10초 정도 더 볶는다.

6_ 굴소스 넣어 간맞추기 ⑤의 팬에 굴소스, 치킨파우더, 후춧가루를 분량대로 넣어가면서 간을 맞춘다.

7_ 물녹말 넣어 걸쭉하게 만들기 ⑥에 물을 1/2컵 정도 붓고 살짝 끓인 다음 물녹말을 넣고 섞어 걸쭉한 상태로 만든다.

8_ 참기름 넣기 ⑦에 참기름을 넣고 섞어 맛이 돌면 접시에 담는다.

일품해삼

해삼을 꼭 튀겨야 하나요?

해삼은 튀기면 좀 더 고소한 맛이 있지만 기름져서 싫다면 찜기에 찌는 방법도 있다. 해삼을 썰지 말고 그대로 찜기에 넣어 8분 정도 찐 다음 먹기 좋게 썰어서 그 위에 소스를 뿌려 내면 좀 더 담백한 맛이 난다. 좀 더 부드러운 맛을 원하면 볶을 때 고추기름 대신 식용유를 사용한다.

재 ▶ 료

불린 해삼 _ 300g(2개 정도)
녹말가루 _ 20g
새우 _ 40g
다진대파 _ 1/2작은술
소금·청주 _ 조금씩
녹말·후춧가루 _ 조금씩
튀김기름 _ 2컵

소스
고추기름 _ 2큰술
대파 _ 1/2대
생강 _ 1/2쪽
마늘 _ 2쪽
청주·간장 _ 1큰술씩
죽순 _ 40g
표고버섯 _ 2개
청·홍피망 _ 1/2개씩
은행 _ 10알
물 _ 2/3컵
굴소스 _ 1큰술
후춧가루 _ 1/2작은술
치킨파우더 _ 1작은술
물녹말 _ 2큰술

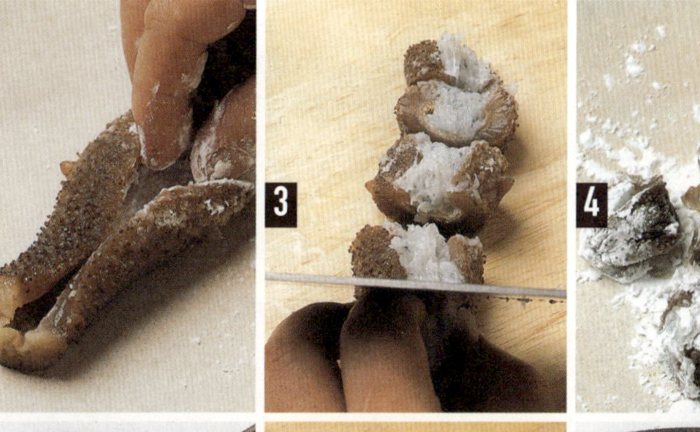

만 ▶ 들 ▶ 기

1_ 새우 잘게 다져 양념하기 새우는 등 쪽에 꼬치를 찔러 내장을 빼고 다진대파와 소금, 청주, 후춧가루, 녹말가루를 넣고 버무려 밑간한다.

2_ 해삼 속에 녹말가루 바르기 해삼은 반 갈라 속에 녹말가루를 바른다.

3_ 양념한 새우를 해삼 속에 넣어 썰기 양념해 놓은 ①의 새우를 녹말가루 바른 해삼 속에 넣고 입구를 잘 아무린 다음 통째로 2cm 굵기로 썬다.

4_ 해삼에 녹말가루 바르기 썬 해삼의 겉면에도 녹말가루를 골고루 바른다.

5_ 해삼 튀기기 팬에 튀김기름 2컵을 붓고 온도가 170℃ 정도 되면 ④의 해삼을 넣고 2분 정도 튀긴다.

6_ 야채 썰기 대파, 생강, 마늘은 잘게 썰고 죽순, 표고버섯, 청·홍피망은 사방 2×2cm 크기로 썬다. 은행도 껍질을 벗겨 분량대로 준비한다.

7_ 야채 볶기 팬에 고추기름 2큰술을 두르고 잘게 썬 대파, 생강, 마늘을 넣고 5초 정도 볶다가 청주, 간장을 넣고 죽순, 표고버섯, 피망, 은행을 함께 넣어 15초 정도 볶는다.

8_ 물녹말 넣기 물 2/3컵을 넣고 튀긴 해삼, 굴소스, 후춧가루, 치킨파우더를 넣어 30초 정도 볶은 다음 물녹말을 넣어 걸쭉하게 농도를 맞추고 한 번 더 끓인다.

해물누룽지탕

누룽지탕에서 파삭파삭 소리가 제대로 나게
하려면 어떻게 해야 하나요?

누룽지탕은 소리가 나야 제 맛이 난다. 그런데 누룽지를 미리 튀겨 놓으면 소리가 나지 않는다. 그러므로 소스를 만든 다음에 누룽지를 튀긴다. 누룽지는 고온에서 빨리 튀겨야만 바삭하고 잘 부푼다. 적당한 기름 온도를 쉽게 아는 방법은 가열한 기름에 누룽지를 조금 떼서 넣어 보는 것. 누룽지가 금세 위로 떠오르면 적당한 온도가 된 것이다.

재 ▶ 료

누룽지 _ 4쪽
죽순 _ 30g
불린 표고버섯 _ 2개
청경채 _ 1뿌리
초고버섯 _ 2개
해삼 _ 50g
중새우 _ 4개
갑오징어 _ 40g
키조개살 _ 1개
식용유 _ 2컵

소 스

식용유 _ 1큰술
대파 _ 10g
생강·마늘 _ 1쪽씩
청주·간장 _ 1큰술씩
물 _ 2컵
치킨파우더 _ 1큰술
후춧가루 _ 1/2작은술
굴소스 _ 2큰술
물녹말 _ 3큰술
참기름 _ 1작은술

만 ▶ 들 ▶ 기

1_ 야채와 해삼 썰기 죽순과 표고버섯은 편으로 썰고 청경채는 4cm 길이로 썬다. 초고버섯은 반으로 가르고 해삼은 넓적하게 편으로 썬다. 대파는 반 갈라 4cm 길이로 썰고, 생강은 채썰고, 마늘은 편으로 썬다.

2_ 해산물 썰기 새우는 내장을 빼고, 갑오징어는 대각선으로 칼집을 넣어 4cm 크기로 썰고, 키조개살은 편으로 썬다.

3_ 야채와 해산물 데치기 대파와 생강, 마늘을 제외하고 모든 썰어 놓은 재료는 끓는물에 함께 넣어 데친 다음 체에 밭쳐 물기를 뺀다.

4_ 대파·마늘·생강 볶기 팬에 식용유 1큰술을 두르고 대파, 마늘, 생강을 5초 정도 볶는다.

5_ 데친 재료 넣어 볶기 ④에 청주, 간장을 넣고 데친 야채와 해산물을 넣어서 10초 정도 살짝 볶는다.

6_ 물녹말 넣어 걸쭉하게 만들기 ⑤에 물 2컵을 붓고 치킨파우더, 후춧가루, 굴소스를 넣어 간한 다음 물녹말을 넣어 농도를 맞추고 참기름을 넣는다.

7_ 누룽지 튀기기 기름 온도 180℃에서 누룽지를 튀긴다.

8_ 누룽지 위에 소스 끼얹기 튀긴 누룽지 위에 소스를 끼얹는다.

홍소상어지느러미찜

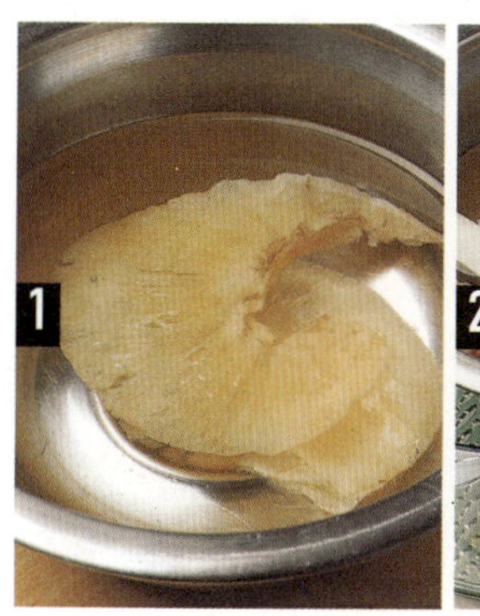   

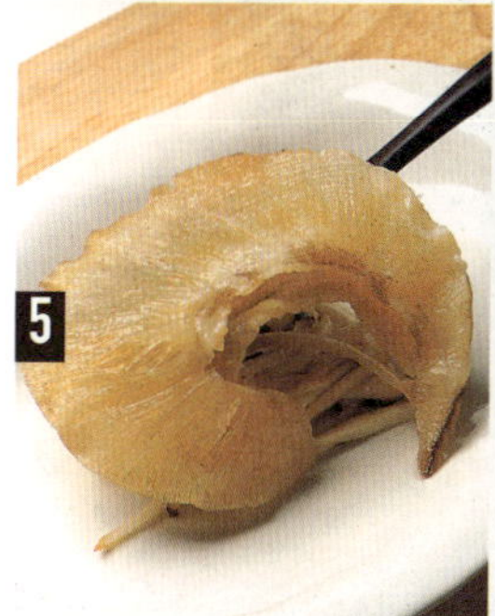  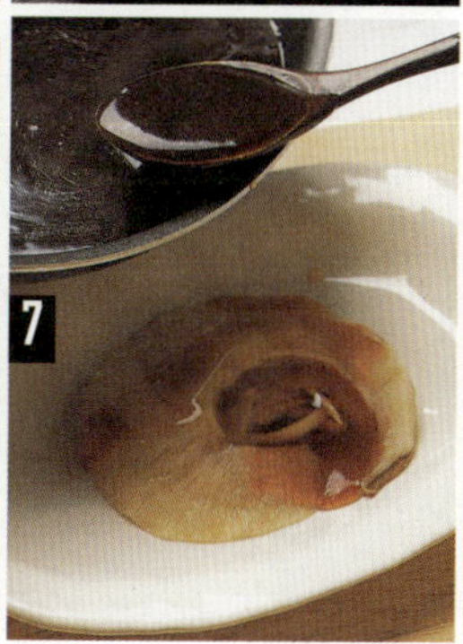 

만 ▶ 들 ▶ 기

1_ 냉동 상어지느러미 불리기 냉동 상어지느러미는 먼저 미지근한 물에 담가 5시간 정도 불린다.

2_ 상어지느러미 찌기 불린 상어지느러미와 청주, 대파, 생강, 물, 소금, 데친 돼지고기와 닭고기를 같이 찜기에 넣어 2시간 정도 찐다.

3_ 새송이버섯 채썰기 새송이버섯은 0.3cm 두께로 채썬다.

4_ 채썬 새송이버섯 볶기 기름 두른 팬에 ③을 소금간하여 살짝 볶는다.

5_ 새송이버섯 위에 상어지느러미 얹기 접시에 새송이버섯 볶은 것을 놓고 그 위에 쪄낸 상어지느러미를 건져서 얹는다. 국물은 그대로 둔다.

6_ 소스 만들기 팬에 식용유 1큰술을 넣고 가열한 다음 청주, 간장과 상어지느러미를 찔 때 나온 국물 2컵, 치킨파우더, 굴소스, 노두유, 후춧가루를 분량대로 넣어 끓이고 물녹말을 부어 농도를 맞춘 다음 참기름을 넣는다.

7_ 상어지느러미 위에 소스 끼얹기 ⑤의 상어지느러미 위에 ⑥에서 만든 소스를 끼얹는다.

8_ 청경채 데치기 청경채는 소금과 식용유를 넣은 끓는물에 살짝 데친 다음 ⑦의 옆에 곁들인다.

BONUS PAGE

point···1 모양을 살려 썰어야 보기 좋아요
중국요리에서 색과 맛을 제대로 내려면 칼질과 불 조절, 양념까지 삼박자가 잘 맞아야 한다. 이 중 음식 모양을 좌우하는 게 재료 썰기. 피망이나 오이 등을 채썰 때는 가지런히 놓고 두께나 길이를 일정하게 써는 것이 좋고, 청경채는 밑동에 칼집을 넣어 포기를 작게 나눠서 썰어야 모양이 흐트러지지 않아 보기 좋다. 죽순은 특유의 빗살 모양을 살려 썰면 예쁘다. 삼선누룽지탕 같은 요리에는 죽순을 다른 재료와 같이 납작하게 저며 써는 것이 좋다.

point···2 조리 도중에 자주 저으면 두부가 부서져요
두부를 넣고 조리하는 도중에 너무 자주 뒤적이거나 저으면 두부가 부서져 음식이 지저분해지므로 가끔 냄비째 흔들어 주기만 한다. 두부는 뜨거울 때 간이 잘 배므로 두부가 뜨거워지도록 뚜껑을 덮어 끓인다.

point···3 목이버섯은 육수에 찐 후 조리하세요
마른목이버섯은 미지근한 물에 담가 보들보들해질 때까지 불려서 쓴다. 또 물에 부드럽게 불린 뒤 그대로 볶지 말고 육수를 부어 잠깐 찐 다음 요리한다. 그러면 목이버섯에 육수 맛이 고루 배어들고 씹히는 맛도 한결 좋아진다.

채소&두부요리 | 제 맛 내는 요령

채소와 두부 모두 우리 몸에 좋다는 건 누구나 아는 사실. 식탁에 자주 오를수록 가족이 건강해진다. 중국요리에서도 채소와 두부는 많이 이용되는데, 두부요리만 해도 150여 가지가 넘는다. 채소와 두부가 들어간 중국요리, 열 배로 맛있게 즐기는 핵심 노하우를 배워보자.

point···4 볶을 때 푸른 채소는 나중에 넣어요
채소를 볶을 때 좀 더디 익는 것부터 넣고 푸른 채소는 맨 마지막에 넣어 센불에서 살짝 볶는다. 순서대로 볶으면 한꺼번에 넣을 때보다 채소에서 수분이 덜 빠져나와 양념 맛이 쏙 밴다. 예를 들면 중국부추는 흰 줄기 부분과 잎 부분으로 나누어 흰 줄기를 먼저 볶다가 푸른 잎을 넣고 재빨리 볶는다. 그래야 부추가 질기지 않고 볼륨감도 산다.

point···5 두부를 망국자에 담아 데쳐요
두부를 어떻게 조리하느냐에 따라 맛이 조금씩 달라진다. 기름에 데치면 구수한 맛이 나고, 끓는물에 데치면 기름지지 않고 담백한 맛이 난다. 두부를 기름에 데쳐서 조리할 땐 두부가 으깨지면 요리가 지저분해진다. 적당히 단단한 두부를 구입해서 알맞은 크기로 썬 후 망국자에 담아 끓는 기름에 살짝 데친다. 튀길 때는 두부를 넣고 노릇하게 튀긴 후 으깨지지 않게 망국자로 조심스럽게 건진다. 연두부를 이용할 때는 부서지지 않게 끓는물에 살짝 데치면 좋다.

point···6 센불에서 재빨리 볶아요
맛있게 볶으려면 센불에서 조리하는 게 기본. 채소를 볶을 때도 예외가 아니다. 센불에서 단시간에 볶아야 채소가 가진 맛과 색, 향이 그대로 살아난다.

point···7 채소를 데칠 때 기름을 한 방울 떨어뜨리세요
시금치나 청경채, 아스파라거스, 브로콜리, 양상추 등을 데칠 때 소금 조금, 기름 한 방울을 떨어뜨리면 채소에 윤기가 나고 고소한 맛도 더해진다. 데친 채소는 헹굴 필요 없이 바로 물기만 빼서 접시에 담는다. 그대로 식히면 남은 열로 계속 익기 때문에 아주 잠깐만 데쳐야 채소 자체의 질감과 맛을 즐길 수 있다.

고기두부조림

재 ▶ 료

두부 _ 1모
다진고기 _ 50g
녹말가루 _ 1큰술
식용유 _ 2컵

다진고기양념
다진대파 _ 1작은술
다진생강·다진마늘 _ 조금씩
간장·청주 _ 1작은술씩
녹말가루 _ 1작은술

소스
간장·굴소스 _ 1큰술씩
치킨파우더 _ 1큰술
청주 _ 1큰술
노두유 _ 1작은술
참기름 _ 1작은술
물 _ 2컵
물녹말 _ 2큰술

만 ▶ 들 ▶ 기

1_ 두부 속 파내기 두부는 3×3×2cm 크기로 썬 다음 가운데 속을 동그랗게 파낸다.

2_ 두부에 녹말가루 바르기 속을 파낸 두부에 녹말가루를 조금씩 바르고 여분의 가루는 살
살 털어낸다.

3_ 다진고기에 밑간하기 다진고기에 다진대파와 생강, 마늘을 넣고, 간장, 청주, 녹말가루를 넣어 잘 섞
는다.

4_ 두부에 고기 넣기 속을 파낸 두부에 ③에서 밑간한 고기를 넣는다. 나중에 고기가 두부에서 떨어지
지 않도록 지그시 누르듯 넣는다.

5_ 고기 박은 두부 튀기기 튀김팬에 식용유를 붓고, 기름 온도가 170℃ 이상 오르면 두부 색이 노릇해
질 때까지 바삭하게 튀긴다.

6_ 두부 찌기 볼에 간장, 굴소스, 치킨파우더, 노두유, 물을 넣어 섞은 다음 튀긴 두부를 담가 찜기에 넣
고 5분 정도 찐다. 남은 소스 국물은 잘 둔다.

7_ 찐 두부 그릇에 담기 찐 두부를 꺼내어 상에 낼 접시에 담는다.

8_ 소스 끼얹기 팬에 청주를 1큰술 넣고 남은 소스 국물을 1컵 정도 부어서 끓이다가 물녹말을 풀어 걸
쭉하게 하고 참기름을 넣어 끼얹는 소스를 만든다. 이것을 찐 두부 위에 뿌린다.

紅燒釀茄子

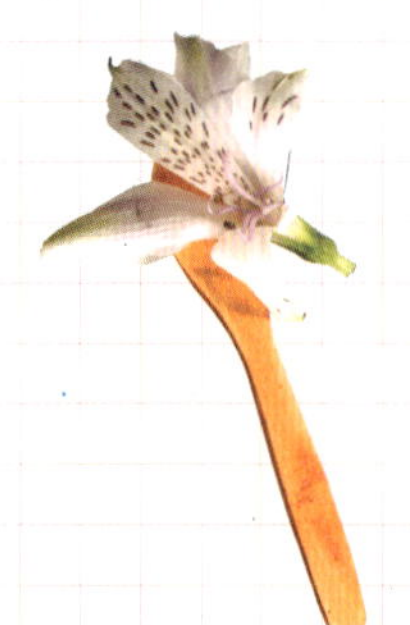

홍소가지볶음

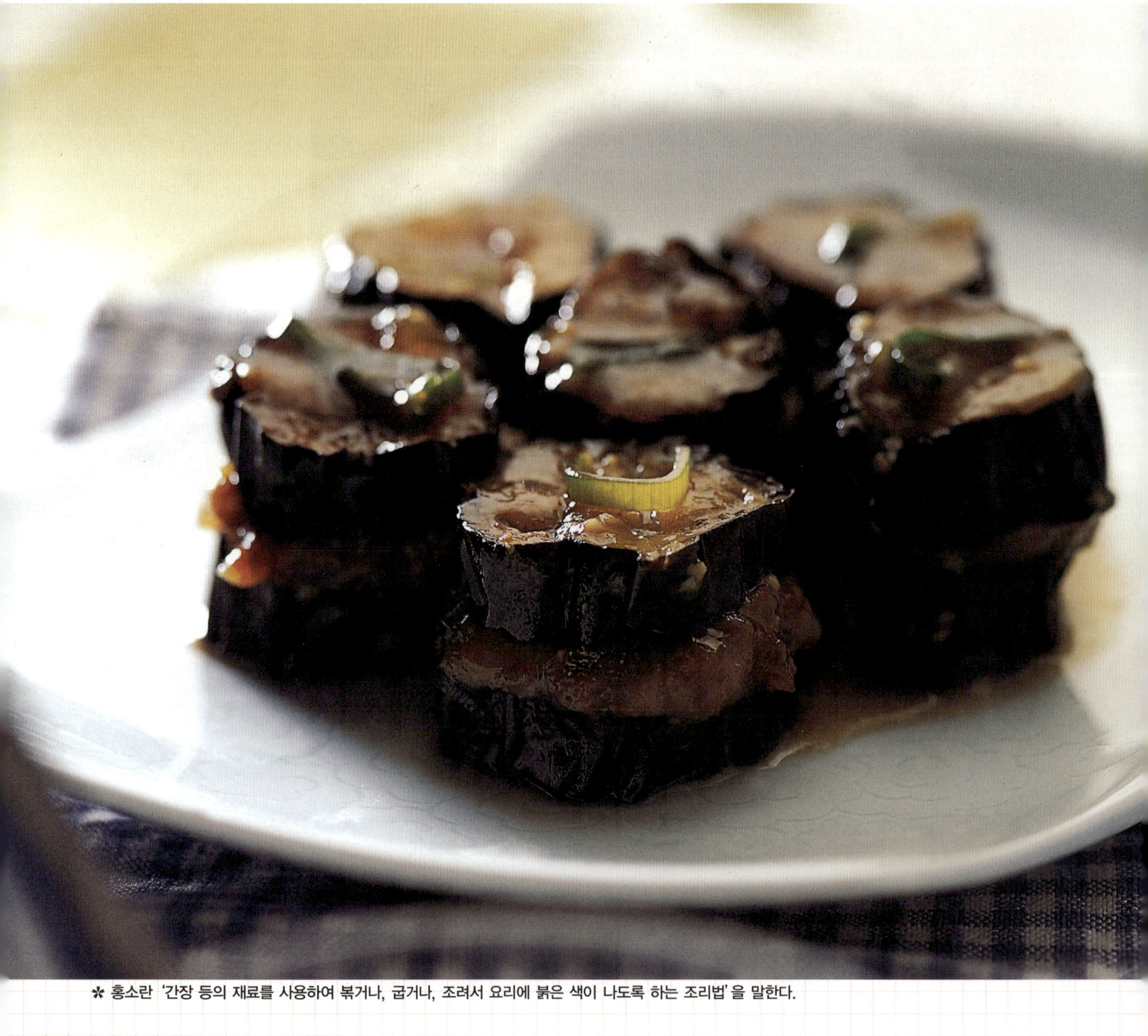

✻ 홍소란 '간장 등의 재료를 사용하여 볶거나, 굽거나, 조려서 요리에 붉은 색이 나도록 하는 조리법'을 말한다.

가지를 부서지지 않게 조리하는 방법은 무엇인가요?

가지를 조릴 때 너무 오래 조리면 부서지는 경우가 있다. 이런 것이 걱정된다면 가지를 조리지 말고 튀긴 다음 위에 소스를 끼얹어도 된다. 안에 들어가는 새우나 고기는 둘 중 하나만 사용해도 된다. 가지볶음 옆에 소금을 넣고 데친 브로콜리를 곁들여도 좋다.

재 ▶ 료   가지 _ 2개

가지 속재료
다진고기·다진새우 _ 30g씩
다진파 _ 1큰술
다진마늘 _ 1/2작은술
생강 _ 1/2작은술
청주·간장 _ 1작은술씩
녹말가루 _ 1작은술
달걀흰자 _ 1/3개 분량

소스
식용유·청주 _ 1큰술씩
진간장 _ 1큰술
다진마늘 _ 1작은술
참기름 _ 1작은술
물 _ 1컵
굴소스 _ 1큰술
치킨파우더 _ 1큰술
물녹말 _ 2큰술

만 ▶ 들 ▶ 기

1_ 가지 썰어서 녹말 묻혀 두기 가지는 깨끗이 씻어서 두께가 1cm 정도 되도록 썰어 자른 면에 녹말가루를 바르고, 많이 묻은 가루는 살살 털어낸다.

2_ 가지 속재료 준비하기 다진고기, 다진새우, 다진파, 마늘, 생강, 청주, 간장, 달걀흰자, 녹말가루를 넣고 잘 섞는다.

3_ 가지 사이에 고기 넣기 두 장의 가지 사이에 잘 섞은 재료를 샌드위치처럼 넣고 위에서 지그시 누른다. 이렇게 해야 가지와 고기가 서로 떨어지지 않는다.

4_ 가지 샌드한 것 튀기기 기름 온도가 170℃까지 오르면 가지를 넣어 튀긴다. 가지의 자른 면이 진해질 때까지 1~2분 정도 튀긴다.

5_ 다진마늘 볶기 팬에 식용유 1큰술을 두르고 다진마늘 1작은술을 넣어 5초 정도 볶는다.

6_ 튀긴 가지 넣어 볶기 ⑤에 청주와 간장을 1큰술씩 넣고 물 1컵을 부은 다음 튀긴 가지를 넣는다.

7_ 물녹말 넣기 굴소스, 치킨파우더를 넣어 간을 하고 가지를 10초 정도 조린 다음 물녹말을 넣고 잘 섞는다.

8_ 참기름 넣어 마무리하기 ⑦이 어느 정도 조려지고 가지에 맛이 잘 배면 참기름을 넣어 대강 섞은 다음 접시에 담는다.

모듬야채볶음

야채의 색을 좀 더 선명하게 하는 방법은 없을까요?

야채볶음에 들어가는 야채는 끓는물에 살짝 데친 다음 센불에서 빠르게 볶아내면 색깔이 선명해진다. 물에 데칠 때도 소금과 식용유를 조금씩 넣으면 야채에서 윤기가 나고, 색도 더 산뜻해진다. 야채를 미리 데치지 않으면 볶을 때 야채에서 물이 나와 지저분해지므로 되도록 모든 야채는 데친 다음 볶는다.

재 ▶ 료

양파 _ 1/4개
당근 _ 1/5개
브로콜리 _ 1/6개
죽순 _ 50g
표고버섯 _ 2개
초고버섯 _ 2개
청피망 _ 1/2개
셀러리 _ 1/4대
은행 _ 10알
소금·식용유 _ 조금씩

양념

대파 _ 1/2대
마늘 _ 1쪽
생강 _ 1/2쪽
식용유 _ 2큰술
청주 _ 1큰술
간장 _ 1작은술
물 _ 3큰술
소금·참기름 _ 1작은술씩
치킨파우더 _ 1큰술
물녹말 _ 2큰술

만 ▶ 들 ▶ 기

1_ 야채 준비하기 양파는 1.5cm 폭으로 굵게 채썰고, 당근은 모양을 내어 얇게 편으로 썬다. 브로콜리는 송이를 떼어 분리한다. 죽순과 표고버섯은 편으로 썰고, 초고버섯은 반으로 가른다. 청피망은 2×4cm 크기로 썬다. 셀러리는 길게 어슷썰고, 은행은 껍질을 벗겨서 준비한다.

2_ 야채 데치기 물을 끓인 다음 소금과 식용유를 조금씩 넣고 썰어 놓은 ①의 야채를 살짝 데친다.

3_ 데친 야채 물기 빼기 살짝 데친 야채는 체에 받쳐 물기를 뺀다. 이때 찬물에 헹구지 않는다.

4_ 향신 채소 준비하기 생강은 잘게 채썰고, 마늘은 편으로 썬다. 파는 반으로 갈라 4cm 길이로 썬다.

5_ 양념에 야채 넣기 팬에 식용유를 2큰술 두르고 썰어 둔 파, 마늘, 생강을 살짝 볶다가 청주와 간장을 넣고 데친 야채를 넣는다.

6_ 치킨파우더로 간 맞추기 20초 정도 더 볶다가 물, 소금, 치킨파우더를 넣고 간을 맞춘다.

7_ 물녹말 넣어 섞기 약 30초 정도 볶다가 물녹말을 넣어서 잘 섞는다.

8_ 참기름 넣기 참기름을 1작은술 넣고 잘 버무려서 바로 접시에 담는다.

발채모둠버섯

발채가 무엇인가요?

발채는 중국 티베트나 몽고 등 고원사막지대에 봄철 우기 때만 자라는 이끼류로 처음에는 파란색이지만 말리면 검은색으로 바뀐다. 말린 발채는 미리 물에 30분 정도 담가서 불렸다가 사용한다. 서울의 북창동, 중국음식 재료상에서 구입할 수 있다. 버섯 외에 시금치, 청경채 등을 데쳐서 같이 곁들이면 더 좋다.

재 ▶ 료

발채 _ 20g
표고버섯 _ 70g
송이버섯 _ 70g
새송이버섯 _ 70g
초고버섯 _ 70g

소스
대파 _ 20g
다진생강 _ 3g
마늘 _ 2쪽
식용유·물 _ 2큰술씩
청주·간장 _ 1큰술씩
물녹말 _ 1큰술
굴소스 _ 1작은술

발채소스
청주 _ 1큰술
물 _ 1/3컵
손질한 팽이버섯 _ 30g
간장 _ 1/2큰술
굴소스 _ 1큰술
노두유 _ 1작은술
물녹말 _ 1큰술
참기름 _ 1작은술

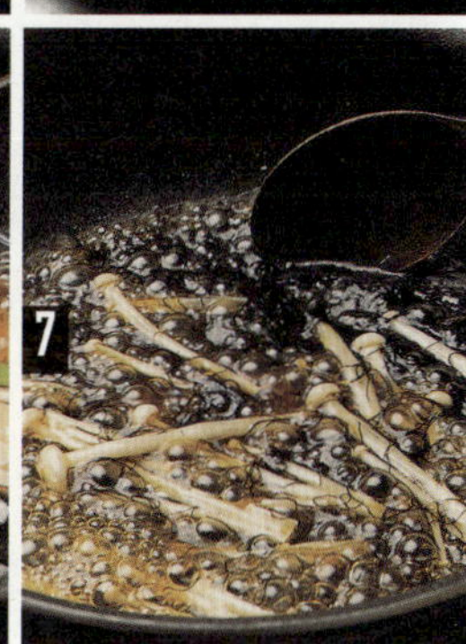

만 ▶ 들 ▶ 기

1_ 발채 불리기 발채는 30분 정도 물에 담가 불린다. 이물질이 있을 수도 있으므로 발채를 불린 다음 잘 살펴 보아 이물질을 제거한다.

2_ 버섯 썰기 표고버섯, 송이버섯, 새송이버섯, 초고버섯은 모두 편으로 썬다. 대파는 반 갈라 5cm 길이로 썰고, 마늘은 편으로 썰고, 생강은 얇게 채썬다.

3_ 버섯 데치기 끓는물에 ②의 버섯을 모두 넣어 데친다.

4_ 대파·생강·마늘 볶기 팬에 식용유 2큰술을 두르고 대파, 생강, 마늘을 넣어 5초 정도 볶다가 청주와 간장 1큰술씩을 넣어 볶는다.

5_ 데친 버섯 넣어 볶기 ④에 데친 표고버섯, 새송이버섯, 송이버섯, 초고버섯을 넣고 20초 정도 볶는다.

6_ 물녹말 넣어 농도 맞추기 ⑤에 물을 2큰술 정도 붓고 굴소스를 넣어 간을 한 다음 물녹말을 풀어 농도를 맞춘다.

7_ 소스 끓이기 다른 팬에 청주 1큰술을 넣고 물을 1/3컵 정도 부은 다음 팽이버섯과 불린 발채를 넣고 간장, 굴소스, 노두유를 넣어 간을 맞춰 끓이다가 물녹말을 넣어서 걸쭉하게 한 다음 참기름을 넣는다.

8_ 발채소스 끼얹기 먼저 볶아놓은 ⑥의 버섯을 그릇에 담고 그 위에 ⑦의 발채소스를 끼얹는다.

炒青菜

청채볶음

재 ▶ 료

청경채 _ 4~5뿌리
죽순 _ 40g
표고버섯 _ 3개
홍고추 _ 1개

양념
식용유 _ 2큰술
다진대파 _ 20g
다진생강 _ 1/2작은술
다진마늘 _ 1작은술
청주·간장 _ 1큰술씩
물 _ 1큰술
굴소스 _ 1큰술
후춧가루 _ 조금
참기름 _ 조금

만 ▶ 들 ▶ 기

1_ 야채 썰기 청경채는 잘 씻은 다음 3~4cm 길이로 썬다. 죽순과 표고버섯은 편으로 썰고, 홍고추는 2cm 길이로 가늘게 채썬다.

2_ 야채 데치기 물을 끓인 다음 썰어 놓은 청경채와 죽순, 표고버섯을 넣어 살짝 데친다.

3_ 체에 밭쳐 물기 빼기 데친 야채는 곧바로 체에 밭쳐 물기를 뺀다.

4_ 향신 채소 볶기 팬에 기름을 2큰술 두르고 다진대파, 다진마늘, 다진생강을 넣고 5초 정도 향이 날 때까지 살짝 볶는다.

5_ 청주와 간장 넣기 ④가 어느 정도 볶아지면 청주와 간장을 넣어서 잘 섞이도록 젓는다.

6_ 물기 뺀 야채 넣기 ⑤에 데친 죽순과 표고버섯, 청경채를 같이 넣고 20초 정도 볶는다.

7_ 간 맞추기 ⑥에 분량의 물, 굴소스, 후춧가루를 넣어 간을 맞춘 다음 약 20초 정도 더 볶는다.

8_ 참기름 넣어 고소한 맛내기 참기름을 둘러 잘 섞이도록 저은 다음 접시에 담는다.

마파두부

두부가 부서지지 않게 하는 방법은 없나요?

두부를 데칠 때 소금을 조금 넣으면 두부가 조금 단단해지면서 모양이 흐트러지지 않는다. 그러나 부드러운 맛은 덜하다. 처음에는 일반 두부로 사용하다가 어느 정도 익숙해지면 연두부로 만들어 본다.

재 ▶ 료

연두부 _ 1모
소금 _ 1작은술
물 _ 2컵

소스
홍고추 _ 1개
대파 _ 10g
마늘 _ 2쪽
생강 _ 1/2쪽
두반장 _ 1큰술
다진고기 _ 50g
청주·간장 _ 1큰술씩
물 _ 1컵
굴소스 _ 1작은술
치킨파우더 _ 1작은술
후춧가루 _ 조금
설탕 _ 1/2작은술
물녹말 _ 2큰술
고추기름 _ 2큰술

만 ▶ 들 ▶ 기

1_ 두부 깍둑 썰기 두부는 사방 1.5cm 크기의 깍두기 모양으로 썬다.

2_ 양념 잘게 다지기 홍고추, 대파, 마늘, 생강은 잘게 썰거나 다진다.

3_ 두부 데치기 팬에 물을 2컵 정도 부어 끓인 다음 썰어 놓은 두부와 소금 1작은술을 넣어 데친 다음 체에 건져 물기를 뺀다.

4_ 향신 채소 볶다가 두반장 넣기 팬에 고추기름을 1큰술 두르고 ②에서 다진홍고추, 대파, 마늘, 생강을 넣고 두반장을 넣어 10초 정도 볶는다.

5_ 다진고기 넣어 볶기 ④에 다진고기를 넣고 10초 정도 볶아서 고기를 익히고 청주, 간장을 넣고 물을 부은 다음 굴소스, 치킨파우더, 후춧가루, 설탕을 넣어 끓인다.

6_ 두부 넣어 끓이기 ⑤가 바글바글 끓으면 데친 두부를 넣고 1~2분 정도 더 끓인다.

7_ 물녹말 넣어 잘 섞기 ⑥에 물녹말을 넣어 골고루 잘 섞는다. 물녹말을 넣을 때는 조금씩 넣으면서 잘 섞어야 덩어리가 생기지 않는다.

8_ 고추기름 넣기 마지막으로 매운맛을 더 내고 요리를 윤기나게 하기 위해 고추기름을 1큰술 더 넣고 잘 섞어 접시에 담는다.

중국식 가정요리

피자, 햄버거, 치킨이 아무리 아이들의 입맛을 유혹해도 탕수육, 자장면에 끌리는 건 어쩔 수 없죠? 바삭하게 튀긴 고기에 새콤달콤 소스를 끼얹어 먹는 맛, 자장소스에 버무려진 쫄깃한 면발 한 젓가락…. 거창할 것 없어요. 중국식 소스 몇 가지만 준비해 두면 집에서도 정말 쉽고 빠르게 만들 수 있답니다. 사실 중국요리는 요리 중심이어서 밑반찬이라는 것이 많지 않지만 오이피클이나 짜사이 같은 채소 절임을 준비해 두었다가 곁들이면 입맛을 상큼하게 만들어 요리를 더욱 맛있게 먹을 수 있지요. 부담없이 식탁에 올리고 색다르게 먹을 수 있는 중국식 가정요리, 지금부터 배워 볼까요.

Polaroid

사천식 오이피클

좀 더 오래, 맛있게 먹는 방법이 있나요?

오이를 소금에 절인 다음 양념을 한 것이므로 냉장고에 넣으면 일주일 이상은 먹을 수 있다. 국물이 많지 않아서 아래쪽에 있는 것에만 간이 밸 수 있으므로 가끔 흔들어 주는 것이 좋다. 납작한 용기에 넣어 보관하는 것도 좋은 방법. 오이 외에 당근이나 무 등도 같은 방법으로 만들 수 있다.

재 ▶ 료

오이 _ 4개
굵은소금 _ 1큰술
소금 _ 5큰술
설탕 _ 3큰술
두반장 _ 2큰술
고추기름 _ 2큰술

만 ▶ 들 ▶ 기

1_ 소금으로 오이 씻기 오이는 싱싱한 것으로 골라 굵은소금으로 문질러 씻는다.

2_ 오이 썰기 잘 씻은 오이는 껍질째 4등분 하여 4~5cm 길이로 썬다. 오이의 양쪽 끝 2cm 정도는 쓴맛이 있으므로 잘라 낸다.

3_ 오이에 소금 뿌려 절이기 오이를 넓은 볼에 담고 분량의 소금을 뿌려서 2시간 정도 절인다.

4_ 찬물에 담가 소금기 빼기 소금에 절인 오이는 찬물에 담가 소금기를 조금만 뺀다.

5_ 설탕과 두반장 넣기 찬물에 잠시 담갔던 오이를 건져서 체에 밭쳐 물기를 뺀 다음 큼직한 볼에 담고 설탕과 두반장을 분량대로 넣는다.

6_ 두반장에 버무리기 오이에 설탕과 두반장 맛이 골고루 배도록 잘 버무린다.

7_ 양념한 오이에 고추기름 넣기 설탕의 달콤한 맛과 두반장의 매콤한 맛이 잘 배었으면 고추기름을 넣어 골고루 섞는다.

8_ 보관하기 보관 용기에 오이피클을 넣어 보관한다.

짜사이무침

짜사이가 어떤 것인지 궁금해요

짜사이는 뿌리 식품으로 주로 염장해서 먹는다. 중국 사천 지방이 특산지여서 그곳에서 특히 많이 나지만 요즘은 다른 지방에서도 재배한다. 시판하는 염장 짜사이는 제품마다 짠 맛이 조금씩 다르므로 물에 담가 둘 때 수시로 맛을 보는 게 좋으며, 오이를 채썰어서 함께 버무리면 좀 더 시원한 맛이 난다. 요즘은 채썬 짜사이도 판매한다.

재 ▶ 료

짜사이 _ 200g
대파 _ 1/2대

양념
고추기름 _ 2큰술
참기름 _ 1큰술
설탕 _ 1큰술
식초 _ 1큰술

만 ▶ 들 ▶ 기

1_ 짜사이 준비하기 짜사이를 준비한다.

2_ 짜사이 채썰기 짜사이를 0.2cm 굵기로 채썬다.

3_ 찬물에 담가 짠맛 빼기 채썬 짜사이는 물에 잘 씻은 후 찬물에 담가서 짠맛을 조금 뺀다.

4_ 대파 채썰기 대파는 채썰어 물에 10분 정도 담가 매운맛을 뺀 다음 체에 밭쳐 물기를 없앤다.

5_ 짜사이와 대파 담기 중간 정도 크기의 볼에 짜사이와 대파를 함께 담는다.

6_ 양념하기 짜사이와 대파 채썬 것에 참기름, 고추기름, 설탕, 식초를 분량대로 넣는다.

7_ 비비듯이 슬슬 버무리기 ⑥을 젓가락이나 손으로 슬슬 비비듯이 버무린다.

8_ 그릇에 담기 접시에 먹을 만큼씩만 담는다.

중국식 조개볶음

바지락에서 비린내가 나지 않게 요리하려면 어떻게 하나요?

바지락은 껍질째 볶는 요리이므로 바지락 속에 있는 이물질을 완전히 빼는 것이 중요하다. 소금물에 담가 해감을 뺀 다음 여유가 있다면 다시 깨끗한 소금물에 담가 한 번 더 해감을 빼는 것이 좋다. 바지락을 양념과 함께 볶을 때는 센불에서 재빨리 볶아야 비린내가 나지 않고 맛있다. 모시조개나 홍합 등을 써도 된다.

재 ▶ 료

바지락 _ 30개
홍고추 _ 1개
청양고추 _ 1개
대파 _ 10g
다진마늘 _ 1작은술
다진생강 _ 1작은술
식용유 _ 1큰술
청주 _ 1큰술

소스
간장 _ 1작은술
굴소스 _ 1큰술
후춧가루 _ 1/2작은술
물 _ 3큰술
녹말가루 _ 1작은술

만 ▶ 들 ▶ 기

1_ 바지락 해감 빼기 바지락은 3%의 소금물에 담가 속에 들어 있는 모래나 지저분한 것을 뺀다. 2시간에서 반나절 정도까지 담가야 속에 든 이물질이 제대로 빠진다.

2_ 바지락 데치기 끓는물에 해감을 뺀 바지락을 넣고 입을 벌릴 때까지 데친다.

3_ 소스 만들기 볼에 간장, 굴소스, 후춧가루, 물, 녹말가루를 넣고 섞어 소스를 만든다.

4_ 야채 준비하기 홍고추와 청양고추는 씨를 빼서 잘게 썰고, 대파는 반으로 갈라 송송 썬다. 마늘과 생강도 다진 것으로 분량만큼 준비한다.

5_ 향신 채소 팬에 볶기 팬에 식용유 1큰술을 넣고 잘게 썬 홍고추와 청양고추, 송송 썬 대파, 다진생강, 다진마늘을 넣어 10초 정도 볶는다.

6_ 바지락 넣어 볶기 ⑤에 청주 1큰술과 데친 바지락을 넣고 볶는다.

7_ 소스 넣어 볶기 준비해 놓은 소스를 넣고 20초 정도 더 볶는다.

8_ 참기름 넣기 참기름을 넣고 섞은 다음 접시에 담는다.

마늘종볶음

마늘종이 잘 안 익어요

마늘종은 생것 그대로 볶으려면 잘 익지도 않고 간도 잘 배지 않는다. 또 겉만 타는 수가 있다. 이런 문제를 해결하려면 마늘종을 끓는물에 살짝 데치거나 기름에 튀기듯이 익힌다. 물에 데치면 담백한 맛이 있고, 기름에 튀기듯이 익히면 맛이 더 구수하고 진하다. 같이 넣는 돼지고기는 목살이나 삼겹살을 쓰는 것이 가장 맛있다.

재 ▶ 료 마늘종 _ 150g
돼지고기 _ 50g

양념
식용유 _ 2큰술
청주 _ 1큰술
간장 _ 1큰술
물 _ 2큰술
굴소스 _ 1큰술
참기름 _ 1큰술

만 ▶ 들 ▶ 기

1_ 마늘종 썰기 마늘종은 깨끗이 씻어 5cm 길이로 썬다.

2_ 돼지고기 깍두기 모양으로 썰기 돼지고기는 살코기로 준비하여 사방 1cm 크기로 썬다.

3_ 마늘종 데치기 마늘종은 끓는물에 넣어 살짝 데친 다음 건져 물기를 제거한다. 소금을 조금 넣고 데치면 마늘종의 색이 선명해진다.

4_ 돼지고기 볶기 팬에 식용유 2큰술을 두르고 온도가 어느 정도 오르면 돼지고기를 넣어 20~30초 정도 볶는다.

5_ 청주와 간장 넣어 볶기 돼지고기가 어느 정도 볶아지면 분량의 청주와 간장을 넣어서 간이 골고루 배도록 좀 더 볶는다.

6_ 마늘종 넣어 볶기 ⑤에 데친 마늘종을 넣어 10초 정도 더 볶는다.

7_ 굴소스 넣어 볶기 ⑥에 물을 2큰술 넣고, 굴소스를 넣어 간을 맞춘 다음 30초 정도 더 볶는다.

8_ 참기름 넣어 뒤적이기 마지막으로 참기름을 넣어서 골고루 뒤적여 낸다.

사천식멸치캐슈넛볶음

덜 맵게 하려면 어떻게 하나요?

덜 맵게 하려면 마른고추를 볶을 때 고추기름 대신 식용유를 같은 분량대로 넣는다. 그리고 청양고추 대신 맵지 않은 풋고추를 넣는다. 소스가 없어질 때까지 바싹 볶아야 멸치와 캐슈넛의 바삭한 맛이 오래 간다.

재 ▶ 료

멸치 _ 60g
캐슈넛 _ 50g
식용유 _ 2컵

양념
홍고추 · 청양고추 _ 2개씩
마른고추 _ 2개
고추기름 _ 2큰술
다진마늘 · 다진생강 _ 1작은술씩
청주 _ 1큰술
설탕 _ 2큰술
물 _ 2큰술
두반장 _ 1큰술

만 ▶ 들 ▶ 기

1_ 잔멸치와 캐슈넛 준비하기 잔멸치는 이물질을 잘 골라내고, 캐슈넛은 분량대로 준비한다.

2_ 멸치와 캐슈넛 함께 튀기기 튀김팬에 2컵의 식용유를 넣고 기름 온도가 170℃ 정도가 되면 멸치와 캐슈넛을 넣고 튀긴다.

3_ 체에 밭쳐 기름 빼기 캐슈넛의 색이 갈색을 띨 때까지 튀긴 다음 체에 밭쳐 기름기를 뺀다.

4_ 고추와 마른고추 준비하기 홍고추, 청양고추는 반 갈라 씨를 뺀 다음 가로로 채썰고, 마른고추는 겉면의 먼지를 닦아내고 큰 것은 반 갈라 씨를 뺀다.

5_ 고추기름에 마른고추 볶기 팬에 고추기름 2큰술을 두르고 마른고추를 넣어 5~10초 정도 볶는다.

6_ 양념 볶기 ⑤에 다진생강, 다진마늘을 넣고 5초 정도 더 볶다가 청주를 넣고 채썬 홍고추와 청양고추를 넣어 볶는다.

7_ 두반장 넣어 볶기 ⑥에 설탕과 물을 분량대로 넣고 두반장을 넣어 섞어가며 볶는다.

8_ 튀긴 멸치와 캐슈넛 볶기 ⑦에 튀긴 멸치와 캐슈넛을 넣고 소스가 없어질 때까지 볶는다.

五香醬肉

오향장육

고기를 좀 더 부드럽게 하는 방법은 없나요?

조림 요리인 오향장육은 뜨거울 때 썰면 고기가 부서지므로 한 김 식은 다음 써는 것이 좋다. 원래 오향장육은 차가울 때 먹는 음식이므로 식으면 더 맛있다. 돼지 사태는 고기가 연하기 때문에 먼저 실로 묶어서 조리면 고기가 부서지지 않고, 모양도 예쁘다. 향신료로는 원래 오향분을 사용하나 향이 강한 팔각도 많이 사용한다.

재 ▶ 료

사태 _ 600g
돼지껍질 _ 100g
대파 _ 1/3대
생강 _ 1쪽
팔각 _ 1개
오이 _ 1/2개
대파 _ 10g
마늘 _ 2쪽
고추기름 _ 2큰술

조림소스
물 _ 4컵
간장 _ 1/2컵
설탕 _ 1큰술

만 ▶ 들 ▶ 기

1_ 사태와 돼지껍질 삶기 사태와 돼지껍질을 끓는물에 함께 넣고 10분 정도 삶아서 핏물과 기름기를 뺀다. 이 과정을 거쳐야 돼지 누린내가 제거된다.

2_ 삶은 돼지 껍질에 향신 채소 넣기 큼지막한 볼에 삶아 놓은 돼지껍질과 사태, 대파, 생강, 팔각을 썰지 않고 통째로 담는다.

3_ 조림소스 재료 붓기 볼에 물, 간장, 설탕을 분량대로 넣고 잘 저은 다음 ②에 붓는다.

4_ 센불에서 찌기 소스에 잰 고기를 찜기에 넣고 1시간 30분 정도 센불에서 찐다.

5_ 고기 건지기 잘 쪄졌으면 고기를 건져서 잘 식힌다. 남은 소스도 다른 그릇에 따라서 식힌다. 소스는 식으면 돼지껍질의 젤라틴 성분 때문에 묵처럼 말랑말랑한 상태가 된다.

6_ 고기 편으로 얇게 썰기 쪄낸 고기는 식혀서 0.5cm 정도 두께로 저며 썬다.

7_ 오이 위에 오향장육 올리기 오이는 편으로 썰어서 접시에 깔고 그 위에 썰어 놓은 오향장육을 올린다. ⑤의 식은 소스 1/2컵과 고추기름 2큰술을 섞어서 고기 위에 올린다.

8_ 대파 · 홍고추 · 마늘 곁들이기 대파와 홍고추는 가늘게 채썰고, 마늘은 편으로 썰어서 곁들인다.

溜三絲

유산슬

고기는 어떤 것으로
해야 하나요?

쇠고기나 돼지고기 모두 사용할 수 있다. 그중에서도 등심이나 안심 등 살코기가 더 낫다. 정육점에서 파는 채썬 고기를 사용하면 편하다. 참고로, 고기와 새우를 함께 익힐 때는 기름의 온도를 중간 이하로 낮춰야 고기와 새우가 서로 달라붙지 않는다.

재 ▶ 료

해삼 _ 100g
죽순 _ 60g
표고버섯 _ 2개
팽이버섯 _ 20g
부추 _ 5줄기
돼지고기 _ 50g
중새우 _ 4마리
달걀흰자 _ 1/2개 분량
녹말가루 _ 1작은술
식용유 _ 1컵

소 스
식용유 _ 2큰술
대파 _ 1/4대
생강 _ 1/3쪽
마늘 _ 1쪽
청주 · 간장 _ 1큰술씩
육수(물) _ 1컵
굴소스 _ 1큰술
후춧가루 _ 조금
물녹말 _ 2큰술
참기름 _ 조금

만 ▶ 들 ▶ 기

1_ 해삼 · 죽순 · 표고버섯 채썰기 해삼, 죽순, 표고버섯은 모두 0.2cm 굵기로 채썬다.

2_ 야채와 새우 · 고기 준비하기 팽이버섯은 밑동을 자르고, 부추는 3~4cm로 썬다. 돼지고기는 야채와 같은 굵기로 채썰고 새우는 내장을 제거한다. 대파는 반 갈라 4cm로 썰고, 마늘은 편썰고, 생강은 채썬다.

3_ 녹말과 달걀흰자 넣어 버무리기 새우와 채썬 고기는 녹말가루와 달걀흰자를 분량대로 넣고 버무린 다음 130℃의 튀김기름에 넣어 익힌다.

4_ 데치기 ①을 끓는물에 데친 후 체에 밭쳐 물기를 뺀다.

5_ 대파 · 생강 · 마늘 볶기 팬에 식용유를 두르고 썰어 놓은 대파, 생강, 마늘을 5초 정도 볶는다.

6_ 주재료 넣고 볶기 청주와 간장을 1큰술씩 넣고 익힌 ③과 ④의 재료를 넣어 20초 정도 볶는다.

7_ 팽이버섯 · 부추 넣기 ⑥에 물, 굴소스, 후춧가루를 넣어 간을 맞추고 팽이버섯, 부추를 넣은 다음 30초 정도 더 볶는다.

8_ 물녹말과 참기름 넣어 섞기 물녹말을 풀어 걸쭉하게 농도를 맞추고 참기름을 조금 넣어서 섞은 다음 접시에 담는다.

굴소스닭고기볶음

닭은 어떤 부위를 선택해야 하나요?

쫄깃한 맛을 원한다면 닭다리살이 좋고, 좀 더 부드러운 맛을 원한다면 가슴살이나 안심살을 선택한다. 양송이버섯은 통조림을 써도 되지만 생양송이버섯을 사용하는 것이 더 신선한 맛이 난다. 양상추는 살짝 데쳐서 숨이 죽기 전에 꺼내 체에 밭쳐 물기를 빼고 접시에 담아야 색이 그대로 살아 있다.

재 ▶ 료

닭고기살 _ 150g
달걀흰자 _ 1/2개 분량
녹말가루 _ 1큰술
양송이버섯 _ 4개
양상추 _ 1/2개 분량
물 _ 2컵
소금 _ 1/2작은술
식용유 _ 2컵

소스

식용유 _ 2큰술
대파 _ 10g
다진생강 _ 2g
마늘 _ 1쪽
청주 _ 1큰술
간장 _ 1큰술
물 _ 2/3컵
굴소스 _ 1큰술
후춧가루 _ 조금
치킨파우더 _ 1작은술
물녹말 _ 2큰술
참기름 _ 1작은술

만 ▶ 들 ▶ 기

1_ 닭고기 썰기 닭고기는 기름기를 떼어낸 다음 얇게 편으로 썬다.

2_ 달걀흰자와 녹말가루에 버무리기 중간 정도 크기의 볼에 분량의 달걀흰자와 녹말가루를 넣고 섞은 다음 썰어 놓은 닭고기를 넣어 버무린다.

3_ 양송이버섯에 칼집 넣기 양송이버섯은 부채 모양으로 칼집을 넣고 대파는 반 갈라 4cm 길이로 썰고, 생강은 채썰고, 마늘은 편으로 썬다. 양상추는 손으로 큼직하게 뜯는다.

4_ 양상추 데쳐 물기 거두기 팬에 물과 식용유, 소금을 넣고 물이 끓으면 양상추를 넣어 살짝 데친 다음 체에 밭쳐 물기를 빼고 상에 낼 접시에 담는다.

5_ 기름에 닭고기 익히기 팬에 식용유를 약 2컵 정도 붓고 130℃ 정도에서 닭고기살을 익힌 후 건진다.

6_ 향신 채소 볶기 다른 팬에 식용유 2큰술을 두르고 ③에서 준비한 대파, 생강, 마늘을 넣어 향이 날 때까지 살짝 볶는다.

7_ 간하기 청주, 간장을 넣고 양송이버섯을 넣어 10초 정도 볶다가 물을 붓는다. 굴소스와 소금, 후추, 치킨파우더로 간하고 닭고기를 넣어 1~2분 더 볶는다.

8_ 참기름 넣어 마무리하기 물녹말을 풀어 재빨리 섞은 다음 참기름을 넣어서 마무리해 ④의 양상추 위에 올려 낸다.

숙주피망볶음

재 ▶ 료   숙주나물 _ 4컵
청피망 · 홍피망 _ 1/2개씩
청양고추 _ 1개
식용유 _ 2큰술
청주 _ 1큰술
간장 _ 1작은술
굴소스 _ 1큰술
식초 _ 1큰술
참기름 _ 조금

만 ▶ 들 ▶ 기   **1_ 숙주 다듬기** 숙주는 찬물에 깨끗이 씻어 다듬는다.

2_ 피망 채썰기 청피망과 홍피망은 0.3cm 굵기로 채썬다.

3_ 청양고추 채썰기 청양고추는 반을 가른 다음 씨를 빼내고 피망과 같은 크기로 채썬다.

4_ 피망 · 고추 볶기 팬에 식용유를 두르고 숙주나물을 제외한 청피망, 홍피망, 청양고추를 넣어 5초 정
도 볶는다.

5_ 숙주 넣어 볶기 ④에 청주를 넣은 다음 미리 다듬어 놓은 숙주를 넣어 10초 정도 볶는다.

6_ 간장 · 굴소스 · 식초 넣어 볶기 ⑤에 간장, 굴소스, 식초 순으로 넣고 1분 정도 볶는다.

7_ 참기름 넣어 마무리하기 다 볶아졌으면 고소한 맛과 향이 나도록 참기름을 넣은 뒤 섞는다.

8_ 접시에 담기 접시에 보기 좋게 담아 상에 낸다.

게살버섯수프

수프를 탁하지 않게 끓이는 방법은 없나요?

게살과 버섯을 넣고 너무 오래 끓이면 국물이 탁해져 볼품이 없어진다. 센불에서 한 번 살짝 끓이되 달걀흰자를 넣고 끓어오르면 천천히 저어 풀어 준다. 넣자마자 너무 빠르게 저으면 달걀흰자가 지나치게 풀어져 지저분해 보인다.

재 ▶ 료

게살 _ 60g
흰목이버섯 _ 2〜3개
팽이버섯 _ 1/2봉지
표고버섯 _ 2개
새송이버섯 _ 1개
대파 _ 조금
달걀흰자 _ 2개

소스

청주 _ 1큰술
물 _ 3컵
치킨파우더 _ 1큰술
후춧가루 _ 조금
물녹말 _ 3큰술
참기름 _ 조금

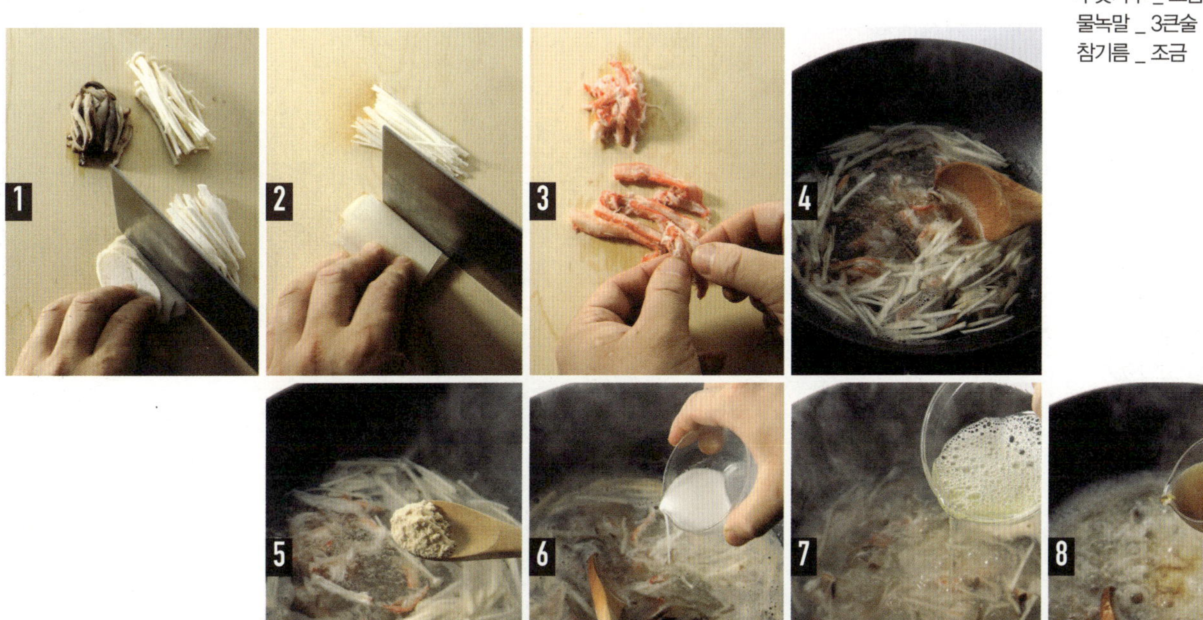

만 ▶ 들 ▶ 기

1_ 버섯류 손질하기 목이버섯과 팽이버섯은 깨끗이 손질한 다음 먹기 좋게 찢고 표고버섯과 새송이버섯은 깨끗이 손질해 채썬다.

2_ 대파 썰기 대파도 깨끗이 손질한 다음 가늘게 채썬다.

3_ 게살 발라놓기 게살은 속뼈를 제거하여 살만 발라 놓은 다음 잘게 다지거나 손으로 작게 뜯는다.

4_ 버섯·게살 넣어 끓이기 팬에 청주와 물을 붓고 준비한 버섯과 게살을 넣어 센불에서 살짝 끓인다.

5_ 간 맞추기 ④에 치킨파우더, 후춧가루를 넣고 간을 맞춘다.

6_ 물녹말 넣어 농도 맞추기 간이 맞으면 ⑤에 물녹말을 넣고 재빨리 저어 걸쭉한 상태로 만든다.

7_ 달걀흰자 풀기 ⑥에 달걀흰자를 넣고 잘 익도록 골고루 저어 가며 풀어 준다.

8_ 참기름 넣고 대파로 장식하기 참기름을 넣어 마무리하고 그릇에 담은 다음 대파채를 살짝 올린다.

감자볶음

감자볶음을 좀 더 색다르고
먹음직스럽게 만들고 싶어요

감자와 홍고추만 넣어도 맛있지만 돼지고기
를 약간 넣고 볶아 주면 색다르고 한층 푸짐
해 보여 별미반찬으로 내놓기에 손색이 없다.
돼지고기에서 나온 육즙과 야채가 어우러져
한결 깊고 풍부한 맛이 난다.

재 ▶ 료

감자 · 홍고추 _ 1개씩
대파 _ 1/2대
다진생강 _ 조금
다진마늘 _ 1작은술
식용유 _ 2큰술
청주 · 간장 _ 1큰술씩
굴소스 _ 1큰술
참기름 _ 조금

만 ▶ 들 ▶ 기

1_ 감자 채썰기 감자는 껍질을 벗긴 다음 채썬다.

2_ 홍고추 · 대파 썰기 홍고추는 반을 가른 다음 씨를 빼서 채썰고 대파는 껍질을 벗기고 반 갈라 홍고추와 같은 길이로 채썬다.

3_ 끓는물에 감자채 데치기 끓는물에 감자채를 넣고 살짝 데친 다음 체로 건져서 물기를 뺀다.

4_ 향신 채소 볶기 팬에 식용유를 두르고 생강, 마늘을 넣어 향이 배도록 5초 정도 볶는다.

5_ 청주 · 간장 넣어 볶기 ④에 청주, 간장을 분량대로 넣고 달달 볶는다.

6_ 감자채 · 홍고추 넣어 볶기 ⑤에 데친 감자와 홍고추, 채썬 대파를 넣고 30초 정도 더 볶는다.

7_ 굴소스로 간 맞추기 ⑥에 굴소스 1큰술을 넣어 간을 맞춘다.

8_ 참기름 넣기 맛이 잘 어우러지면 참기름을 넣고 잘 섞어 접시에 담는다.

중국요리에 쓰이는
좋은 재료 고르기

자주 쓰이면서 독특한 맛을 내는 중국요리 재료의 종류와
쓰임새, 손질법에 대해 알아보자.

1_마른해삼
모양은 좀 이상하지만 담백한 맛이 일품이라 여러 가지 요리에 두루 쓰인다. 영양가도 우수한 식품. 특히 중국에서는 해삼을 인삼과 맞먹는다 해서 '바닷삼'이라 불렀다고 한다. 주로 마른해삼을 쓰는데, 손질하는 데 시간이 걸리므로 미리 밑손질을 해두는 것이 좋다. 불린 해삼은 물에 담가 냉장 보관하거나 찬 곳에 보관하면 되고, 매일 물을 갈아 준다. 이렇게 하면 10일 정도는 두고 먹을 수 있다. 냉동실에 보관하면 마르거나 변질이 안 된다.

▶ **손질은요…** 마른해삼을 찬물에 하루 정도 담가 놓는다. 이튿날 끓인 후 식으면 깨끗한 찬물로 갈아 준다. 찬물에 씻은 후 가위나 칼로 해삼 내장을 가른다. 사흘째 다시 끓인 후 식으면 찬물로 갈아 준다. 내장을 손으로 뺀 다음 다시 씻어서 깨끗한 물로 갈아 준다. 나흘째 다시 끓인 후 식으면 깨끗한 찬물로 갈아 준다. 손으로 만져봐 부드러워졌으면 사용해도 된다.

2_송화단
오리알을 황토 등에 묻어서 삭힌 것으로, 껍질을 까면 속에 소나무 무늬가 보여 소나무 '송(松)'자와 꽃 '화(花)'자를 붙여서 송화단이라 부른다. 삶지 않고 그냥 먹어도 맛있다. 중국에서는 그냥 먹는 경우가 많다. 달걀과 비슷하나 속의 색이 회색빛을 띠는 것이 특징. 노른자가 흐를 듯이 말랑한 게 잘 삭은 것이다.

▶ **손질은요…** 껍질을 벗기고 세로로 길게 썰어 냉채요리에 곁들인다.

3_찹쌀누룽지
구수하고 바삭거리는 맛이 좋은 찹쌀누룽지. 찹쌀로 밥을 지어 사방 5cm 정도 크기로 작고 네모지게 모양을 만들어 노릇하게 눌려서 판다. 앞뒤로 살짝 눌어 있어 튀길 때 바삭하게 잘 튀겨진다.

▶ **손질은요…** 180℃ 기름에 넣어 튀겨서 쓴다. 누룽지가 뜨거울 때 소스를 부어야 제 맛.

4_죽순
대나무의 땅속줄기 마디에서 돋아나는 어린순으로 봄철 아주 짧은 기간에 나오는데다 저장하기도 어렵고 손질하는 것 또한 번거로워서 주로 통조림을 많이 이용한다. 볶음이나 탕 요리 등 다양한 중국요리에 부재료로 빠지지 않고 들어간다. 모양을 살려 빗살 모양으로 썰면 보기에도 좋다.

▶ **손질은요…** 통조림 죽순에서는 아주 역한 냄새가 나고 특유의 아린맛이 있으므로 반드시 손질이 필요하다. 냄비에 찬물을 붓고 죽순 썬 것을 넣어 끓인 후 물기를 빼서 사용한다.

5_패주
중국말로 '깐뻬이'라고 한다. 신선한 것도 있고 말려서 파는 것도 있는데 마른 것은 물에 불려 사용한다. 살이 도톰하고 커서 먹을 것이 많지만 비싼 편이라 자주 해 먹기는 부담스럽다. 생것을 고를 때는 약간 미색을 띠면서 윤기가 나는 것이 신선하다.

▶ **손질은요…** 생것은 가장자리에 붙어 있는 지저분한 이물질을 잘라내고 씻은 후 둘레의 얇은 막을 벗겨 낸다. 그래야 질기지 않다. 마른 것은 따뜻한 물에 2시간 정도 담가 불린다. 물에 불린 다음 요리에 따라 파, 생강을 넣고 삶거나 쪄서 사용한다.

6_마른목이버섯
표고버섯만큼이나 많이 쓰인다. 흑갈색의 얇고 가벼운 것으로 골라 쓴다.

▶ **손질은요…** 마른 상태이므로 따뜻한 물에 5분 정도 불려 부드럽게 만든 다음 주름 사이에 있는 지저분한 것을 말끔히 씻어 낸다. 밑동은 잘라내고 쓰는데, 그대로 쓰면 씹을 때 자근거려 좋지 않다.

7_팔각
산초, 팔각, 계피, 정향, 회향 등 다섯 가지 향신료를 오향이라고 한다. 이 중 팔각은 주로 고기 요리에 쓰이는데 누린내를 없애 주고 풍미를 돋운다. 다섯 가지 재료를 섞어서 갈아 놓은 오향분을 이용하면 간편하다.

8_꽃빵 부추잡채 하면 떠오르는 꽃빵은 류채요리나 볶음요리에 곁들여 먹는 부드러운 빵이다. 웬만한 중국요리와는 무난하게 어울린다. 꽃빵은 밀가루 반죽을 얇게 밀어 켜켜이 만든 다음 식용유를 바르고 설탕을 뿌려서 만든다. 집에서 만들기가 번거로울 때는 중국 재료상에서 파는 냉동 꽃빵을 사서 쓰면 된다.

▶ **손질은요…** 큰 냄비에 물을 끓이다가 꽃빵을 담은 찜기를 올려 3분 정도 찌면 된다.

9_요과 인도 땅콩이지만 중국요리에 많이 이용한다. 반달 모양으로 생겼으며 고소한 맛이 좋다. 기름에 튀겨 고기와 함께 볶거나 설탕에 조려 후식으로 먹기도 한다.

▶ **손질은요…** 요과는 140℃ 기름에 살짝 튀긴다. 튀김망에 담아서 기름에 넣었다 뺐다 하며 노릇노릇하게 튀긴다. 기름기를 충분히 뺀 후 조리한다.

10_제비집 태국이나 말레이시아 등 동남아시아 쪽에 사는 바다제비가 해초나 물고기를 물어다 자신의 타액을 섞은 다음 계속 잘게 씹어서 집을 만든 것으로 황제의 식탁에만 오르던 매우 진귀한 식재료다. 잔털이 거의 없고 흰 것이 상품이다.

▶ **손질은요…** 물에 불려서 잔털을 제거하고 끓이거나 쪄서 수프 혹은 후식에 사용한다. 특히 임산부나 허약체질인 사람에게 좋다.

11_표고버섯 중국요리에 흔히 쓰이는 부재료로 손꼽힌다. 생표고버섯보다는 마른 것을 주로 사용하는데 마른 것이 향이 더 진하다. 갓 부분이 두툼하고 바짝 말라 가벼운 것이 상품이다.

▶ **손질은요…** 보통 뜨거운 물에 담가 20분 정도 불려서 사용한다.

12_녹말가루 중국요리에 가장 흔히 쓰이는 재료가 녹말가루. 100% 감자전분을 쓰는 것이 좋은데 옥수수가루가 섞인 것에 비하면 좀 비싼 편이다. 그래도 질적인 면에서 차이가 크다. 주로 물녹말을 만들 때 사용하는데, 음식에 윤기를 더해 주고 잘 식지 않게 하는 역할을 한다. 또한 수분과 기름이 분리되는 것을 막아 소스를 걸쭉하게 해 준다. 튀김옷으로 쓸 때는 녹말가루에 찬물을 부어 한나절 정도 가만히 두었다가 앙금이 가라앉으면 윗물을 따라내고 가라앉은 앙금만 사용한다. 튀김옷에 불린 녹말을 넣으면 끈기가 생겨 씹는 맛이 쫄깃해지고 튀김옷도 벗겨지지 않아 일석이조.

13_짜사이 중국 짠지로 중국 재료상에 가면 통조림으로 판다. 음식에 짜사이를 조금 넣으면 개운한 맛을 살릴 수 있다. 채썬 것과 덩어리째 든 것이 있다. 아주 짜게 절여진 상태이므로 짠맛을 빼고 조리한다.

▶ **손질은요…** 물에 담가 짠맛이 어느 정도 빠지면 물기를 꼭 짜서 조리한다.

14_중국부추 호부추라고도 불리는데, 우리네 부추보다 흰 부분이 굵고 길며 향이 강해 중국요리 특유의 향을 내주는 데 그만이다. 좀 비싸긴 하지만 중국요리의 향을 제대로 내려면 꼭 중국부추를 쓰는 것이 좋다. 조선부추는 무침용으로 적당하고 중국부추는 볶음용으로 알맞다.

▶ **손질은요…** 볶을 때 주로 이용하는데, 센불에서 재빨리 볶아야 숨이 죽지 않는다. 흰 줄기 부분은 푸른 잎 부분에 비해 익는 데 시간이 걸리므로 먼저 볶다가 푸른 잎을 넣고 재빨리 볶아 요리의 색감을 살린다.

15_상어지느러미 지느러미 모양이 그대로 남아 있는 '파이츠'와 가늘게 찢어 말린 다음 네모난 형태로 만들어 놓은 '샥스핀' 등 두 종류가 있다. 두 가지 다 건조된 상태로 판다. 불려서 남은 파이츠나 샥스핀은 냉동실에 얼려 두었다가 쓰면 편리하다.

▶ **손질은요…** 불리는 데 시간이 걸리므로 미리 준비한다. 물에 2시간 정도 담갔다가 냄비에 물을 붓고 대파, 생강, 술을 넣어 5분 정도 끓인 후 불을 끄고 그대로 2시간쯤 두었다가 건져서 다시 한 번 육수에 삶는다.

16_양장피 고구마나 감자전분으로 만드는 양장피는 종잇장같이 얇은 건제품으로 찰랑찰랑한 질감이 독특하다. 양장피는 중국 식품 재료상이나 시장에 가면 5장들이 한 통에 보통 4~5천원 한다.

▶ **손질은요…** 끓는물에 양장피를 넣어 투명해질 정도로 데친 후 건져서 물기를 뺀다. 물기가 빠지면 손으로 적당히 뜯어 잡채 등의 요리에 쓴다.

파인애플 볶음밥

파인애플이 없을 땐 어떻게 하나요?

통조림 파인애플을 이용해도 된다. 통조림은 설탕물에 절여 놓은 것으로 좀 더 달큰한 맛이 나므로 통조림 파인애플로 만들면 어린이 식사로 적당하다. 볶음밥을 좀 더 고소한 맛이 나게 볶으려면 식용유의 양을 1.5배 정도로 늘린다. 재료에 기름이 스며들어 느끼하지 않고 오히려 더욱 고소한 맛이 난다.

재 ▶ 료

파인애플 _ 1/2개
중새우 _ 3마리
대파 _ 1/2대
완두콩 _ 20g
달걀 _ 1개
밥 _ 1공기
식용유 _ 2큰술
소금 _ 1작은술

만 ▶ 들 ▶ 기

1_ 달걀 풀기 달걀은 거품기나 젓가락으로 잘 푼다.

2_ 파인애플 과육 파내기 파인애플은 안에 든 심을 제거하고 과육을 파낸다. 과육은 사방 1cm 크기로 썬다. 속을 파낸 파인애플 껍질은 나중에 그릇으로 활용한다.

3_ 새우 내장 제거하기 새우는 등 쪽에 있는 내장을 꼬치로 찔러 제거한 다음 데친다. 대파는 잘게 썰고 완두콩은 분량대로 준비하여 삶는다.

4_ 달걀 저어 가면서 볶기 팬에 식용유를 2큰술 두르고 달걀 푼 것을 넣어 볶는다. 달걀은 완전히 익기 전에 젓가락으로 저어 가면서 익혀야 뭉치지 않는다.

5_ 고슬하게 밥 짓기 밥은 약간 되게 해야 고슬하게 잘 볶아진다. 만약 밥이 질게 되었으면 달걀을 1.5배 정도 더 넣는다.

6_ 달걀 볶은 것에 밥 넣어 볶기 달걀 볶은 것에 밥을 넣고 볶는다. 주걱을 세우듯이 하면서 볶아야 밥이 으깨지지 않는다.

7_ 파인애플·새우 넣고 소금 간하기 파인애플, 데친 새우, 대파, 완두콩을 넣고 볶다가 소금을 넣어 간을 맞춘다.

8_ 파인애플 껍질에 볶음밥 넣기 준비해 둔 파인애플 껍질에 완성된 볶음밥을 보기 좋게 담는다.

잡채밥

맛깔스럽게 만드는 방법이
궁금해요

데친 당면에 물기가 많으면 불어 버리므로 체에 받쳐 물기를 제거한다. 데친 지 오래된 당면은 서로 달라붙을 수 있으므로 볶기 직전에 미지근한 물에 한 번 헹궈 사용한다. 잡채밥을 3인분 이상 만들 때는 야채에서 물이 많이 나오므로 물은 따로 넣지 않아도 된다. 잡채밥이 아닌 잡채로 볶을 때는 물을 넣지 않는다.

재 ▶ 료

당면 _ 100g
쇠고기 _ 50g
청주 · 간장 _ 1/2작은술씩
녹말가루 _ 1작은술
달걀흰자 _ 1/4개 분량
식용유 _ 4큰술
양파 _ 1/2개
당근 · 호박 _ 1/6개씩
배춧잎 _ 1장
목이버섯 _ 2개
시금치 _ 1뿌리
식용유 _ 조금
공기밥 _ 1공기

양념
식용유 _ 1큰술
청주 · 간장 _ 1큰술씩
물 _ 5큰술
굴소스 _ 1큰술
후춧가루 · 참기름 _ 조금씩

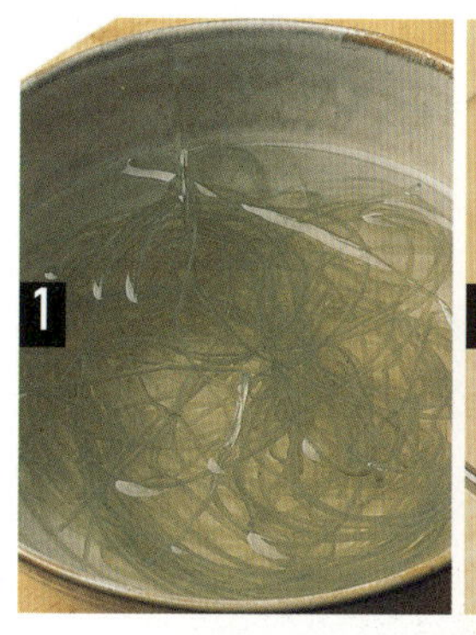

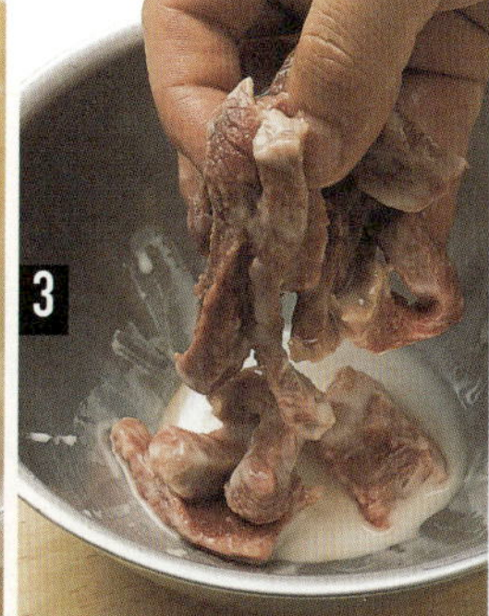

만 ▶ 들 ▶ 기

1_ 당면 불리기 당면은 미지근한 물에 담가 불린다. 시간이 없을 때는 냄비에 물을 넉넉히 붓고 끓인 다음 당면을 넣어 삶거나 데친다.

2_ 쇠고기 밑간하기 쇠고기는 0.5×4cm 크기로 채썬 다음 간장, 청주를 조금씩 넣어 밑간한다.

3_ 쇠고기에 달걀흰자와 녹말가루 묻히기 쇠고기에 밑간이 배어들면 달걀흰자와 녹말가루를 분량대로 넣고 골고루 버무린다.

4_ 야채 채썰기 양파, 당근, 배추, 호박은 0.2×4cm 크기로 채썬다.

5_ 목이버섯과 시금치 준비하기 목이버섯은 물에 담가 불린 다음 먹기 좋게 썰고, 시금치는 손질하여 3~4cm 길이로 썬다.

6_ 고기와 야채 볶기 팬에 식용유를 두르고 고기를 넣어 볶다가 채썰어 놓은 양파, 배추, 당근, 호박을 넣고 볶는다. 어느 정도 볶아졌으면 청주와 간장을 분량대로 넣는다.

7_ 당면 넣기 ⑥에 물을 5큰술 넣고 데친 당면을 넣어서 볶는다.

8_ 참기름 넣기 ⑦에 목이버섯, 시금치를 넣어서 좀 더 볶다가 굴소스, 후춧가루를 넣어 간을 맞추고 참기름을 넣어 맛을 낸다. 넓은 접시에 밥을 담고 그 옆이나 위에 잡채를 올린다.

蝦仁混湯

새우훈탕

+ point

국물을 맑게 하고 싶어요

훈탕의 국물을 맑고 깨끗하게 하면 맛도 깔끔하지만 보기에도 한층 고급스럽다. 먼저 만들어 놓은 훈탕을 삶아 건진 뒤 따로 죽순, 청경채, 표고버섯 등으로 국물을 끓인다. 거기에 삶아 놓은 훈탕을 넣어 주면 국물이 한결 깨끗하다.

재 ▶ 료　만두피 _ 10장

훈탕 속
다진새우 _ 50g
대파 _ 15g
부추 _ 20g
청주 _ 1큰술
굴소스 _ 1작은술

국물
물 _ 2컵
죽순 _ 20g
표고버섯 _ 1개
팽이버섯 _ 10g
청경채 _ 1개
청주 _ 1큰술
소금 _ 1작은술
치킨파우더 _ 1큰술
국간장 _ 1작은술
후춧가루 _ 조금
달걀 _ 1개
참기름 _ 1큰술

만 ▶ 들 ▶ 기

1_ 만두피 네모썰기　시중에서 판매하는 만두피를 한 장씩 떼어 사방 5cm 길이로 썬다.

2_ 훈탕 속재료 준비하기　새우살은 다지고 대파와 부추는 잘게 썬다.

3_ 훈탕 속 양념하기　②에 청주 1큰술, 굴소스 1작은술을 넣고 잘 섞어 속을 만든다. 훈탕 속재료는 만두피 한 장에 들어갈 양만큼씩 빚어 두면 편하다.

4_ 훈탕 예쁘게 빚기　만두피에 훈탕 속을 놓고 대각선으로 맞닿은 부분을 접어 삼각형 모양으로 만든 다음 양쪽 끝을 붙여 훈탕 모양으로 만든다.

5_ 야채 채썰기　죽순, 표고버섯, 청경채는 4×0.2cm 크기로 채썬다. 팽이버섯은 밑동을 잘라 같은 길이로 썬다.

6_ 훈탕 삶기　냄비에 물을 2컵 정도 붓고 끓으면 훈탕을 넣어 삶는다. 훈탕 삶는 물이 끓어오르면 찬물을 붓는 식으로 3~4회 반복하면서 삶아야 제대로 삶아진다.

7_ 채썬 야채 넣고 달걀 풀기　청주와 물을 넣고 소금, 치킨파우더, 국간장, 후춧가루를 넣어 간을 한 다음 훈탕이 어느 정도 익으면 ⑤의 야채를 넣고 끓으면 달걀을 푼다.

8_ 참기름 넣기　마지막으로 참기름을 넣어 마무리한다.

八珍炒麵

팔진초면

국수를 쫄깃하게 볶으려면 어떻게 해야 하나요?

국수는 생면을 삶아야 쫄깃하고 맛있다. 삶은 다음에는 찬물에 여러 번 씻어 생면에 붙어 있던 녹말가루를 씻어내야 맛이 텁텁하지 않다. 국수를 지질 때는 처음에는 기름의 양을 넉넉하게 하여 볶다가 국수의 색이 노릇해지면 기름을 따라 내야 국수끼리 달라붙지 않는다.

재 ▶ 료　생국수 _ 150g
　　　　식용유 _ 1/2컵

소스
쇠고기 _ 30g
닭고기 _ 30g
죽순 _ 30g
표고버섯 _ 2개
양송이버섯 _ 2개
청경채 _ 1개
흰목이버섯 _ 50g
중새우 _ 2마리
대파 _ 10g
마늘 _ 1쪽
생강 _ 1쪽
식용유 _ 1/2큰술
청주 · 간장 _ 1큰술씩
굴소스 _ 1큰술
후춧가루 _ 조금
물 _ 1컵
물녹말 _ 3큰술
참기름 _ 조금

만 ▶ 들 ▶ 기　　**1_ 생국수 삶아서 찬물에 씻기** 생국수는 끓는물에 삶아서 찬물에 잘 헹군다.

2_ 삶은 국수 기름에 지지기 팬에 기름 1/2컵 정도를 넣고 삶은 국수를 지지듯이 부친다.

3_ 앞뒷면 노릇하게 지지기 국수의 앞뒷면을 뒤집어가면서 노릇하게 부친다.

4_ 젓가락으로 풀기 겉이 바삭하게 지져졌으면 젓가락 등으로 풀어 접시에 담는다. 부엌 가위로 큼직하게 잘라서 풀면 잘 풀어진다.

5_ 소스 재료 준비하기 쇠고기, 닭고기, 죽순, 표고버섯, 양송이버섯은 편으로 썰고 청경채는 한 잎씩 떼어 4cm 길이로 썬다. 흰목이버섯은 불려 두고, 새우는 등의 내장을 제거한다.

6_ 향신 채소 볶다가 고기 넣어 볶기 대파는 반 갈라 4cm 길이로 썰고, 생강은 채썰고, 마늘은 편으로 썰어서 팬에 식용유 1/2큰술을 두르고 5초 정도 볶다가 청주, 간장을 넣고 볶고 쇠고기와 닭고기를 넣어 15초 정도 더 볶는다.

7_ 야채 · 새우 넣어 볶기 ⑥에 굴소스와 후춧가루를 넣고 ⑤를 넣어 볶는다.

8_ 물녹말 넣어 마무리하기 ⑦에 물 1컵을 붓고 끓이다가 물녹말을 넣어 걸쭉해지면 참기름을 조금 넣고 섞는다. 이 소스를 국수 위에 끼얹는다.

사천탕면

국수를 따끈하게 먹으려면 어떻게 해야 하나요?

사천탕면은 뜨거워야 맛있는데 면을 삶은 다음 소스를 만들다 보면 소스가 완성되기도 전에 국수가 식어버리기 쉽다. 이때는 국수를 먼저 삶아서 찬물에 씻은 다음 소스를 만든다. 소스가 다 되면 국수를 뜨거운 물에 한 번 토렴하면 따끈하게 먹을 수 있 다. 소스는 먹기 직전에 한 번 끓여 내는 것이 좋다.

재 ▶ 료　생국수 _ 180g

국물
바지락 _ 6개
오징어 _ 30g
죽순 _ 30g
양파 _ 1/3개
청경채 _ 1뿌리
배춧잎 _ 1장
목이버섯 _ 2개
중새우 _ 2마리
청고추 _ 1/2개
홍고추 _ 1/2개
대파 _ 20g
마늘 _ 1/2쪽
생강 _ 1/2작은술
식용유 _ 1/2큰술
청주 · 간장 _ 1큰술씩
물 _ 1컵
치킨파우더 _ 1큰술
소금 _ 1작은술
후춧가루 _ 1/2작은술
참기름 _ 1작은술

만 ▶ 들 ▶ 기

1_ 국수 삶아서 씻기 국수는 끓는 물에 삶아서 찬물에 잘 헹군다.

2_ 바지락 해감 빼기 바지락은 소금물에 담가 해감을 뺀다.

3_ 해산물과 야채 준비하기 오징어는 대각선으로 칼집을 넣어 0.7×4cm 길이로 썰고 죽순, 양파, 청경 채, 배추는 얇게 채썬다. 목이버섯은 불려서 뒷면의 이물질을 제거하고, 새우는 등 쪽의 내장을 제거 한다. 청·홍고추는 반으로 갈라 씨를 뺀 다음 송송 썬다.

4_ 향신 채소 볶기 대파는 반으로 갈라 4cm 길이로 썰고, 마늘은 편으로 썰고, 생강은 잘게 채썰어서 식용유 1/2큰술을 두른 팬에서 5초 정도 볶다가 청주와 간장을 넣는다.

5_ 야채와 해산물 넣기 ④의 팬에 준비한 ③의 야채와 해산물을 모두 넣는다.

6_ 볶다가 물 붓기 야채와 해물을 10초 정도 볶다가 분량의 물을 붓는다.

7_ 치킨파우더로 간하기 ⑥이 보글보글 끓으면 치킨파우더, 소금, 후춧가루를 분량대로 넣어 간을 맞춘 다음 한 번 더 끓이고 참기름을 넣어 국물을 완성한다.

8_ 국수 위에 국물 끼얹기 삶아 놓은 국수를 한 번 토렴한 다음 그 위에 ⑦의 국물을 붓는다.

붉음짬뽕

국수는 어느 정도로 삶아야 하나요?

한 번 삶은 국수를 또 볶기 때문에 조금 덜 삶는 것이 좋다. 그래야 국수가 쫄깃하다. 물녹말을 넣을 때는 볶은 국수에 따라 농도를 맞춘다. 아이들이 먹을 때는 두반장을 뺀다. 그 대신 간장과 굴소스를 조금 더 넣고, 고추기름 대신 식용유를 넣어 요리한다.

재 ▶ 료　생국수 _ 180g

소스
마른목이버섯 _ 2~3개
양파 _ 1/3개
죽순 _ 30g
중새우 _ 3마리
오징어 _ 1/2마리
대파 _ 10g
마늘 _ 1쪽
생강 _ 1/2작은술
고추기름 _ 2큰술
청주 _ 1큰술
간장 _ 1작은술
물 _ 1컵
굴소스 _ 1작은술
설탕 _ 1/2작은술
후춧가루 _ 조금
두반장 _ 1큰술
물녹말 _ 1작은술
참기름 _ 1작은술

만 ▶ 들 ▶ 기

1_ **국수 삶아서 물기 빼기** 국수는 삶아서 찬물에 헹군 다음 물기를 뺀다.

2_ **목이버섯 불리기** 목이버섯은 이물질을 제거한 다음 미지근한 물에서 불린다. 따뜻한 물에서는 1~2분 정도, 찬물에서는 10분 정도 불려야 한다.

3_ **야채와 해물 썰기** 양파와 죽순은 0.2cm 굵기로 채썬다. 오징어는 안쪽에 대각선으로 칼집을 넣은 다음 1×4cm 크기로 채썬다. 새우는 등 쪽의 내장을 제거하고 깨끗이 씻는다.

4_ **고추기름에 향신 채소 볶기** 대파는 반으로 갈라 4cm 길이로 썰고, 마늘은 편으로 썰고, 생강은 가늘게 채썰어서 고추기름 두른 팬에 놓고 향이 날 때까지 살짝 볶는다.

5_ **야채 넣어 볶기** ④에 청주와 간장을 분량대로 넣고 준비해 놓은 양파와 죽순, 목이버섯을 넣어 15초 정도 볶는다.

6_ **해물 넣고 두반장으로 양념하기** ⑤에 물을 넣은 다음 오징어와 새우를 넣고 굴소스, 설탕, 후춧가루, 두반장을 분량대로 넣는다.

7_ **삶은 국수 넣어 볶기** 삶은 국수를 ⑥에 넣고 30초 정도 볶는다.

8_ **물녹말 풀어 농도 맞추기** 물녹말을 조금 푼 다음 참기름을 넣어서 골고루 저은 다음 그릇에 담는다.

석류만두

재 ▶ 료

달걀흰자 _ 5개 분량
불린 녹말 _ 1큰술
소금 _ 조금
부추 _ 10줄기
연어알 _ 1큰술

만두 속
새우 _ 100g
죽순 _ 30g
대파 _ 10g
식용유 _ 2큰술
다진마늘 _ 1/2작은술
다진생강 _ 1/4작은술
청주 _ 1큰술
간장 _ 1작은술
굴소스 _ 1작은술
후춧가루 _ 조금
물녹말 _ 1작은술
참기름 _ 1작은술

만 ▶ 들 ▶ 기

1_ 달걀흰자에 소금과 불린 녹말 넣기 분량의 달걀흰자에 소금과 불린 녹말을 넣고 섞는다.

2_ 달걀지단 부치기 ①을 젓가락으로 골고루 섞은 다음 식용유를 조금 두른 팬에서 지름 20cm 정도 크기의 동그란 지단을 부친다.

3_ 속재료 다지기 새우, 죽순, 대파는 잘게 다지거나 썬다.

4_ 속재료 양념하여 볶기 팬에 식용유 2큰술을 두르고 다진마늘, 다진생강을 넣어 볶다가 청주와 간장을 넣고 ③을 넣은 다음 굴소스를 넣어 볶는다. 여기에 후춧가루와 물녹말, 참기름을 넣고 잘 섞어 속재료를 준비한다.

5_ 부추 데치기 부추는 끓는물에 데친다. 데칠 때 소금을 조금 넣으면 부추가 좀 더 질겨진다.

6_ 지단에 속재료 넣기 달걀흰자로 만든 지단을 손바닥에 펼치고 ④에서 만들어 놓은 속재료를 넣어서 윗부분을 잘 오므린다.

7_ 부추로 묶기 달걀지단의 윗부분은 석류 모양으로 만들어 모양을 잡고 데친 부추로 윗부분을 묶는다.

8_ 연어알 올려 찌기 위에 연어알을 보기 좋게 올리고 찜기에 넣어 5분 정도 찐다. 연어알은 같이 찌지 않고 만두를 찐 다음 올려도 된다.

야채쌀국수볶음

쌀국수는 어떻게 조리해야
맛있게 되나요?

쌀국수는 따뜻한 물에 한 시간 정도 담가 두었다가 사용한다. 하지만 급하게 요리할 때는 끓는물에 삶아도 된다. 야채와 육류, 해물과 같이 볶아도 맛있다. 좀 더 부드러운 것을 원하면 가는 국수로 고른다.

재 ▶ 료

쌀국수 _ 100g
청경채 _ 1개
브로콜리 _ 40g
죽순 _ 40g
표고버섯 _ 2개
초고버섯 _ 2개
옥수수순 _ 2개
새송이버섯 _ 1개
청 · 홍피망 _ 1/2개씩
아스파라거스 _ 1대
은행 _ 10알

양념

대파 _ 1/3대
마늘 _ 1쪽
생강 _ 1/3쪽
식용유 _ 1큰술
청주 · 간장 _ 1큰술씩
물 _ 1컵
후춧가루 _ 1/5작은술
굴소스 _ 1큰술
물녹말 _ 1큰술
참기름 _ 1작은술

만 ▶ 들 ▶ 기

1_ 야채 손질하기 청경채는 한 잎씩 떼어 4cm 길이로 잘라 놓고, 브로콜리는 작은 송이로 떼어 놓는다. 죽순과 표고버섯, 옥수수순, 새송이버섯은 편으로 썰고, 초고버섯은 반으로 가르고, 피망은 다른 재료와 비슷한 크기로 자른다. 아스파라거스는 4cm 길이로 자르고은행도 껍질을 벗겨 준비한다.

2_ 야채 데치기 ①의 재료를 모두 모아 끓는물에 넣고 데쳐 체에 건져 놓는다.

3_ 쌀국수 끓는물에 삶기 쌀국수는 끓는물에 2분 정도 삶는다.

4_ 따뜻한 물에 쌀국수 담가 두기 시간이 넉넉하면 쌀국수를 따뜻한 물에 2~3시간 이상 담가도 된다.

5_ 향신 채소 볶다가 청주, 간장 넣기 대파는 반으로 갈라 3.5cm 길이로 썰고, 마늘은 편으로 썰고, 생강은 얇게 채썰어서 식용유 1큰술 두른 팬에 넣고 볶다가 청주와 간장을 각각 1큰술씩 넣는다.

6_ 데친 재료 넣어 볶기 ⑤에 데쳐 둔 ②의 재료를 넣어 볶는다.

7_ 굴소스로 간하기 물 1컵을 붓고 후춧가루와 굴소스를 넣어 볶는다.

8_ 물녹말 풀고 참기름 넣기 ⑦에 국수를 넣은 다음 한 번 섞고 물녹말을 넣어서 볶다가 국물이 졸아들면 참기름 1작은술을 넣고 섞어서 마무리한다.

짜사이쇠고기탕면

만 ▶ 들 ▶ 기

1_ 국수 삶기 국수는 끓는물에 삶아서 찬물로 잘 헹군 다음 데쳐서 그릇에 담는다.

2_ 짜사이 소금기 빼기 짜사이는 물에 10분 정도 담가 소금기를 약간 뺀다.

3_ 야채 썰기 죽순, 표고버섯, 청경채는 채썬다.

4_ 쇠고기채 버무리기 쇠고기채는 달걀흰자와 녹말을 넣고 골고루 잘 버무린다.

5_ 쇠고기와 향신 채소 볶기 팬에 식용유를 두르고 쇠고기와 다진대파, 생강, 마늘을 넣어 5초 정도 볶
는다.

6_ 야채 넣어 볶기 ⑤에 청주, 간장을 넣고 채썬 죽순, 표고버섯, 청경채, 짜사이를 넣은 다음 같이 달달
볶는다.

7_ 굴소스로 간 맞추기 ⑥에 굴소스, 후춧가루를 넣고 간을 맞춘 다음 물녹말을 풀어 국수 위에 얹는다.

8_ 국물 만들어 붓기 국물 재료를 분량대로 팬에 넣고 끓인 다음 그릇에 붓는다.

냉면

냉면을 좀 더 맛있게 먹는 방법이 있나요?

냉면은 일반국수보다 얇은 면을 사용해야 차게 두어도 딱딱해지지 않는다. 육수를 만들 때 백식초 대신 흑식초를 넣으면 지방분해가 빠르고 향이 더 좋다. 완성된 육수는 살얼음이 생기도록 살짝 얼려 두면 한결 시원하고 입맛 당기는 냉면을 즐길 수 있다.

재 ▶ 료
생면 _ 200g
해파리 _ 30g
중새우 _ 1마리
해삼 _ 40g
오징어살 _ 40g
절인가죽나물 _ 10g
고기장조림 _ 30g
달걀 _ 1개
절인오이 _ 조금
표고버섯 _ 1개

냉면육수
육수 _ 3컵
청주 _ 1큰술
간장 _ 3큰술
치킨파우더 _ 1작은술
설탕 · 소금 _ 1작은술씩
흑식초 _ 2큰술

소스
땅콩버터 _ 1큰술
물 _ 2큰술

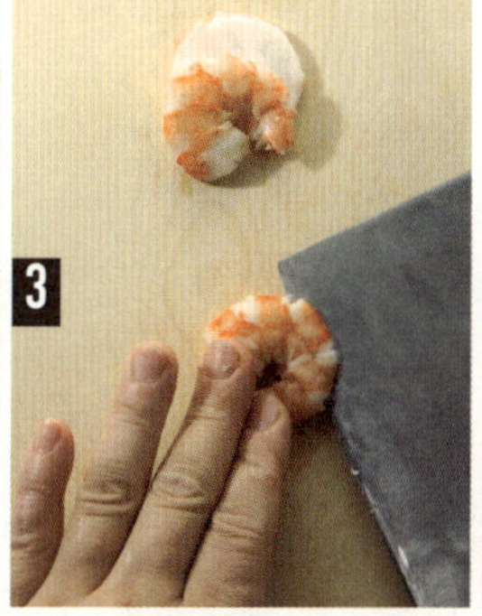
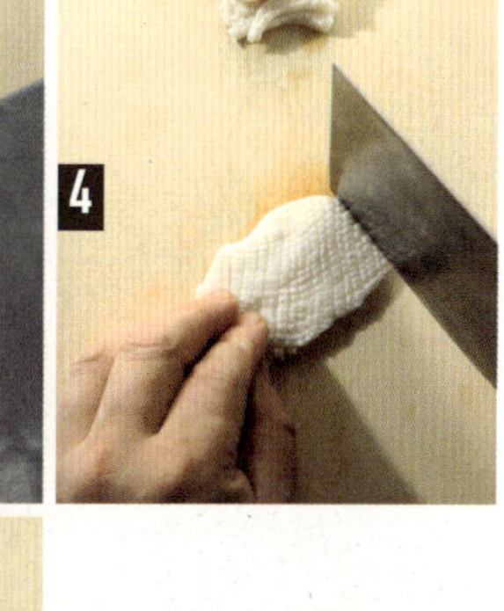

만 ▶ 들 ▶ 기

1 _ 냉면육수 만들기 냉면육수를 재료 분량대로 섞은 다음 냉장고에 차게 보관한다.

2 _ 국수 삶아서 헹구기 국수는 끓는물에 삶아서 찬물로 잘 헹군 다음 그릇에 담는다.

3 _ 해파리 · 중새우 손질하기 해파리는 끓는물에 데친 후 물에 담가 소금기를 빼고, 중새우는 삶아서 반으로 가른다.

4 _ 해삼 · 오징어 손질하기 해삼은 채썬 다음 식초를 한두 방울 넣어 비빈 다음 깨끗이 헹구고, 오징어살은 끓는물에 데친 다음 채썬다.

5 _ 고기장조림 · 가죽나물 썰기 고기장조림은 채썰고 절인가죽나물은 잘게 다진다.

6 _ 달걀지단 · 오이 · 표고버섯 준비하기 달걀은 지단을 부친 다음 채썰고, 절인오이도 채썬다. 표고버섯은 끓는물에 데쳐 채썬다.

7 _ 국수 위에 야채와 해산물 올리기 손질한 야채와 해산물을 국수 위에 가지런히 올린다.

8 _ 냉면육수 붓기 차게 보관한 냉면육수를 꺼내어 국수 위에 붓고 물 2큰술에 갠 땅콩버터를 곁들인다.

송이탕면

**쫄깃하면서도 시원하게 끓이는
노하우가 궁금해요**

송이탕면을 끓일 때 물 대신 조개 육수를 사용
하거나 조개를 몇 개 넣어 주면 더욱 시원하고
감칠맛 나는 국물이 된다. 면발은 삶은 다음 찬
물에 씻어 데쳐야 쫄깃하면서도 탱탱한 맛이 오
래 간다.

재 ▶ 료　생면 _ 200g
송이버섯 _ 3개
표고버섯 _ 1개
비타민 _ 1뿌리

국물
청주 _ 1큰술
물 _ 3컵
국간장 · 치킨파우더 _ 1작은술씩
소금 · 참기름 _ 조금씩

만 ▶ 들 ▶ 기　　1_ **국수 삶기**　국수는 끓는물에 삶아서 찬물로 잘 헹군다.

　　2_ **국수 그릇에 담기**　찬물에 헹군 국수는 다시 한 번 데쳐 그릇에 담는다.

3_ **버섯 썰기**　송이버섯과 표고버섯은 일정하게 편으로 썬다.

4_ **비타민 썰기**　비타민은 4cm 길이로 먹기 좋게 썬다.

5_ **팬에 청주 붓기**　예열한 팬에 청주를 붓는다.

6_ **간 맞추기**　⑤에 물, 국간장, 치킨파우더, 소금을 넣고 간을 맞춘 다음 바글바글 끓인다.

7_ **야채 넣어 끓이기**　어느 정도 끓으면 송이버섯과 표고버섯, 비타민을 넣고 살짝 끓인다.

8_ **참기름 넣기**　마지막으로 참기름을 넣어 고소한 맛과 향이 돌게 한 다음 국수 위에 붓는다.

生蠔湯麵

생굴탕면

**좀 더 매운맛을 내고 싶을 때는
어떻게 하나요?**

청양고추를 1~2개쯤 썰어 넣고 끓이면 더욱
칼칼하면서도 시원한 맛이 난다. 참고로 굴
은 조리 마지막 단계에서 넣고 살짝 끓여야
탱글탱글하면서도 부드러운 질감을 살릴 수
있다.

재 ▶ 료

생면 _ 200g
생굴 _ 20알
죽순·목이버섯 _ 50g씩
청경채 _ 1뿌리
다진마늘 _ 1작은술
다진생강 _ 조금

국물
청주 _ 1큰술
물 _ 3컵
국간장 _ 1작은술
치킨파우더 _ 1작은술
소금 _ 조금

만 ▶ 들 ▶ 기

1_ 국수 삶아서 헹구기 국수는 끓는물에 삶아서 찬물로 잘 헹군다.

2_ 국수 데치기 찬물로 헹군 국수를 다시 한 번 데쳐 그릇에 담는다.

3_ 야채 손질하기 목이버섯은 먹기 좋게 자르고 청경채는 길게 썬다. 죽순은 편으로 썬다.

4_ 생굴 손질하기 생굴은 깨끗한 물에 잘 헹군다.

5_ 청주·물·마늘·생강 넣어 끓이기 팬에 청주, 물을 넣고 다진마늘과 다진생강을 넣어 바글바글 끓
인다.

6_ 야채 넣어 끓이기 ⑤에 목이버섯, 청경채, 죽순을 넣고 끓인다.

7_ 간 맞추기 ⑥에 국간장, 치킨파우더, 소금을 넣고 간을 맞춘 다음 바글바글 끓인다.

8_ 굴 넣기 ⑦이 끓으면 생굴을 넣고 한 번 더 끓인 다음 국수 위에 붓는다.

BONUS PAGE+

point…1 볶음 요리

볶음 요리를 할 때는 센불에서 단시간에 볶아야 재료의 맛과 향을 그대로 살릴 수 있다. 최대한 센불로 조리하되 미리 팬을 달궈 짧은 시간에 조리한다. 튀기거나 볶은 재료를 다시 팬에 넣고 양념하여 센불에서 여러 번 볶기도 한다.

● 센불에서 조리하세요 ● 팬을 달군 후 조리하세요 ● 재료 크기를 일정하게 써세요 ● 기름에 향을 낸 후 볶으세요

point…2 찜 요리

수증기를 이용해 재료를 익히는 조리법. 재료의 신선도와 영양을 그대로 유지하면서 부드럽고 담백한 맛을 낼 수 있다는 것이 장점이다. 기름기가 없고 재료가 가진 영양과 맛을 최대한 보존할 수 있는 건강 조리법이라 최근 관심이 높다.

● 재료에 따라 불의 세기를 조절하세요 ● 물을 넉넉히 넣고 끓이세요 ● 대나무 찜기를 이용하세요

조리법에 따른 맛내기 요령

중국요리는 오랜 역사만큼이나 조리법도 발달해 조리법 종류만 50여 가지가 넘는다. 그중에서 기본이 되는 것이 볶음, 튀김, 구이, 탕, 류(섞음), 찜이다. 똑같은 재료라도 어떻게 조리하느냐에 따라 맛은 천지 차이. 기본 조리법을 익혀서 다양한 요리에 응용해보자.

point…3 탕 요리

가장 간편하면서도 신속하게 조리하는 방법. 익히지 않은 생 재료나 이미 조리한 재료를 끓는 탕이나 물 속에 넣어 센불에서 짧은 시간에 익히는 것이다. 중국식 탕과 수프는 맑게 끓이는 것과 물녹말을 풀어 걸쭉하게 끓이는 것이 있다.

● 마른새우 국물로 수프를 끓이세요 ● 물녹말은 마지막에 넣으세요 ● 센불에서 재빨리 끓이세요

point…4 튀김 요리

중국요리에서 가장 많이 이용되는 조리법인 튀김. 그러나 집에서 요리할 때 가장 번거롭고 어려운 것이 튀김이다. 튀김의 포인트는 기름을 넉넉하게 사용해 표면은 바삭하게, 속은 부드럽게 익히는 것이다.

● 음식에 따라 튀김옷을 입히세요 ● 좋은 전분을 골라 쓰세요 ● 튀김옷으로 온도를 가늠하세요 ● 바삭하게 하려면 두 번 튀기세요

point…5 구이 요리

노릇노릇하게 구워 먹는 요리는 느끼하지 않아 누구 입맛에나 잘 맞는다. 구이는 가장 역사가 오래된 조리법으로, 구울 때 수분이 발산되면서 재료의 맛이 농축되어 진한 맛을 낸다. 직접 불 위에서 굽거나 준비한 재료를 면보자기에 싼 후 볶아 뜨거운 소금을 수북이 얹어서 열기로 익히는 소금구이, 훈제 등 다양한 방법이 있다.

● 굽기 전에 밑간하세요 ● 센불에서 거리를 두고 구우세요 ● 석쇠에 구우세요

point…6 섞음 요리

중국말로 '류' 라고 하는데 류는 매끈거리는 것을 뜻한다. 이것 역시 대표적인 중국 조리법 중 하나다. 재료를 튀기거나 삶거나 찐 후 녹말소스를 얹어 낸다. 녹말소스를 마지막에 끼얹으면 요리가 매끄러워지고 잘 식지 않으며 윤기가 흘러 식욕을 자극한다.

● 재료 손질 후 소스를 만드세요 ● 참기름으로 마무리하세요

魚香牛肉卷

어향쇠고기말이

✱ 어향소스 : 중국 사천지방 사람들이 민물 생선을 조리할 때 흔히 쓰는 조리법으로 다양한 향신료가 어우러져 풍부한 맛을 내는 것이 특징이다. 어향이란
이름은 원래 청나라 말기 요리대회에 출전한 요리사가 만든 요리에 이름이 없어 붙여진 것으로 생선의 향을 내준다는 뜻에서 비롯되었다.

쇠고기튀김을 깔끔하게 하려면
어떻게 하나요?

쇠고기말이에 달걀흰자와 녹말을 섞은 다음 녹말가루에 한 번 굴려 주면 튀김옷이 부풀지 않는다. 쇠고기말이는 자칫하면 튀기는 중간에 풀어질 수 있으므로 안에 넣는 팽이버섯의 양을 너무 많지 않게 하고 쇠고기 테두리에 물녹말을 묻혀서 붙이면 덜 풀어진다. 또 양쪽 끝에 꼬치를 꽂아 튀겨도 된다.

재 ▶ 료

쇠고기 안심 _ 150g
팽이버섯 _ 1봉지
달걀흰자 _ 1개 분량
녹말가루 _ 2큰술
튀김 식용유 _ 2컵
브로콜리 _ 100g
소금 · 식용유 _ 조금씩

어향소스 재료

죽순 _ 5g
목이버섯 _ 5g
홍고추 _ 1개
셀러리 · 대파 _ 5g씩
생강 · 마늘 _ 조금씩
고추기름 _ 1큰술
청주 _ 1큰술

어향소스 양념

간장 _ 1큰술
물(육수) _ 3/4컵
설탕 _ 1큰술
치킨파우더 _ 1작은술
후춧가루 _ 조금
식초 · 두반장 _ 1큰술씩
물녹말 _ 2큰술

만 ▶ 들 ▶ 기

1_ 쇠고기에 팽이버섯 놓고 돌돌 말기 12×7cm 크기로 얇게 썬 쇠고기에 손질한 팽이버섯을 넣고 돌돌 만다.

2_ 소스 재료 잘게 썰기 죽순, 목이버섯, 홍고추, 셀러리, 대파, 생강, 마늘은 잘게 썬다.

3_ 쇠고기말이에 달걀흰자와 녹말 묻히기 달걀흰자와 녹말가루를 섞은 다음 말아 놓은 쇠고기에 묻힌다.

4_ 쇠고기말이 튀기기 튀김팬에 식용유를 2컵 넣은 다음 온도가 170℃ 정도로 오르면 ③의 쇠고기말이를 넣어서 튀긴다.

5_ 쇠고기말이 튀김 썰기 쇠고기말이 튀김이 어느 정도 식으면 길게 어슷썬다.

6_ 볶기 팬에 고추기름을 두르고 다진대파, 다진생강, 다진마늘을 볶다가 청주와 간장을 넣은 다음 나머지 야채를 넣고 육수를 부어 볶는다.

7_ 소스 끓이기 물이나 육수를 분량대로 넣고 설탕, 치킨파우더, 후춧가루, 식초, 두반장을 넣어 바글바글 끓이다가 물녹말을 넣어 걸쭉한 소스로 만든 다음 고기 튀김 위에 뿌린다.

8_ 브로콜리 데치기 브로콜리는 끓는물에 소금과 기름을 조금씩 넣고 데친 다음 쇠고기말이 튀김 옆에 곁들인다.

어향소스아스파라거스

아스파라거스 _ 10개
소금 _ 1작은술
물 _ 2컵
식용유 _ 1큰술

어향소스 재료
죽순 _ 1/4개
목이버섯 _ 1개
홍고추 _ 1/2개
다진대파 _ 1큰술
다진마늘 _ 1작은술
다진생강 _ 조금
고추기름 _ 2큰술
청주 _ 1큰술

어향소스 양념
간장 _ 1큰술
치킨파우더 _ 1작은술
설탕 · 식초 _ 1큰술씩
후춧가루 _ 조금
물 _ 2/3컵
물녹말 _ 2큰술

꼭 아스파라거스를 넣어야 하나요?

아스파라거스 대신 청경채나 브로콜리, 죽순 등을
넣어도 된다. 여러 가지 야채를 활용해 만들어도 크
게 상관없지만 야채를 익힐 때는 아삭아삭 씹히는
맛이 느껴지도록 살짝만 데친다. 참고로, 소스는 분
량대로 미리 그릇에 섞어 놓으면 맛도 서로 어우러
지고 만들 때 편리하다.

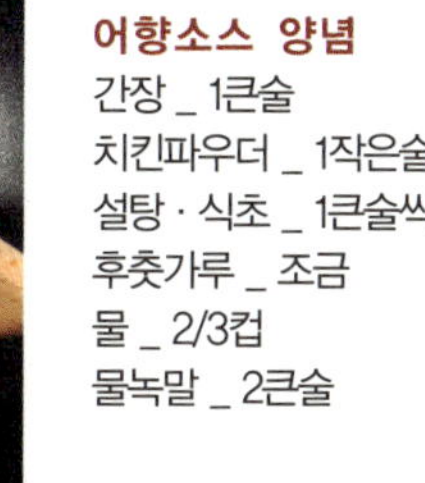

만 ▶ 들 ▶ 기

1_ 아스파라거스 썰기 아스파라거스는 껍질을 제거한 다음 4cm 길이로 썬다.

2_ 아스파라거스 데치기 손질한 아스파라거스는 끓는물에 소금, 식용유를 넣고 살짝 데친
다음 건져 물기를 빼고 접시에 담는다.

3_ 소스 재료 잘게 썰기 죽순, 목이버섯, 홍고추는 잘게 썬다.

4_ 고추기름 두르고 향신 채소 볶기 팬에 고추기름 2큰술을 두른 다음 다진파, 다진마늘, 다진생강을
넣고 5초 정도 볶는다.

5_ 야채 넣고 볶기 ④에 잘게 썬 야채를 넣고 5초 정도 달달 볶는다.

6_ 소스 끓이기 ⑤에 청주를 분량대로 넣고 간장, 치킨파우더, 설탕, 식초, 후춧가루, 물을 넣고 바글바
글 끓인다.

7_ 물녹말 넣기 ⑥에 물녹말을 풀어 걸쭉하게 농도를 맞춘다.

8_ 아스파라거스 위에 소스 끼얹기 완성된 소스를 접시에 담아 둔 아스파라거스 위에 끼얹는다.

어향소스가지새우

다른 재료를 활용할 수 있나요?

가지 사이에 새우 대신 다진고기를 넣어 만들어도 별미다. 이때 소스를 주재료 위에 뿌리지 않고 주재료와 함께 넣고 조려도 맛이 좋다.

재 ▶ 료

가지 _ 1개
새우 _ 150g
녹말 _ 2큰술
소금 _ 조금
청주 _ 1큰술
달걀흰자 _ 1개 분량
식용유 _ 2컵

어향소스 재료

죽순 _ 1/4개
홍고추 _ 1/2개
목이버섯 _ 1개
다진대파 _ 1큰술
다진마늘 _ 1작은술
다진생강 _ 조금
고추기름 _ 2큰술
청주 _ 1큰술

어향소스 양념

간장 _ 1큰술
치킨파우더 _ 1작은술
설탕 · 식초 _ 1큰술씩
후춧가루 _ 조금
물 _ 1컵
물녹말 _ 2큰술

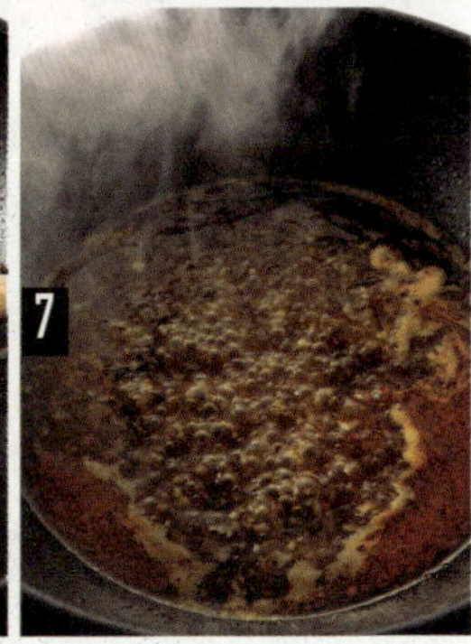

만 ▶ 들 ▶ 기

1_ 가지 썰어 녹말 묻히기 가지는 얇게 편으로 썬 다음 녹말을 골고루 바른다.

2_ 새우 곱게 다지기 새우는 등 쪽에 있는 내장을 이쑤시개로 제거하고 곱게 다진 다음 소금, 달걀흰자, 청주를 넣어 밑간한다.

3_ 가지 사이에 새우 넣기 두 장의 가지 사이에 다진새우를 넣고 떨어지지 않도록 위에서 지그시 누른다.

4_ 새우 넣은 가지에 녹말 바르기 마른녹말을 가지 샌드 둘레에 살짝 바른다.

5_ 가지 샌드한 것 튀기기 기름 온도가 170℃까지 오르면 가지 샌드한 것을 넣고 표면이 연한 갈색을 띨 때까지 튀긴다.

6_ 소스 재료 잘게 썰어 볶기 팬에 고추기름을 두르고 다진파, 마늘, 생강을 볶은 다음 잘게 썬 죽순, 홍고추, 목이버섯을 넣고 센불에서 약 5초 정도 달달 볶는다.

7_ 소스 끓이기 ⑥에 청주를 분량대로 넣고 간장, 치킨파우더, 설탕, 식초, 후춧가루, 물을 넣고 바글바글 끓인다.

8_ 물녹말 풀기 ⑦에 물녹말을 풀어 걸쭉한 상태로 만든 다음 튀긴 가지 위에 뿌린다.

어향소스 굴요리

수분이 많은 굴을 바삭하게 튀기는 방법이 없나요?

굴을 바삭하게 튀기려면 먼저 끓는물에 살짝 데쳐 수분을 뺀 다음 튀긴다. 참고로 굴은 11월부터 이듬해 2월까지가 제철이며 이때가 가장 통통하고 맛이 좋다. 만약 굴이 없다면 새우, 키조개살을 이용해도 좋다.

재 ▶ 료

부추 _ 100g
식용유 _ 1큰술
소금 _ 조금
생굴 _ 150g
녹말 _ 2큰술
밀가루 _ 1컵
달걀흰자 _ 1개 분량
튀김기름 _ 2컵

어향소스 재료

목이버섯 _ 1개
죽순 _ 1/4개
홍고추 _ 1/2개
다진대파 _ 1큰술
다진마늘 _ 1작은술
다진생강 _ 조금
고추기름 _ 2큰술
청주 _ 1큰술

어향소스 양념

간장 _ 1큰술
치킨파우더 _ 1작은술
설탕 · 식초 _ 1큰술씩
후춧가루 _ 조금
물 _ 1컵
물녹말 _ 2큰술

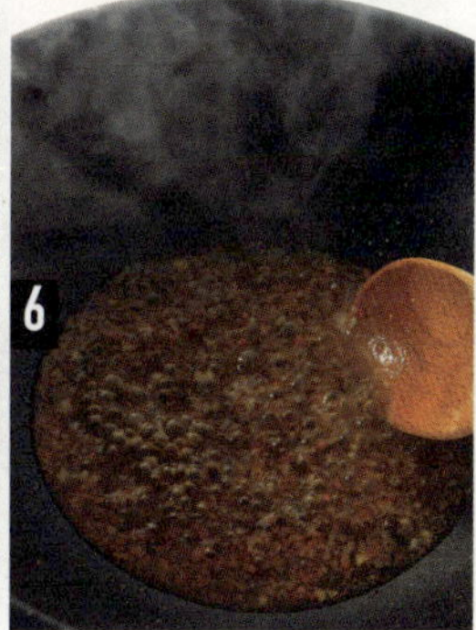

만 ▶ 들 ▶ 기

1_ 부추 볶기 부추는 깨끗이 손질한 다음 센불에 식용유를 두르고 소금을 넣어 숨이 죽지 않도록 빠르게 볶아서 접시에 담는다.

2_ 생굴 데치기 생굴은 끓는물에 살짝 데친 다음 체로 건져 물기를 뺀다.

3_ 생굴에 튀김옷 입히기 데친 생굴에 녹말, 밀가루, 달걀흰자를 넣고 골고루 섞이도록 버무린다.

4_ 굴 튀기기 튀김팬에 튀김기름을 넣고 기름 온도가 170℃ 정도 되면 튀김옷을 입힌 굴을 넣고 튀긴 다음 부추 위에 올린다.

5_ 소스 재료 잘게 썰어 볶기 팬에 고추기름을 두르고 다진대파, 다진생강, 다진마늘을 볶은 다음 잘게 썬 목이버섯, 죽순, 홍고추를 넣고 약 5초 정도 달달 볶는다.

6_ 어향소스 끓이기 ⑤에 청주를 분량대로 넣고 간장, 치킨파우더, 설탕, 식초, 후춧가루, 물을 넣고 바글바글 끓인다.

7_ 물녹말 넣어 농도 맞추기 ⑥에 물녹말을 풀어 걸쭉하게 농도를 맞춘다.

8_ 소스 끼얹기 튀긴 굴 위에 완성된 어향소스를 끼얹는다.

乾烹中蝦

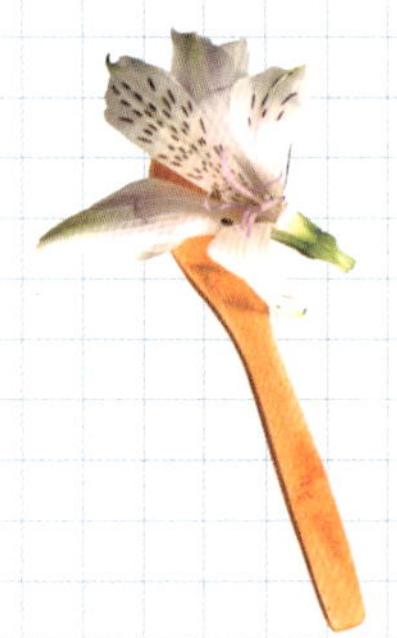

깐풍새우

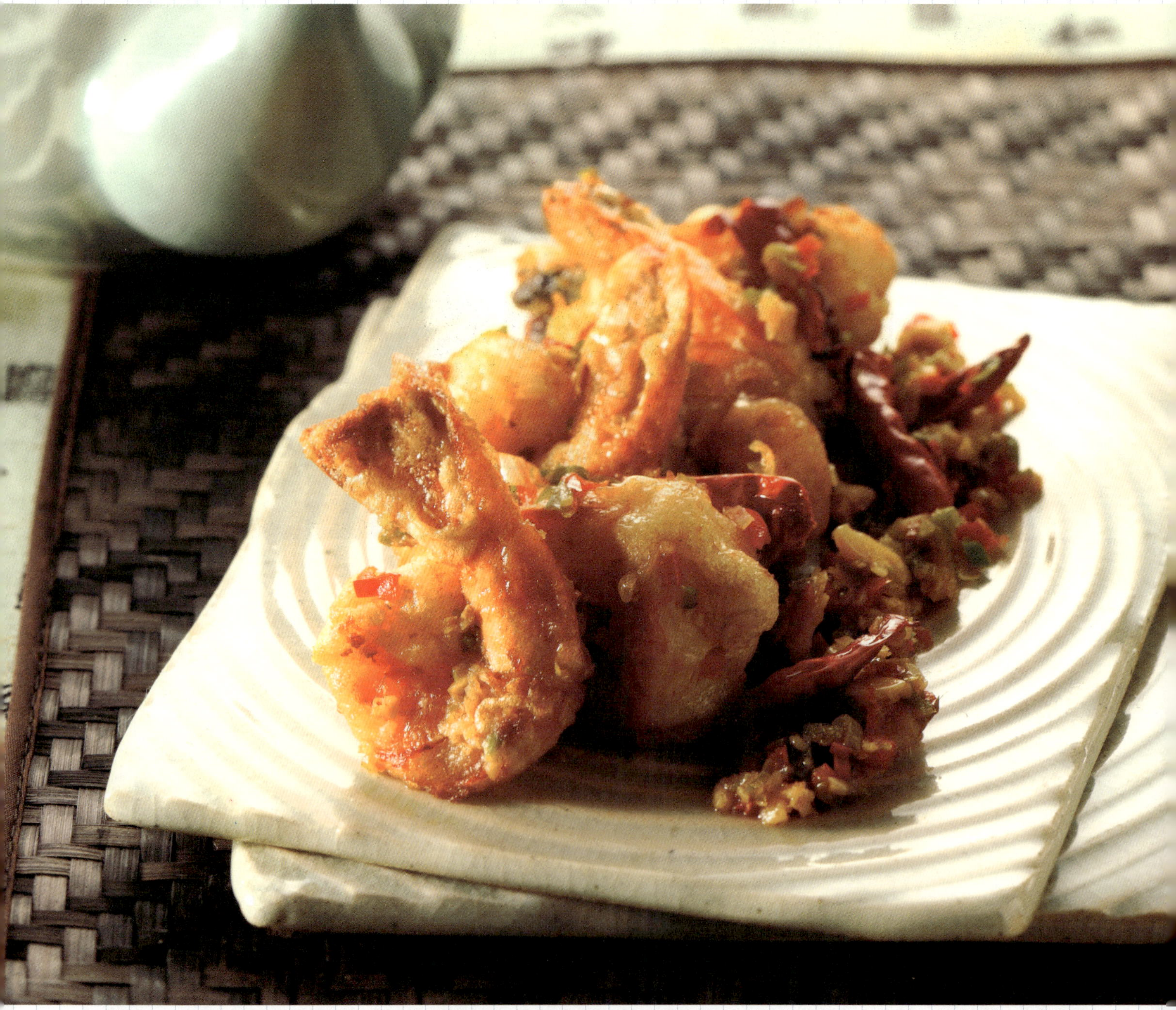

✽ 깐풍소스 : 소스가 마르게 만들어진다는 뜻을 가진 깐풍소스는 주재료를 튀긴 다음 센불에 빠르게 볶아내 주재료의 겉에 간이 배도록 하는 조리법이다. 남녀노소 부담없이 좋아하는 새콤하면서도 달콤한 소스로 여러 가지 재료와 잘 어우러진다.

크기별 새우 튀기는 요령이 궁금해요

큰 새우로 할 때는 칼집을 넣은 다음 전분을 살짝 발라서 튀겨야 꽃이 핀 듯 예쁜 새우 모양이 완성된다. 작은 새우일 때는 전분을 넉넉히 넣고 살짝 버무리듯 튀긴다.

재 ▶ 료 중새우 _ 12마리
녹말 _ 1/2컵
달걀 _ 1개
식용유 _ 2컵

깐풍소스 재료
청피망·홍피망 _ 1/2개씩
대파 _ 1/2대
다진마늘 _ 1큰술
다진생강 _ 1작은술
마른고추 _ 2개
식용유 _ 2큰술
청주 _ 1큰술

깐풍소스 양념
간장·굴소스 _ 1큰술씩
식초 _ 2큰술
설탕 _ 1큰술
물 _ 3큰술
후춧가루 _ 1/2작은술
참기름 _ 조금

만 ▶ 들 ▶ 기

1_ 새우 손질해 물기 제거하기 새우는 등 쪽에 있는 내장을 이쑤시개로 제거하고 물기를 잘 닦는다.

2_ 녹말·달걀 넣어 새우 버무리기 오목한 볼에 녹말, 달걀을 넣고 손질해 놓은 새우를 넣어 튀김옷이 골고루 묻도록 잘 버무린다.

3_ 소스 재료 잘게 썰기 청피망, 홍피망, 대파는 잘게 썰거나 곱게 다지고 마른고추는 보기 좋게 썬다.

4_ 깐풍소스 양념 만들기 오목한 그릇에 간장, 굴소스, 식초, 설탕, 물, 후춧가루, 참기름을 분량대로 넣고 잘 섞는다.

5_ 새우 튀기기 튀김팬에 식용유 2컵을 붓고 가열한 다음 기름 온도가 170℃ 정도로 오르면 새우를 넣고 약 4분 정도 노릇하게 튀긴다.

6_ 소스 재료 볶기 팬에 식용유 2큰술을 넣고 마른고추를 5초 정도 볶다가 피망, 대파, 다진마늘, 다진 생강을 넣어 달달 볶는다.

7_ 청주 넣기 ⑥에 청주를 분량대로 넣는다.

8_ 튀긴 새우 소스에 버무리기 ⑦에 튀긴 새우를 넣은 다음 미리 만들어 놓은 깐풍소스를 부어 재빨리 버무린다.

깐풍두부

두부를 튀길 때 꼭 전분을 발라야 하나요?

두부에 전분을 바르고 튀기면 두부 속의 수분이 증발되지 않아 겉은 바삭하면서도 속은 부드러운 맛이 난다. 전분을 바르지 않아도 상관없지만 그냥 튀기면 수분이 빠져 씹을 때 단단하면서도 쫄깃한 질감이 느껴지므로 취향에 따라 조리한다.

재 ▶ 료

두부 _ 2/3모
녹말 _ 1/2컵
식용유 _ 2컵

깐풍소스 재료
청피망 · 홍피망 _ 1/2개씩
대파 _ 1/2대
다진마늘 _ 1큰술
다진생강 _ 1작은술
마른고추 _ 2개
식용유 _ 2큰술
청주 _ 1큰술

깐풍소스 양념
간장 · 굴소스 _ 1큰술씩
식초 _ 2큰술
설탕 _ 1큰술
물 _ 3큰술
후춧가루 _ 1/2작은술
참기름 _ 조금

만 ▶ 들 ▶ 기

1_ 두부 썰기 두부는 2×4cm 크기로 썰어서 물기를 뺀 다음 마른녹말을 골고루 바른다.

2_ 소스 재료 잘게 썰기 청피망, 홍피망, 대파는 잘게 썰거나 곱게 다지고 마른고추는 보기 좋게 썬다.

3_ 깐풍소스 양념 만들기 오목한 그릇에 간장, 굴소스, 식초, 설탕, 물, 후춧가루, 참기름을 분량대로 넣고 잘 섞는다.

4_ 두부 튀기기 튀김팬에 식용유 2컵을 붓고 가열한 다음 기름 온도가 170℃ 정도로 오르면 두부를 넣고 약 4분 정도 노릇하게 튀긴다.

5_ 마른고추 볶기 팬에 식용유 2큰술을 넣고 마른고추를 넣어 매콤한 향이 나도록 5초 정도 볶는다.

6_ 소스 재료 볶기 ⑤에 잘게 썬 청피망, 홍피망, 대파, 다진마늘, 다진생강을 넣고 달달 볶는다.

7_ 청주 넣기 ⑥에 청주를 분량대로 넣는다.

8_ 튀긴 두부 소스에 버무리기 ⑦에 튀긴 두부를 넣은 다음 미리 만들어 놓은 깐풍소스 양념을 부어 재빨리 버무린다.

깐풍만두

만두는 어떤 게
좋을까요?

소스를 마르게 볶는 요리이므로 작은 만두를 사용해야 간이 잘 밴다. 직접 손으로 빚은 만두가 맛도 좋지만 여의치 않을 때는 시중에 파는 작은 만두를 구입한다.

재 ▶ 료 만두 _ 12개
식용유 _ 2컵

깐풍소스 재료
청피망 · 홍피망 _ 1/2개씩
대파 _ 1/2대
다진마늘 _ 1큰술
다진생강 _ 1작은술
마른고추 _ 2개
식용유 _ 2큰술
청주 _ 1큰술

깐풍소스 양념
간장 · 굴소스 _ 1큰술씩
식초 _ 2큰술
설탕 _ 1큰술
물 _ 3큰술
후춧가루 _ 1/2작은술
참기름 _ 조금

만 ▶ 들 ▶ 기

1_ 만두 튀기기 튀김팬에 식용유 2컵을 붓고 기름 온도가 170℃ 정도로 오르면 만두를 넣고 약 3~4분 정도 노릇하게 튀긴다.

2_ 소스 재료 잘게 썰기 청피망, 홍피망, 대파는 잘게 썰거나 곱게 다지고 마른고추는 보기 좋게 썬다.

3_ 깐풍소스 양념 만들기 오목한 그릇에 간장, 굴소스, 식초, 설탕, 물, 후춧가루, 참기름을 분량대로 넣고 잘 섞는다.

4_ 마른고추 볶기 팬에 식용유 2큰술을 두르고 마른고추를 넣어 매콤한 향이 나도록 5초 정도 볶는다.

5_ 소스 재료 볶기 ④에 잘게 다진피망, 다진대파, 다진마늘, 다진생강을 넣고 달달 볶는다.

6_ 청주 넣기 ⑤에 청주를 분량대로 넣는다.

7_ 튀긴 만두 깐풍소스에 버무리기 ⑥에 튀긴 만두를 넣은 다음 미리 만들어 놓은 깐풍소스 양념을 부어 재빨리 버무린다.

8_ 접시에 담기 깨끗한 접시에 버무린 만두를 담는다.

깐풍오징어살

튀김옷이 벗겨지지 않게 튀기는 방법이 없나요?

오징어살에 칼집을 넣어 주면 튀김옷이 잘 입혀질 뿐 아니라 튀길 때 잘 벗겨지지 않는다. 손질한 오징어의 매끄러운 표면에 잔 칼집을 넣은 다음 적당히 잘라 튀김옷을 입힌다.

재 ▶ 료

오징어 _ 2마리
녹말 _ 1/2컵
달걀 _ 1개
식용유 _ 2컵

깐풍소스 재료
청피망 · 홍피망 _ 1/2개씩
대파 _ 1/2대
다진마늘 _ 1큰술
다진생강 _ 1작은술
마른고추 _ 2개
식용유 _ 2큰술
청주 _ 1큰술

깐풍소스 양념
간장 · 굴소스 _ 1큰술씩
식초 _ 2큰술
설탕 _ 1큰술
물 _ 3큰술
후춧가루 _ 1/2작은술
참기름 _ 조금

만 ▶ 들 ▶ 기

1_ 오징어 썰기 오징어는 껍질을 벗기고 물기를 잘 닦은 다음 안쪽에 칼집을 내고 3×3cm로 일정하게 썬다.

2_ 녹말 · 달걀 넣어 오징어 버무리기 오목한 볼에 녹말, 달걀을 넣고 손질해 놓은 오징어를 넣어 골고루 버무린다.

3_ 소스 재료 썰기 청피망, 홍피망, 대파는 잘게 썰거나 곱게 다지고 마른고추는 보기 좋게 썬다.

4_ 깐풍소스 양념 만들기 오목한 그릇에 간장, 굴소스, 식초, 설탕, 물, 후춧가루, 참기름을 분량대로 넣고 잘 섞는다.

5_ 오징어 튀기기 튀김팬에 식용유 2컵을 붓고 가열한 다음 기름 온도가 170℃ 정도로 오르면 오징어를 넣고 약 4분 정도 노릇하게 튀긴다.

6_ 소스 재료 볶기 팬에 식용유 2큰술을 넣고 마른고추를 5초 정도 먼저 볶다가 잘게 썬 청피망, 홍피망, 다진대파, 다진마늘, 다진생강을 넣고 달달 볶는다.

7_ 청주 넣기 ⑥에 청주를 분량대로 넣는다.

8_ 튀긴 오징어 깐풍소스에 버무리기 ⑦에 튀긴 오징어를 넣은 다음 미리 만들어 놓은 깐풍소스 양념을 부어 재빨리 버무린다.

蠔油青菜

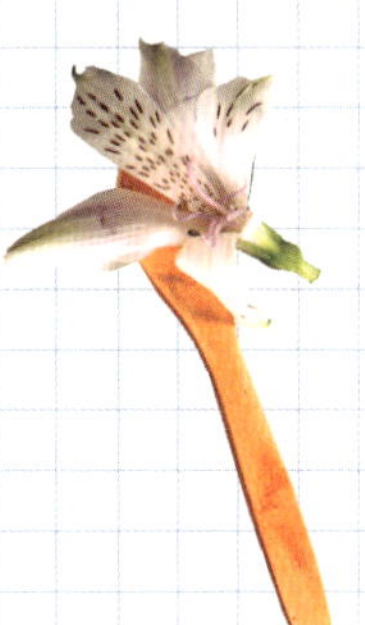

굴소스청경채

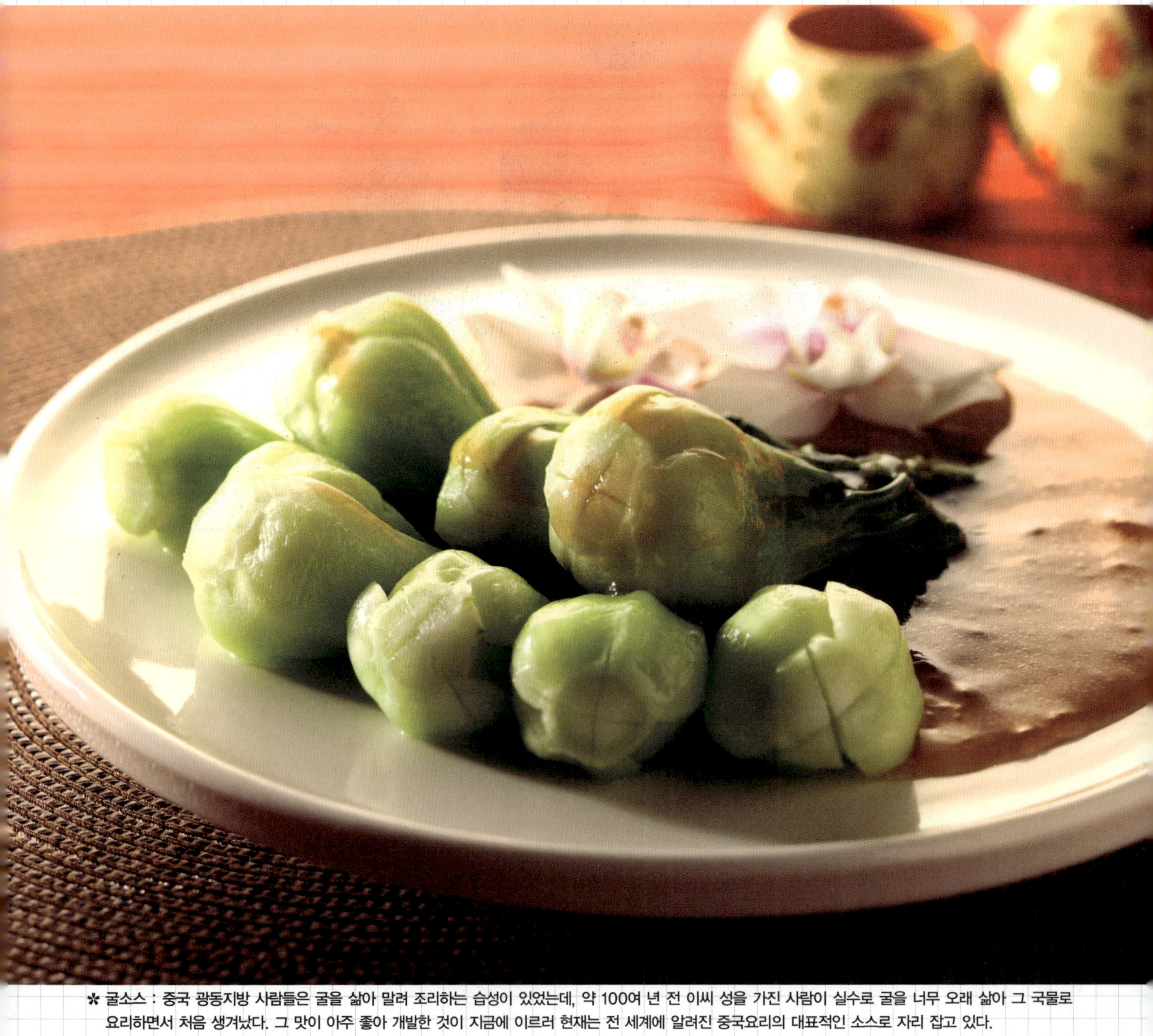

✲ 굴소스 : 중국 광동지방 사람들은 굴을 삶아 말려 조리하는 습성이 있었는데, 약 100여 년 전 이씨 성을 가진 사람이 실수로 굴을 너무 오래 삶아 그 국물로 요리하면서 처음 생겨났다. 그 맛이 아주 좋아 개발한 것이 지금에 이르러 현재는 전 세계에 알려진 중국요리의 대표적인 소스로 자리 잡고 있다.

청경채 요리할 때 주의해야 할 점이 있나요?

청경채는 끓는물에 살짝 데쳐 아삭하면서도 선명한 색이 살아 있어야 맛도 좋고 보기도 좋다. 청경채뿐 아니라 아스파라거스나 브로콜리를 넣고 굴소스를 뿌려도 맛있다.

재 ▶ 료

청경채 _ 8뿌리
식용유 _ 2큰술
소금 _ 1작은술
물 _ 3컵
청주 _ 1큰술

굴소스 양념

간장·굴소스 _ 1큰술씩
노두유 _ 1/2작은술
후춧가루 _ 조금
물 _ 1컵
물녹말 _ 3큰술
참기름 _ 조금

만 ▶ 들 ▶ 기

1_ 청경채 다듬기 청경채는 먹기 좋게 다듬은 다음 식용유 1큰술, 소금 1작은술을 넣고 끓는물에 살짝 데친다.

2_ 데친 청경채 건져 물기 빼기 데친 청경채는 체에 건져 물기를 빼고 접시에 소복하게 담는다.

3_ 청주 붓기 팬에 식용유를 1큰술 두르고 살짝 달군 다음 청주를 붓는다.

4_ 굴소스 끓이기 ③에 간장, 굴소스, 노두유, 후춧가루, 물을 분량대로 넣고 바글바글 끓여 굴소스를 만든다.

5_ 물녹말 풀어 농도 맞추기 ④에 물녹말을 풀어 걸쭉한 상태로 만든다.

6_ 참기름 넣기 소스가 완성되면 참기름을 넣어 고소한 맛과 향이 돌게 한 다음 청경채 위에 끼얹는다.

굴소스 해삼송이볶음

물이 생기지 않게 볶는 방법이 궁금해요

해삼뿐 아니라 야채는 미리 끓는물에 살짝
데쳐 물기를 뺀 다음 센불에 볶는다. 그래야
야채에서 수분이 빠져나와 요리가 지저분해
지는 것을 막을 수 있다. 이렇게 하면 간도
잘 배고 더욱 먹음직스러워 보인다.

재 ▶ 료

불린 해삼 _ 250g
송이버섯 _ 4개
청경채 _ 1뿌리

굴소스 재료
대파 _ 1/2대
생강 _ 조금
마늘 _ 2쪽
식용유 _ 2큰술
청주 _ 1큰술

굴소스 양념
간장 · 굴소스 _ 1큰술씩
노두유 _ 1/2작은술
후춧가루 _ 조금
물 _ 2/3컵
물녹말 _ 3큰술
참기름 _ 조금

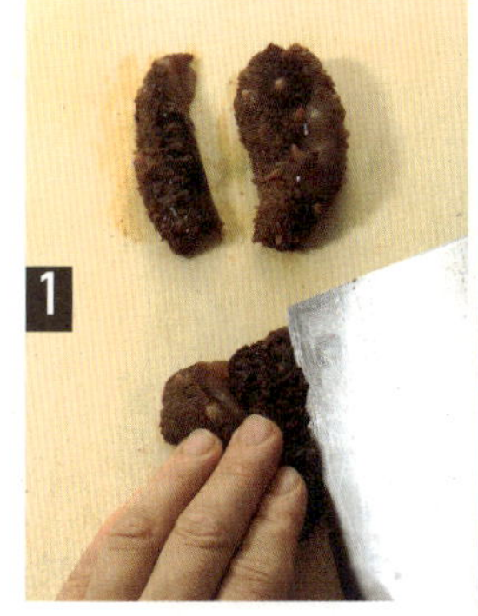

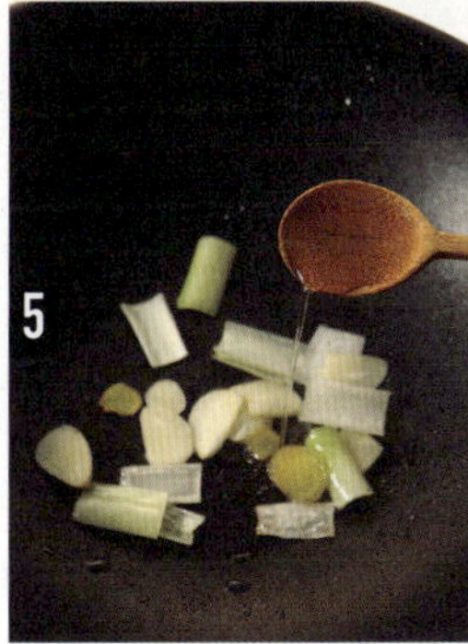

만 ▶ 들 ▶ 기

1_ 불린 해삼 썰기 불린 해삼은 길이 5cm, 굵기 2cm 크기로 썬다.

2_ 야채 썰기 송이버섯은 편으로 썰고 청경채는 4cm 길이로 일정하게 썬다.

3_ 해삼 · 송이버섯 · 청경채 데치기 끓는물에 소금과 식용유를 조금 넣고 불린 해삼, 송이버섯, 청경채
를 넣어 살짝 데친 다음 체로 건져 물기를 뺀다.

4_ 대파 · 생강 · 마늘 편썰기 대파와 생강, 마늘은 깨끗이 손질해 얇게 편으로 썬다.

5_ 향신채소 볶기 팬에 식용유를 두르고 살짝 달군 다음 대파, 생강, 마늘을 넣어 향이 날 때까지 달달
볶다가 청주를 붓는다.

6_ 주재료에 굴소스 넣어 볶기 ⑤에 데친 해삼, 송이버섯, 청경채, 간장, 굴소스, 노두유, 후춧가루, 물을
분량대로 넣고 2분 정도 달달 볶는다.

7_ 물녹말 풀기 ⑥에 물녹말을 풀어 걸쭉한 상태로 만든다.

8_ 참기름 둘러 접시에 담기 참기름을 넣고 섞은 다음 접시에 보기 좋게 담는다.

굴소스표고버섯새우

좀 더 부드러운 맛을 낼 방법이 있나요?

표고버섯 안쪽에 도톰하게 새우를 채운 다음 튀기지 않고 찌면 훨씬 부드러운 맛을 즐길 수 있다. 이때 표고버섯 대신 새송이버섯을 사용하거나 새우 대신 고기를 사용해도 맛이 좋다.

재 ▶ 료

표고버섯 _ 8개
새우 _ 100g
청주 _ 조금
소금 · 후춧가루 _ 조금씩
녹말 _ 2큰술
식용유 _ 2컵

굴소스 양념

식용유 _ 1큰술
청주 _ 1큰술
간장 · 굴소스 _ 1큰술씩
노두유 _ 1/2작은술
후춧가루 _ 조금
물 _ 1컵
물녹말 _ 3큰술
참기름 _ 조금

 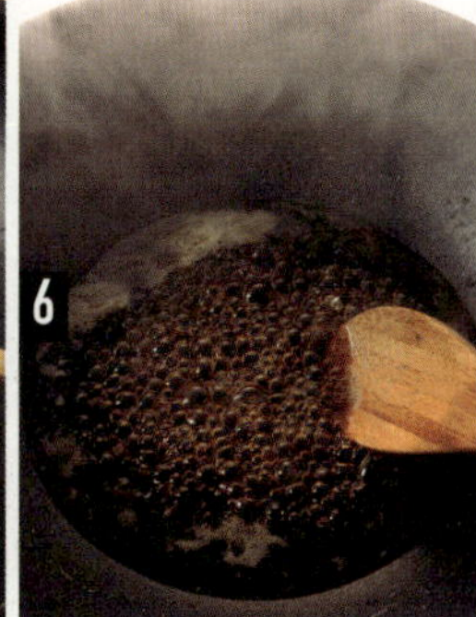  

만 ▶ 들 ▶ 기

1_ 데친 표고버섯에 녹말 바르기 표고버섯은 갓이 작고 도톰한 것으로 골라 밑동을 잘라낸 다음 끓는물에 데쳐 물기를 빼고 안쪽에 녹말을 살짝 바른다.

2_ 새우 다지기 새우는 깨끗이 손질한 다음 등 쪽에 있는 내장을 빼고 곱게 다진다.

3_ 표고버섯에 다진새우 채우기 다진새우는 소금과 청주, 후춧가루를 넣고 밑간한 다음 표고버섯 안쪽에 통통할 정도로 채워 녹말을 바른다.

4_ 표고버섯 튀기기 식용유를 붓고 가열한 다음 기름 온도가 170℃ 정도 오르면 새우 채운 표고버섯을 넣고 노릇하게 튀긴 다음 접시에 담는다.

5_ 달군 팬에 청주 붓기 팬에 식용유를 넣고 살짝 달군 다음 청주를 붓는다.

6_ 굴소스 끓이기 ⑤에 간장, 굴소스, 노두유, 후춧가루, 물을 붓고 바글바글 끓인다.

7_ 물녹말 풀기 ⑥에 물녹말을 풀어 걸쭉한 상태로 만든다.

8_ 굴소스 끼얹기 참기름을 넣어 마무리한 다음 튀긴 표고버섯 위에 끼얹어 상에 낸다.

굴소스전복스테이크

전복에 칼집을 넣는 이유가 궁금해요.

칼집을 넣지 않고 통전복을 사용하면 오그라들기 쉽고 간이 잘 배지 않는다. 또한 씹을 때 질긴 느낌이 들 수 있다. 간혹 전복 대신 가리비 조개를 사용하기도 한다.

재 ▶ 료

중전복 _ 1개
다진마늘 _ 1/2작은술
아스파라거스 _ 1대
식용유 _ 1작은술
소금 _ 조금
물 _ 2컵

굴소스 양념
식용유 _ 1큰술
청주 _ 1큰술
간장 _ 1작은술
굴소스 _ 1큰술
노두유 · 후춧가루 _ 조금씩
물 _ 2/3컵
물녹말 _ 2큰술
참기름 _ 조금

만 ▶ 들 ▶ 기

1_ 전복에 칼집 넣기 전복은 끓는물에 삶아 속을 빼낸 다음 칼집을 넣고 끓는물에 다시 살짝 데친다.

2_ 다진마늘 넣어 볶기 팬에 식용유를 넣은 다음 다진마늘을 넣어 향이 나도록 볶고 청주를 붓는다.

3_ 굴소스 끓이기 ②에 간장, 굴소스, 노두유, 후춧가루, 물을 분량대로 넣고 바글바글 끓여 굴소스를 만든다.

4_ 전복 넣어 끓이기 ③에 데친 전복을 넣고 살짝 조린 다음 꺼내 접시에 담는다.

5_ 물녹말 풀기 전복을 조리고 남은 소스에 물녹말을 풀어 걸쭉한 상태로 만든다.

6_ 참기름 넣기 ⑤에 참기름을 넣어 마무리한 다음 전복 위에 한 번 더 뿌린다.

7_ 아스파라거스 손질하기 아스파라거스는 이물질을 떼고 껍질을 벗긴 다음 먹기 좋게 자른다.

8_ 데친 아스파라거스 곁들이기 식용유, 소금을 넣은 끓는물에 아스파라거스를 데쳐 전복 옆에 보기 좋게 담는다.

새우칠리소스

새우를 깨끗하게 튀기려면 어떻게 해야 하나요?

새우는 튀김옷을 입히기 전에 물기를 잘 닦아야 튀김옷이 골고루 잘 묻어서 튀김 표면이 매끈하다. 새우는 먹기 직전에 튀겨 소스에 버무리면 훨씬 더 바삭하다. 마지막에 고추기름을 더 넣으면 매콤한 맛이 나서 입맛을 자극하고 요리에 윤기가 돌아 더 먹음직스러워 보인다.

재 ▶ 료
중새우 _ 25마리
녹말가루 _ 3~4큰술
식용유 _ 2컵

칠리소스 재료
대파 _ 1/3대
마늘 _ 1쪽
생강 _ 1/2쪽
물(육수) _ 2/3컵
고추기름 _ 2큰술
청주 _ 1큰술반

칠리소스 양념
설탕 · 케첩 _ 3큰술씩
소금 _ 조금
두반장 _ 1작은술
물녹말 _ 2큰술

만 ▶ 들 ▶ 기

1_ 새우 등 쪽에 칼집 넣기 새우는 등 쪽에 꼬치로 찔러 내장을 제거하고 물기를 잘 닦는다. 중간 크기 이상의 새우는 등 쪽에 칼집을 넣는다.

2_ 새우에 녹말가루 묻히기 넓은 접시나 큰 볼에 녹말가루를 넣고 새우를 잘 버무린다.

3_ 새우 튀기기 튀김팬에 식용유를 2컵 붓고 온도가 170℃ 정도가 되면 녹말가루 묻힌 새우를 하나씩 넣어 튀긴다.

4_ 대파 · 마늘 · 생강 다지기 대파, 마늘, 생강은 껍질을 벗기고 손질하여 잘게 썰거나 다진다.

5_ 칠리소스 재료 볶기 팬에 고추기름을 1큰술을 두르고 다진파, 다진마늘, 다진생강을 넣어 5초 정도 향이 살짝 날 정도로 볶는다.

6_ 칠리소스 양념 끓이기 ⑤에 청주를 넣고 물이나 육수를 부은 다음 칠리소스 양념을 넣어 끓인다.

7_ 튀긴 새우 소스에 버무리기 ⑥에 물녹말을 넣어 걸쭉한 상태로 만든 다음 튀긴 새우를 넣어 잘 버무린다.

8_ 고추기름 넣어 섞기 마지막으로 고추기름을 1큰술 더 넣고 섞은 다음 접시에 담는다.

두반소스 해물두부

두부는 어떻게 튀겨야 하나요?

두부 표면에 황금빛이 나려면 적어도 2~3분 이상은 튀겨야 한다. 그래야 표면이 단단해져서 볶을 때 부서지지 않는다. 좀 빨리 튀기고 싶다면 두부에 녹말가루를 입혀 튀기면 되는데 이 경우, 두부 안쪽의 수분이 빠지지 않아 속은 더 부드럽다. 녹말가루를 입히지 않고 튀기면 두부 속의 수분이 빠지기 때문에 좀 더 쫄깃한 맛이 된다.

재 ▶ 료
두부 _ 1모
키조개살 _ 1개
불린 해삼 _ 60g
새우 _ 60g
죽순 _ 30g
표고버섯 _ 2개
청경채 _ 1개
식용유 _ 1컵

두반소스 재료
고추기름 _ 2큰술
대파 _ 1/3대
마늘 _ 1쪽
생강 _ 1쪽

두반소스 양념
청주 _ 1큰술
간장 _ 1작은술
물 _ 1컵
굴소스 _ 1작은술
후춧가루 _ 조금
두반장 _ 1큰술
물녹말 _ 2큰술
참기름 _ 1작은술

만 ▶ 들 ▶ 기

1_ 두부 삼각형으로 썰기 두부는 한쪽 길이가 3~4cm 정도가 되도록 삼각형으로 썬다. 두께는 1cm 정도가 적당하다.

2_ 해물과 야채 썰어 준비하기 키조개살과 불린 해삼은 편으로 썰고 새우는 등 쪽의 내장을 제거한다. 죽순, 표고버섯도 편으로 썰고, 청경채는 한 잎씩 떼어 4cm 길이로 썬다. 준비한 재료 모두 끓는물에 넣어 살짝 데친다.

3_ 두부 튀기기 두부는 물기를 닦고 기름에 노릇하게 튀긴다.

4_ 소스 재료 볶기 대파는 반 갈라 4cm 길이로 썰고, 마늘은 편으로 썰고, 생강은 가늘게 채썰어 고추기름을 두른 팬에 함께 볶는다.

5_ 데친 재료 넣어 볶기 ④의 팬에 청주, 간장을 넣고, 데친 해물과 야채를 넣어 30초 정도 볶는다.

6_ 물과 굴소스 넣기 물 1컵을 넣고 끓이다가 굴소스와 후춧가루를 넣어 간을 맞춘다.

7_ 튀긴 두부 넣어 볶기 ⑥에 튀긴 두부를 넣고 살살 볶는다.

8_ 두반장 넣기 두반장을 넣고 약 30초 정도 더 볶다가 물녹말을 넣어 재빨리 풀고, 참기름을 넣어 잘 섞어서 접시에 담는다.

宮保鷄丁

공보기정

좀 더 매운맛을 내려면
어떻게 하나요?

고추기름에 대파, 생강, 마늘을 볶을 때 산초를 같이 넣어 볶으면 좀 더
매운맛이 난다. 요리가 다 된 다음에 고추기름의 양을 1.5배 정도 넣으면
더 맵다. 닭고기를 익힐 때 기름의 온도가 너무 높으면 닭고기가 잘 익
지 않고 겉만 탈 수 있다. 130℃ 정도가 적당하다. 닭고기 외에 돼지고기
나 쇠고기, 새우, 해물 등을 이용해 똑같은 방법으로 만들어도 된다.

재 ▶ 료

닭다리 _ 200g
셀러리 _ 1/2대
땅콩 _ 20알
달걀흰자 _ 1/2개 분량
녹말가루 _ 1작은술
식용유 _ 2컵
고추기름 _ 2큰술
마른고추 _ 5개
대파 _ 1/3대
생강 _ 1/2쪽
마늘 _ 1쪽
청주 _ 1큰술

소스

물 _ 2큰술
간장·굴소스 _ 1큰술씩
후춧가루 _ 1작은술
설탕·물녹말 _ 1큰술씩

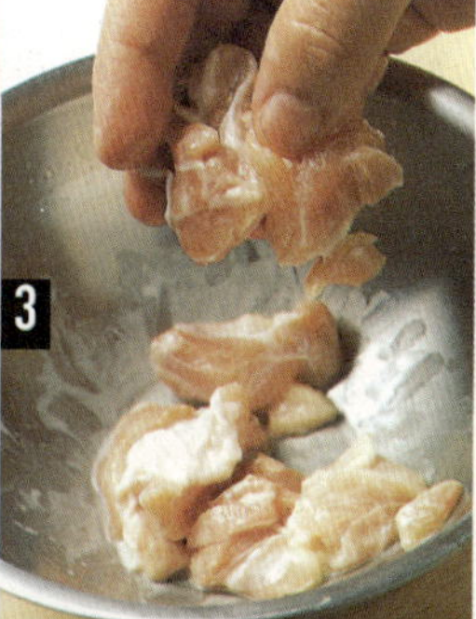

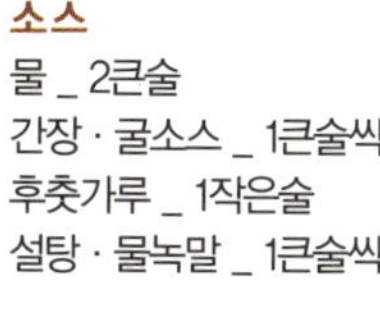
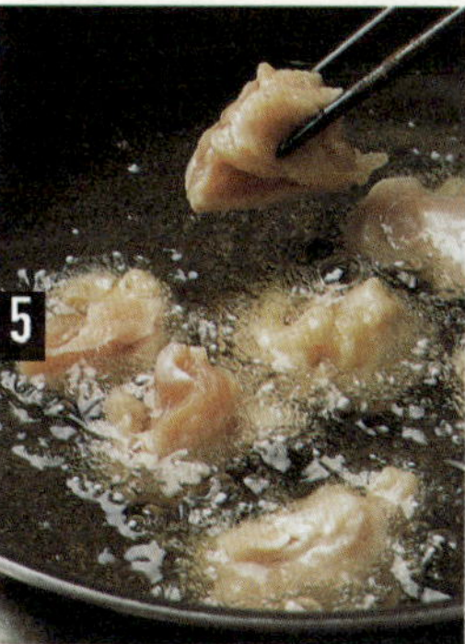

만 ▶ 들 ▶ 기

1_ 닭다리 썰기 닭다리는 뼈를 발라내고 사방 2~3cm 정도의 크기로 썬다.

2_ 셀러리·마른고추·땅콩 준비하기 셀러리는 2cm 폭으로 어슷썰고, 마른고추는 2cm 길
이로 잘라 씨를 빼고, 땅콩은 껍질을 벗기고 대파는 반 갈라 4cm 길이로 썰고, 마늘은
편으로 썬다. 생강은 가늘게 채썬다.

3_ 닭고기 버무리기 썰어 놓은 닭고기에 달걀흰자와 녹말을 분량대로 넣고 잘 버무린다.

4_ 소스 준비하기 분량의 재료를 잘 섞어서 소스를 준비한다.

5_ 닭고기 튀기기 튀김팬에 기름 2컵을 붓고 온도가 130℃까지 오르면 튀김옷 입힌 닭고기를 넣어 1분
정도 익힌다.

6_ 셀러리와 땅콩 튀기기 닭고기가 익으면 셀러리와 땅콩도 같이 넣고 살짝 익혀서 꺼내 놓는다.

7_ 고추기름에 향신 채소 볶기 팬에 고추기름 1큰술을 두르고 마른고추를 볶다가 대파, 생강, 마늘을 넣
고 같이 5초 정도 볶는다.

8_ 소스 넣어 섞기 ⑦에 청주 1큰술을 넣고 닭고기와 피망, 땅콩을 넣은 다음 ④에서 만들어 둔 소스를
넣어 빠르게 섞는다. 고추기름 1큰술을 넣어 마무리한다.

은대구콩자장소스

콩자장이 무엇인가요?

콩자장은 춘장과 비슷한 맛을 가진 것으로 콩을 통째로 넣어서 만든 것. 한자를 따서 '두치소스' 라고도 불린다. 덩어리로 된 콩자장은 마늘과 같이 볶으면 맛과 향이 더 좋다. 콩자장과 마늘을 같이 볶아 놓은 '마늘콩소스'를 사용하면 편하다.

재 ▶ 료 은대구살 _ 200g

자장소스 재료
대파 _ 1대
생강 _ 1쪽
마늘 _ 1쪽
청주 _ 1큰술
간장 _ 1큰술
청 · 홍고추 _ 1개씩
콩자장 _ 1큰술
식용유 _ 1큰술
물 _ 2/3컵

자장소스 양념
설탕 _ 1작은술
후춧가루 _ 조금
치킨파우더 _ 1작은술
굴소스 _ 1작은술
참기름 _ 1/2작은술
물녹말 _ 1큰술

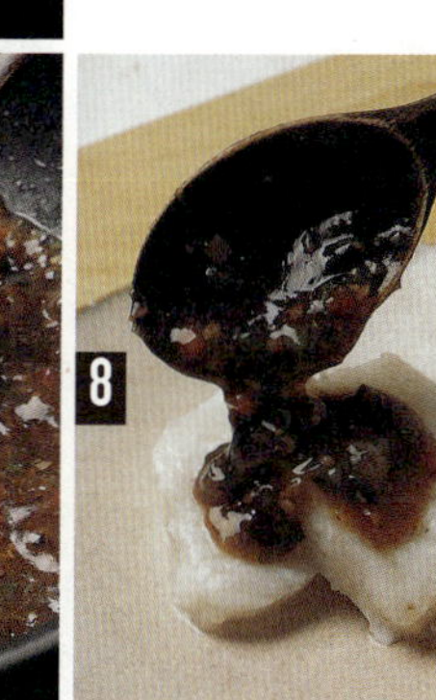

만 ▶ 들 ▶ 기

1_ 은대구살 손질하여 썰기 은대구살은 내장 등을 잘 손질한 다음 5×5×1.5cm 정도 크기로 썬다. 생선의 덩어리가 큰 것은 사선으로 칼집을 넣는다.

2_ 찜기에 찌기 은대구살을 찜기에 넣어 센불에서 6분 정도 찐다.

3_ 대파 · 생강 · 마늘 · 고추 잘게 썰기 대파, 생강, 마늘, 청 · 홍고추는 껍질을 벗기고 꼭지를 떼어 잘게 썬다.

4_ 자장소스 재료 볶기 팬에 식용유를 1큰술 두르고 잘게 썬 대파, 생강, 마늘을 넣어 5~10초 정도 볶다가 청주와 간장을 분량대로 넣는다.

5_ 고추와 콩자장 넣어 볶기 ④에 청 · 홍고추와 콩자장을 넣고 20초 정도 더 볶는다.

6_ 자장소스 양념 넣어 간 맞추기 ⑤에 물을 넣고 자장소스 양념을 넣어 간을 맞춘다.

7_ 참기름 넣기 물녹말 1큰술을 넣어 걸쭉하게 한 다음 참기름 1/2작은술을 넣어 고소한 향을 낸다.

8_ 생선 위에 소스 끼얹기 만들어 놓은 소스를 찐 생선 위에 끼얹어 상에 낸다.

엑소소스새우관자

엑소소스는 맛이 어떤가요?

엑소소스는 마른관자와 새우 등 귀한 재료를 넣고 만든 것
으로 조금 비릿한 향이 나기도 하지만 해산물이나 육류 요
리의 감칠맛을 내는데는 일등공신. 볶음밥에도 1큰술 넣고
볶으면 한결 새롭고 맛있다. 관자는 너무 오래 찌면 질겨지
므로 센불에서 6분 정도만 찐다. 관자의 하얀 부분은 질기
므로 칼로 잘라낸 다음 조리하면 더 부드럽다.

재 ▶ 료
관자 _ 3개
새우살 _ 80g
소금 _ 1/5작은술
후춧가루 _ 1/6작은술
녹말 _ 1/2작은술

엑소소스 재료
엑소소스 _ 1큰술
다진대파 _ 1큰술
다진마늘 _ 1작은술
다진생강 _ 1작은술

엑소소스 양념
청주 _ 1큰술
간장 _ 1큰술
물 _ 1/2컵
치킨파우더 _ 1작은술
물녹말 _ 2큰술

만 ▶ 들 ▶ 기

1_ 소스 준비하기 엑소소스를 준비한다. 엑소소스는 홍고추, 마른새우, 관자 등을 넣어 만
든 것으로 해산물 맛이 난다.

2_ 관자에 칼집 넣기 관자는 0.5cm 두께 편으로 썰어서 칼집을 옆으로 길게 넣는다.

3_ 새우살 잘게 다지기 내장을 제거한 새우살은 잘게 다지거나 곱게 간다.

4_ 다진새우 양념하기 새우에 소금, 후춧가루, 녹말을 분량대로 넣어 버무린다.

5_ 관자 사이에 양념한 새우 넣기 관자 사이에 양념한 새우를 넣는다.

6_ 새우 넣은 관자 찌기 새우를 넣은 관자를 찜기에 넣어 센불에서 6분 정도 찐다.

7_ 엑소소스 재료 볶기 식용유 두른 팬에 다진대파, 다진마늘, 다진생강을 넣고, 엑소소스도 같이 넣어
10초 정도 볶는다.

8_ 엑소소스 완성하기 엑소소스 양념을 분량대로 넣고 끓으면 물녹말 2큰술을 넣어서 푼다. 완성된 엑
소소스를 찐 관자 위에 뿌린다.

중국요리에 쓰이는 소스 Best 12

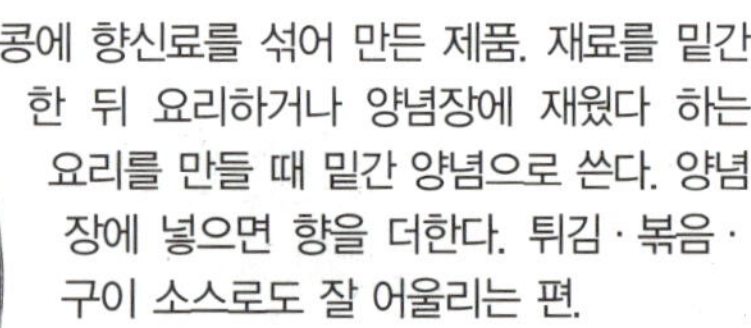

해선장

콩에 향신료를 섞어 만든 제품. 재료를 밑간한 뒤 요리하거나 양념장에 재웠다 하는 요리를 만들 때 밑간 양념으로 쓴다. 양념장에 넣으면 향을 더한다. 튀김·볶음·구이 소스로도 잘 어울리는 편.

▶ **활용은요…** 육류와 해물요리에 모두 잘 맞으며, 특히 북경오리에 곁들이면 고소한 맛과 향이 입맛을 자극한다. 월남쌀국수를 만들 때 국물에 조금 넣거나 건더기를 찍어 먹는 양념장으로 곁들여도 잘 어울린다.

굴소스

중국요리에 가장 많이 쓰이는 소스로 감칠맛이 나는 고급 간장으로 생각하면 이해가 쉽다. 생굴을 소금에 담가 발효시켜 위층에 뜬 맑은 물을 따라내고 소금, 설탕, 녹말, 조미료 등 갖은 양념을 첨가해 농축시켜 만든다. 굴 추출물이 얼마나 함유되었는가에 따라 일반 소스와 프리미엄 소스로 나뉜다. 원래 중국 소스지만 최근 우리 요리에도 많이 응용되기 때문에 대형 슈퍼나 백화점에 가면 쉽게 구입할 수 있다.

▶ **활용은요…** 간장으로 양념하는 중국식 고급요리에 빠지지 않고 쓰이는데, 독특한 향과 달콤한 맛이 있어 조금만 넣어도 요리의 풍미를 더한다. 볶음이나 조림 등에 폭넓게 사용되는데, 특히 해물을 볶을 때 넣으면 잘 어울린다. 만두소를 만들 때 간장 대신 넣어도 좋으며 채소를 찍어 먹어도 맛있다.

바비큐소스

벌꿀이 함유된 달콤하고 풍부한 향의 소스로 '차쇼우소스'라는 이름의 바비큐양념장으로 더 많이 알려져 있다. 맛이 짜고 농도가 진해 육수로 희석해 쓰는 경우가 많고, 청주나 간장, 닭소스 등을 섞어 맛을 보충하기도 한다.

▶ **활용은요…** 일종의 고기 양념장으로 돼지고기, 쇠고기, 닭고기 등 육류를 잴 때 쓰이는데, 특히 돼지고기 바비큐에 많이 애용된다.

XO소스

중국식 햄과 마른패주, 마른새우 등을 갈아서 다진파와 마늘, 굴소스, 소금, 향신료 등을 넣고 만든 매운맛의 소스로 광동 지역에서 처음 만들어 냈다. 해삼요리, 고기요리 등 여러 가지 요리에 두루 쓰이는 다용도 소스. 백화점 식품 매장이나 북창동 중국 식재료 전문점 등에서 구할 수 있다.

▶ **활용은요…** 각종 육류나 채소, 해산물, 두부요리, 볶음밥 등에 조금씩 넣으면 감칠맛을 더한다. 밥에 비벼 먹어도 맛있고 면요리나 죽의 간을 맞출 때 써도 좋다.

탕수육소스

토마토, 파인애플 등을 원료로 만든 새콤달콤한 맛의 소스. 탕수소스를 따로 만들 필요가 없어 집에서 손쉽게 탕수육을 만들어 먹기에 딱이다. 달착지근한 맛이 있어 탕수육의 제 맛을 충분히 살려 준다.

▶ **활용은요…** 팬에 소스를 붓고 손질한 채소를 넣어 끓이면 간단하게 소스가 완성된다. 튀긴 돼지고기, 쇠고기나 튀긴 두부 등에 끼얹어 먹는다.

마늘콩소스

검은콩을 삭혀서 말렸다가 마늘과 함께 볶은 다음 갖은 양념을 해서 만든 소스로, 발효콩 특유의 구수함이 특징. 검은콩소스 혹은 블랙빈소스로도 불린다. 최근 들어 찾는 사람들이 많아 식재료 전문점이나 백화점에서 쉽게 구할 수 있다.

▶ **활용은요…** 갈비찜에 넣어도 잘 어울리고 닭고기, 돼지고기요리에 구수한 감칠맛을 더한다. 맛이 진해서 생선볶음이나 찜에 쓰면 비린맛을 제거하고 고소한 맛을 더한다.

중국요리는 여러 가지 양념과 향신료가 어우러져 짙은 향과 감칠맛을 지닌 게 특징.
특유의 깊은맛을 따라잡으려면 우선 중국 소스와 친해져야 한다. 중국요리의
기본양념으로 쓰이는 굴소스, 두반장을 비롯해 언제든 부담없이 푸짐한 중국요리를 만들
수 있도록 돕는 탕수육소스, 마파소스 등 여러 가지 소스를 만나 보자.

마파소스

중국 사천요리 중 우리나라에서 가장 인기 있는 메뉴인 '마파두부덮밥'의 맛을 내 주는 주인공으로 이 소스만 있으면 집에서도 쉽게 마파두부를 만들 수 있다. 톡 쏘는 매콤한 맛과 독특한 향이 있다.

▶ **활용은요**⋯ 프라이팬에 식용유를 두르고 잘게 썬 돼지고기를 볶다가 마파소스와 깍둑썬 두부를 넣고 녹말물을 부어 적당한 농도로 익히면 간단하게 마파두부가 완성된다.

닭소스

조림 요리에 빛깔과 향기, 윤기를 더하는 소스로, 닭고기 육수에 갖은 향신료를 넣고 끓여 만든 것이다. 닭, 오리, 칠면조 등 가금류 고기를 재거나 조릴 때 쓰면 이상적이다.

▶ **활용은요**⋯ 좌종당계, 오향 삼겹살, 닭다리냉채, 닭날개조림 등의 중국요리에 쓰인다. 우리 입맛에 잘 맞아 갈비나 불고기, 닭고기용 양념장 등에 넣으면 맛있고, 두부나 생선, 버섯을 조릴 때 넣어도 좋다.

매실소스

중국 매실에 생강, 고추를 섞어서 농축해 만든 소스로 그윽한 향이 있으며 새콤달콤한 맛이 느껴진다. 육류 구이나 튀김 등에 사용되며 중국 식재료 전문점, 대형 백화점 등에서 구입할 수 있다.

▶ **활용은요**⋯ 달콤한 맛으로 즐기는 음식에 맛과 향을 살리려고 넣는다. 탕수육이나 달콤한 소스에 버무려 먹는 닭고기요리, 생선요리, 새우튀김요리 등을 만들 때 소스에 조금씩 넣으면 잘 어울린다. 로스구이를 찍어 먹어도 맛있고, 데친 채소 위에 뿌려 먹으면 달콤하고 향긋하다.

춘장

자장면에 사용되는 바로 그 소스로 대두에 쌀, 보리, 밀 등을 섞어 발효·숙성시킨 뒤에 캐러멜소스를 첨가하여 만든다. 일반 슈퍼마켓이나 중국 재료상에서 쉽게 구할 수 있다. 종류에 따라 조금씩 맛의 차이가 나므로 입맛에 따라 선택한다.

▶ **활용은요**⋯ 자장면, 자장밥 등을 만들 수 있고, 야채나 해물볶음을 만들 수도 있다. 자장소스를 만들 때는 일단 달군 팬에 기름을 넉넉히 붓고 춘장을 타지 않게 볶는다. 여기에 야채, 해물 등을 넣어 달달 볶다가 마지막에 물녹말로 농도를 맞춘다.

두반장

누에콩으로 만든 된장에 고추를 갈아 넣고 갖은 향신료를 넣어 발효시킨 것으로, 맵고 톡 쏘는 맛이 특징이며 짠맛이 강하고 독특한 향이 있다. 식재료를 전문적으로 파는 곳이나 백화점 등에서 구입할 수 있고, 찾는 사람이 많아 최근에는 동네 슈퍼에서도 판매한다. 색이 선홍색이고 기름이 많은 것, 응고되지 않은 것을 고르는 게 요령이다.

▶ **활용은요**⋯ 무침이나 볶음요리에 두루 활용되는데, 우리가 즐겨 먹는 메뉴 중에서는 마파두부가 대표적이다. 매콤한 사천요리를 만들 때 빼놓을 수 없으며 간장, 식초와 한데 섞어 물만두 등을 찍어 먹는 소스로 만들어도 좋다. 최근에는 한식에도 이용하는데, 고추장 양념으로 돼지고기볶음을 만들 때 고추장 양을 조금 줄이고 두반장을 넣으면 맛있다. 잡냄새를 없애 주는 역할도 하므로 비린맛이 강한 생선으로 조림할 때 조금 넣어도 괜찮다.

쌍로두유

'노두유', '노추'라고도 불리는 중국간장의 일종으로 '중국간장' 하면 일반적으로 쌍로두유를 뜻한다. 빛깔은 진하고 짠맛은 약한 편이며 단맛이 조금 느껴진다.

▶ **활용은요**⋯ 맛보다 간장 색을 살리는 요리에 많이 쓰인다. 마파두부나 중국식 쇠고기냉채, 닭고기볶음 등에 조금씩 넣으면 맛있다.

중국식 건강요리

중국요리는 조리법이 무려 40여 가지나 된다고 해요. 볶고, 튀기고, 조리고, 찌는 단순 조리법 외에도 튀긴 후 볶거나, 찐 것을 다시 튀기는 등 여러 가지 조리법이 병용되는 경우가 많죠. 맛을 낼 때도 '불로장수'의 사상에 따라 다섯 가지 맛 즉 신맛, 쓴맛, 단맛, 매운맛, 짠맛을 조화롭게 사용하는데, 이는 오미가 인간의 오장을 보양한다고 여기기 때문이에요. 또한 한 가지 식품을 전부 먹는 것이 건강에 좋다고 하여 생선이라면 머리부터 꼬리까지, 야채라면 잎부터 뿌리까지 통째로 요리하는 경우가 많답니다. 같은 재료라도 조리법을 달리하고 100여 종의 향신료를 사용하여 다양한 맛이 서로 균형을 이루도록 한 것도 중국식 건강요리의 특징이에요.

Polaroid

토마토달걀볶음

토마토 껍질을 쉽게 벗기는 방법이 있나요?

토마토에 열십자로 칼집을 넣어 끓는물에 살짝 데치면 껍질이 쉽게 벗겨진다. 단, 이때 지나치게 오래 데치면 토마토가 흐물흐물해질 수 있으므로 주의한다. 참고로 버섯을 약간 넣고 볶아 주거나 방울토마토를 사용하면 맛과 모양이 한층 살아난다.

< 토마토달걀볶음 > 속 토마토는 갈증을 없애고 식욕을 돋워 주며 땀을 흘릴 때 손실된 미네랄을 보충해 줘 여름철 채소로는 제격이다. 또한 고기나 생선 등 기름기 있는 음식에 곁들여 먹으면 산성 식품이 중화되어 위의 부담을 덜어 주고 소화흡수를 돕는다. 특히 토마토에 들어 있는 루틴이란 성분은 모세혈관을 튼튼하게 하고 혈압을 내려 성인병 예방에 도움이 된다.

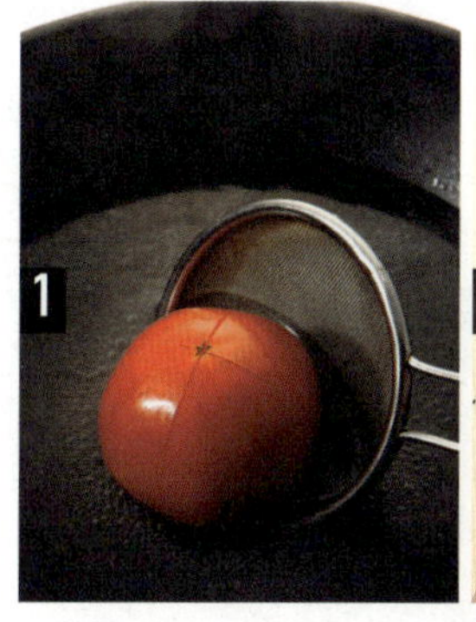
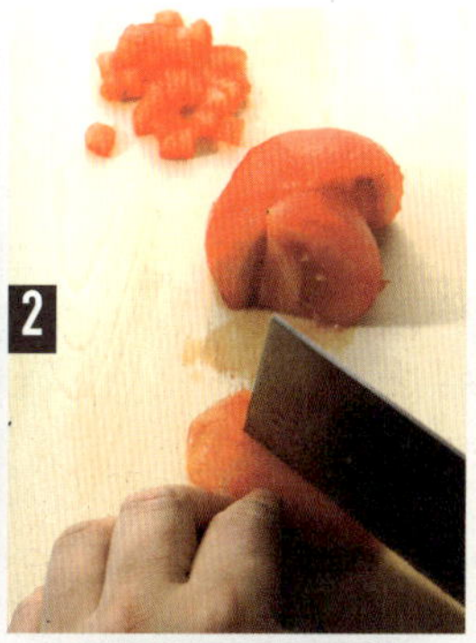

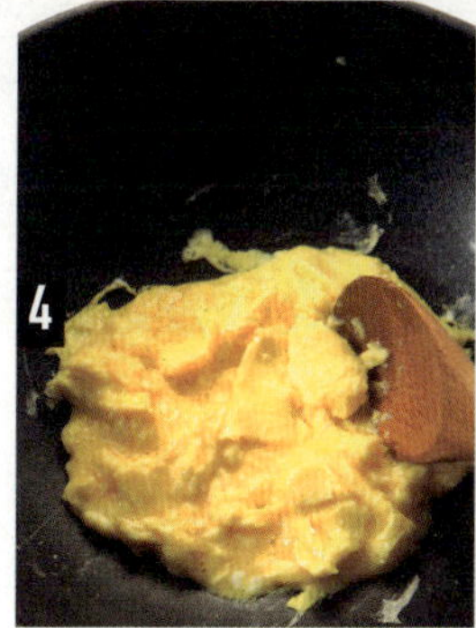

재 ▶ 료

토마토 _ 2개
달걀 _ 4개
대파 _ 조금
식용유 _ 3큰술
청주 _ 1큰술
치킨파우더 _ 1작은술
소금 _ 조금

만 ▶ 들 ▶ 기

1_ **토마토 데치기** 토마토는 끓는물에 살짝 데쳐서 껍질을 벗긴다.

2_ **토마토 썰기** 껍질 벗긴 토마토는 잘게 썬다.

3_ **대파 썰어 달걀물에 섞기** 대파는 잘게 송송 썰어 달걀 푼 물에 골고루 섞는다.

4_ **달걀 볶기** 팬에 식용유를 두르고 청주와 ③의 달걀을 넣어 볶는다.

5_ **토마토 섞어 간 맞추기** ④에 토마토, 치킨파우더, 소금을 넣고 잘 섞이도록 볶는다.

6_ **그릇에 담기** 간이 잘 배었으면 접시에 예쁘게 담아 상에 낸다.

은이연자탕

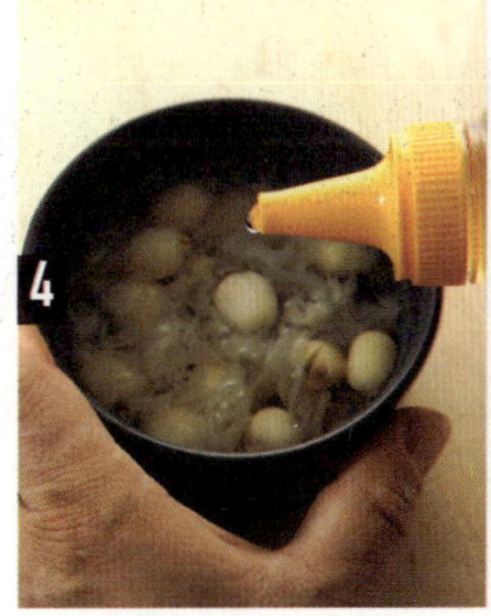

재 ▶ 료

연꽃씨앗 _ 10알
흰목이버섯 _ 10g
꿀 _ 3큰술
물 _ 1컵

만 ▶ 들 ▶ 기

1_ **연꽃씨앗 손질해 찌기** 연꽃씨앗은 미리 물에 하루 정도 담가 불린 다음 찜기에 2시간 정도 찐다.

2_ **흰목이버섯 손질하기** 흰목이버섯은 뜨거운 물에 담가 불린 다음 밑동을 제거한다.

3_ **흰목이버섯 자르기** 밑동을 제거한 흰목이버섯은 먹기 좋은 크기로 자른다.

4_ **꿀 넣기** 용기에 흰목이버섯, 연꽃씨앗, 꿀을 넣고 섞는다.

5_ **용기째 찌기** ④를 그릇째 찜기에 넣고 약 2시간 정도 찐다.

6_ **완성된 음식 꺼내기** 알맞게 쩌졌으면 완성된 그릇을 꺼내 상에 낸다.

새우두부찜

<새우두부찜>의 재료인
새우는 키토산을 많이 함유하고 있는
저칼로리 고단백질 식품으로 스태미나에 좋아
정력제로 알려져 있다. 새우살뿐 아니라
껍질이나 알에도 좋은 성분들이 많아 중국에서는
머리나 껍질로 국물을 만들어
요리에 사용하기도 한다. 각종 성인병
예방은 물론 어린이 성장발육,
노화방지, 피부미용에도
효과가 좋다.

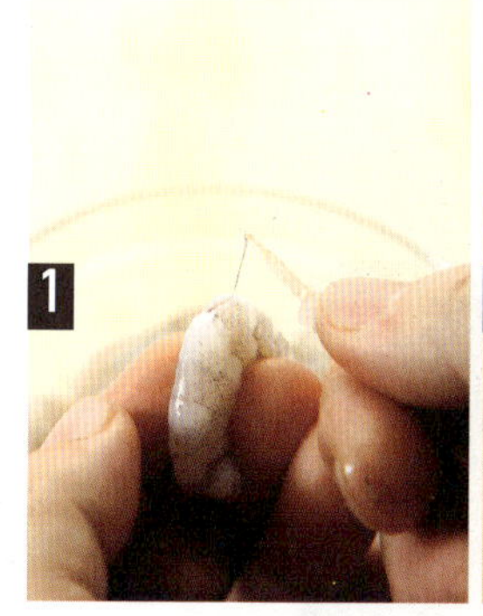

재 ▶ 료

두부 _ 1모
소금 _ 조금
새우 _ 100g
다진대파 _ 조금
다진생강 _ 조금
청주 _ 1큰술
치킨파우더 _ 조금

소스

청주 _ 1큰술
물 _ 1컵
치킨파우더 _ 1큰술
물녹말 _ 2큰술
참기름 _ 조금

만 ▶ 들 ▶ 기

1_ 새우 내장 빼서 다지기 새우는 깨끗이 손질한 다음 등에 있는 내장을 빼고 곱
게 다진다.

2_ 새우에 밑간하기 다진새우에 다진대파, 다진생강, 청주, 치킨파우더를 넣고 잘 섞는다.

3_ 두부 속 파내기 끓는물에 소금을 넣고 두부를 살짝 데친 다음 물기를 빼서 2×3×4cm 크기로 썬 다
음 가운데 속을 동그랗게 파낸다.

4_ 두부에 새우 채워서 찌기 밑간한 새우를 파낸 두부 속에 넣고 찜기에 10분 정도 찐다.

5_ 찐 두부 그릇에 담기 찐 두부를 꺼내어 그릇에 예쁘게 담는다.

6_ 물녹말 풀기 팬에 청주, 물, 치킨파우더를 넣고 끓이다가 물녹말을 풀어 걸쭉하게 한 다음 참기름을
넣어 소스를 만든다. 이것을 두부 위에 끼얹는다.

크림소스청경채

부드럽고 입자가 고운 크림소스는 어떻게 만드나요?

소스 재료를 분량대로 넣고 간을 맞춘 다음 불을 끄고 물녹말을 조금씩 넣어가 며 재빨리 저어 주면 덩어리가 생기지 않고 부드러운 크림소스가 완성된다.

<크림소스청경채> 속 청경채에는 칼슘, 나트륨 등 각종 미네랄과 비타민 C는 물론 체내에 섭취되면 비타민 A로 바뀌는 카로틴이 풍부하다. 따라서 자주 섭취하면 **신진대사 기능을 촉진하고** 세포조직을 튼튼하게 하며 피부미용, **치아와 골격 발육에 도움이 된다.**

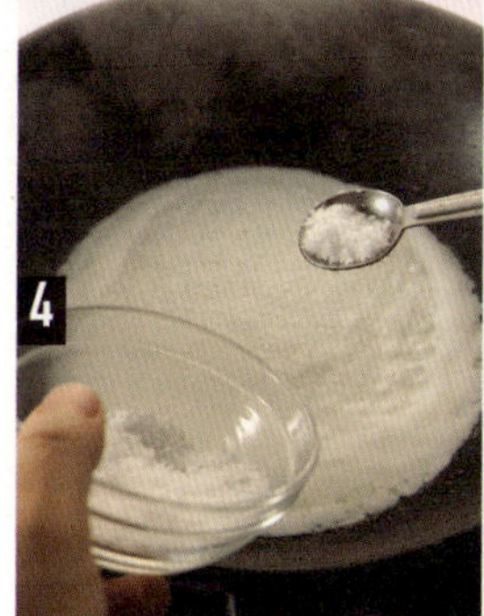

재 ▶ 료

청경채 _ 8뿌리
식용유 _ 조금
소금 _ 조금

소스
식용유 _ 1큰술
청주 _ 1큰술
물 _ 1/2컵
생크림 _ 1/2컵
소금·설탕 _ 1작은술씩
물녹말 _ 1큰술

만 ▶ 들 ▶ 기

1_ 데친 청경채 물기 제거하기 청경채는 끓는물에 식용유, 소금을 넣고 살짝 데친 다음 물기를 뺀다.

2_ 청경채 접시에 담기 물기를 뺀 청경채를 접시에 가지런히 담는다.

3_ 청주·물·생크림 넣기 팬에 식용유를 넣고 청주, 물, 생크림을 넣는다.

4_ 간 맞추기 소금, 설탕을 넣고 간을 맞춘 다음 끓인다.

5_ 물녹말 넣기 어느 정도 끓으면 불을 끄고 물녹말을 넣는다. 이때 소스에 멍울이 생기지 않도록 재빨리 젓는다.

6_ 소스 붓기 소스가 걸쭉해지면 청경채 위에 끼얹는다.

단호박게살수프

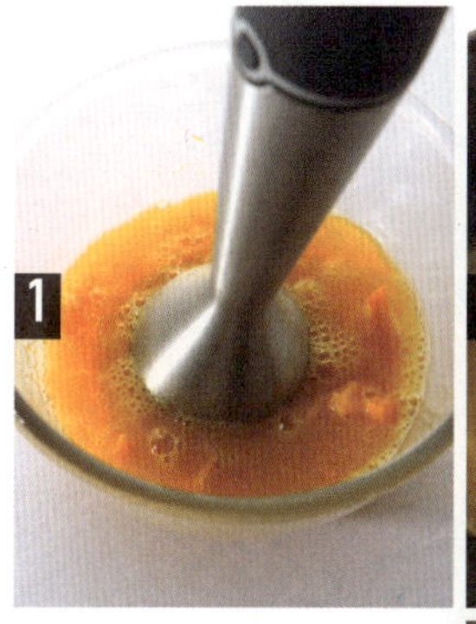
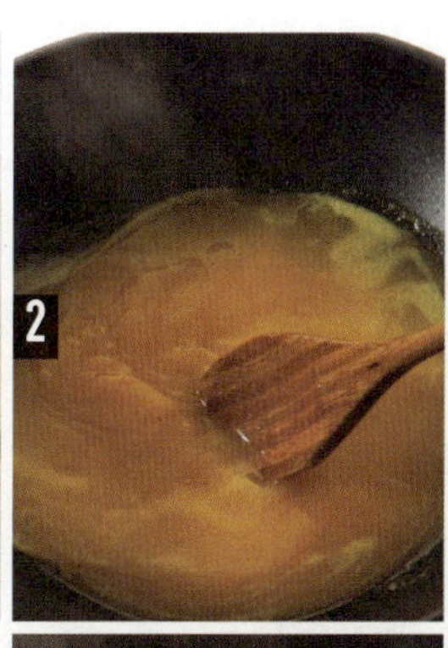

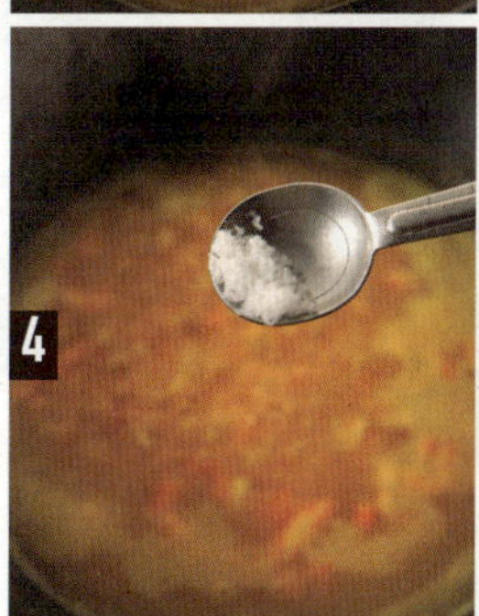

재 ▶ 료

단호박 _ 1/2개
물 _ 1컵반
게살 _ 70g
식용유 _ 1큰술
청주 _ 1큰술
소금 _ 조금
물녹말 _ 2큰술
달걀흰자 _ 2개 분량

만 ▶ 들 ▶ 기

1_ 단호박 믹서에 갈기 단호박은 껍질과 씨를 제거하고 찜기에 20분 정도 찐 다음 핸드믹서로 물과 함께 곱게 간다.

2_ 곱게 간 단호박 끓이기 팬에 식용유를 두르고 청주를 부은 다음 ①의 재료를 넣고 바글바글 끓인다.

3_ 게살 넣어 끓이기 ②에 게살을 넣고 보글보글 끓인다.

4_ 소금으로 간 맞추기 재료가 골고루 섞이고 어느 정도 끓으면 소금을 넣어서 간을 맞춘다.

5_ 물녹말 넣어 농도 맞추기 ④에 물녹말을 풀어 걸쭉한 상태로 만든다.

6_ 달걀흰자 풀기 마지막으로 달걀흰자를 풀어 골고루 섞은 다음 오목한 그릇에 담는다.

굴소스 표고버섯 청경채

<굴소스표고버섯청경채>에
들어 있는 **표고버섯**은 혈압을
내리는 데 좋은 식품으로 항암효과도
뛰어나다. 또한 빈혈 예방, 피부질환, 간질환은
물론 당뇨병, 비만, 동맥경화, 고혈압 등
**각종 성인병을 예방하는 데
도움이 된다.** 중국요리에 가장 흔히
쓰이는 부재료로 각종 요리에
두루 쓰인다.

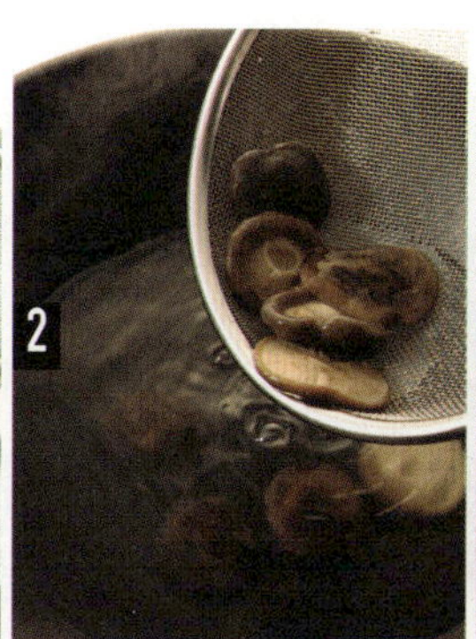

재 ▶ 료

표고버섯 _ 10개
청경채 _ 8뿌리
물 _ 2컵
소금 _ 1큰술
식용유 _ 1작은술

소스

청주 · 간장 _ 1큰술씩
물 _ 1/2컵
굴소스 _ 1큰술
후춧가루 _ 조금
물녹말 _ 2큰술
참기름 _ 1작은술

만 ▶ 들 ▶ 기

1_ 청경채 데치기 끓는물에 소금 1큰술과 식용유 1작은술을 넣고 청경채를 데친 다음 접시에 예쁘게 깐다.

2_ 표고버섯 데치기 끓는물에 표고버섯을 넣고 데친 다음 체로 건져 물기를 뺀다.

3_ 소스 끓이기 팬에 청주, 간장을 넣고 물을 부어 바글바글 끓인다.

4_ 굴소스 · 후춧가루 섞기 ③에 굴소스와 후춧가루를 넣고 섞는다.

5_ 표고버섯 넣어 끓이기 ④의 소스에 데친 표고버섯을 넣고 살짝 끓인다.

6_ 물녹말 · 참기름 넣기 ⑤에 물녹말을 풀고 걸쭉해지면 참기름을 넣어 완성한다.

땅콩무침

< 땅콩무침 >의 재료인 땅콩은 머리를 좋게 하고 적혈구를 늘려 주며 혈액순환을 좋게 한다. 또한 땅콩에 들어 있는 불포화지방산은 고혈압의 원인이 되는 혈중 콜레스테롤을 떨어뜨리는 효과가 있어 혈관을 깨끗하게 만들어 준다. 산성 식품이므로 알칼리성 식품과 곁들여 먹는 것이 좋다.

재 ▶ 료

땅콩 _ 1컵
식초 _ 1큰술
설탕 _ 1작은술
치킨파우더 _ 1작은술
간장 _ 1작은술
식용유 _ 1컵

만 ▶ 들 ▶ 기

1_ **땅콩 튀기기** 땅콩은 속껍질째 150~160℃ 정도 중불에서 연한 갈색을 띨 때까지 서서히 튀긴다.

2_ **튀긴 땅콩 버무리기** 오목한 그릇에 튀긴 땅콩을 넣고 식초, 설탕, 치킨파우더, 간장을 넣고 골고루 잘 섞이도록 버무린다.

3_ **접시에 담기** 잘 버무려졌으면 접시에 소복하게 담는다.

목이버섯무침

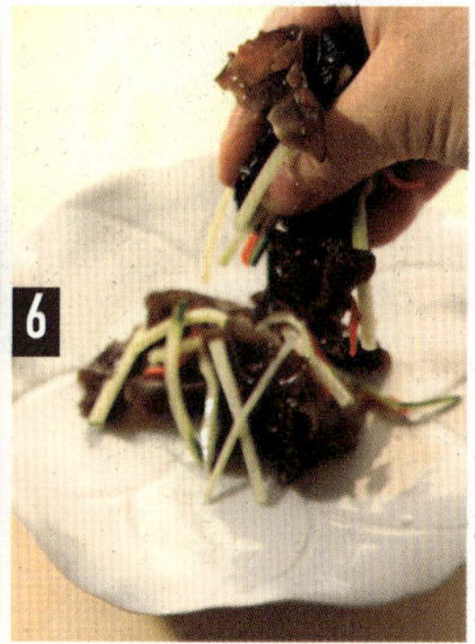

재 ▶ 료

목이버섯 _ 30g
홍고추 _ 1/2개
오이 _ 1/3개
식초 _ 2큰술
설탕 _ 1작은술
치킨파우더 _ 1작은술

만 ▶ 들 ▶ 기

1_ 목이버섯 불리기 목이버섯을 끓는물에 불린다.

2_ 목이버섯 손질하기 불린 목이버섯은 밑동을 잘라낸 다음 먹기 좋은 크기로 뜯는다.

3_ 홍고추 · 오이 채썰기 홍고추는 반을 가르고 씨를 빼낸 다음 가늘게 채썬다. 오이도 깨끗이 손질해 가늘게 채썬다.

4_ 양념에 목이버섯 버무리기 그릇에 식초, 설탕, 치킨파우더, 목이버섯을 넣고 버무린다.

5_ 오이채와 고추채 넣기 ④에 오이채와 고추채도 같이 넣어 골고루 버무린다.

6_ 접시에 담기 완성된 요리를 접시에 소복하게 담는다.

芙蓉豆腐

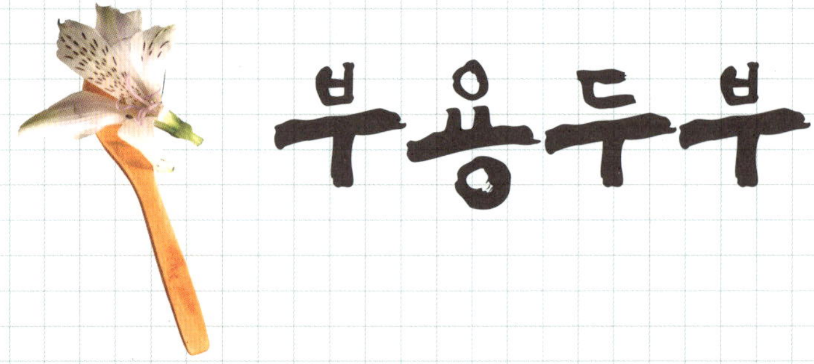
부용두부

좀 더 부드러운 맛을 내는 방법이 없나요?

두부 대신 연두부를 사용하면 더욱 부드러운 맛이 난다. 끓는물에 데친 다음 튀기면 잘 부서지거나 으깨지지 않는다. 기름에 튀긴 두부는 기름기를 잘 빼야 느끼하지 않다.

재 ▶ 료

죽순 _ 50g
양송이버섯 _ 2개
청경채 _ 1뿌리
두부 _ 1/2모
달걀흰자 _ 4개 분량
생크림 _ 1큰술
식용유 _ 1컵
대파 _ 1/2대
생강 · 마늘 _ 조금씩
식용유 _ 1큰술
청주 _ 1큰술
소금 _ 조금
치킨파우더 _ 조금
물녹말 _ 1작은술

만 ▶ 들 ▶ 기

1_ 야채 썰기 죽순, 양송이버섯은 편으로 썰고, 청경채는 먹기 좋게 자른다.

2_ 두부 으깨서 달걀흰자 · 생크림 섞기 두부는 칼등으로 곱게 잘 다진 다음 달걀흰자, 생크림을 넣고 골고루 섞는다.

3_ 두부 튀기기 팬에 식용유를 넣고 기름이 끓기 시작하면 ②의 두부를 잘 부풀려 튀긴 다음 툭툭 털어 기름을 제거한다.

4_ 향신 채소 볶기 팬에 식용유 1큰술을 두르고 다진대파와 다진생강, 다진마늘을 넣고 살짝 볶은 다음 청주를 붓는다.

5_ 두부와 채소에 간하기 ④에 죽순, 양송이버섯, 청경채, 튀긴 두부를 넣고 같이 볶은 다음 소금, 치킨파우더로 간을 맞춘다.

6_ 물녹말로 농도 맞추기 재료의 간이 맞으면 물녹말을 살짝 풀어 농도를 맞춘다.

토마토새우볶음

< 토마토새우볶음 > 속
토마토에는 신진대사를 돕는
**비타민과 각종 무기질이
풍부하다.** 특히 토마토 속에 들어 있는
구연산은 느끼한 맛을 중화하고 기분까지
상쾌하게 해 주므로 육류나 해산물에 곁들여
먹으면 맛이 훨씬 좋다.
참고로 토마토를 기름에 볶으면
비타민 흡수율이 높아진다.

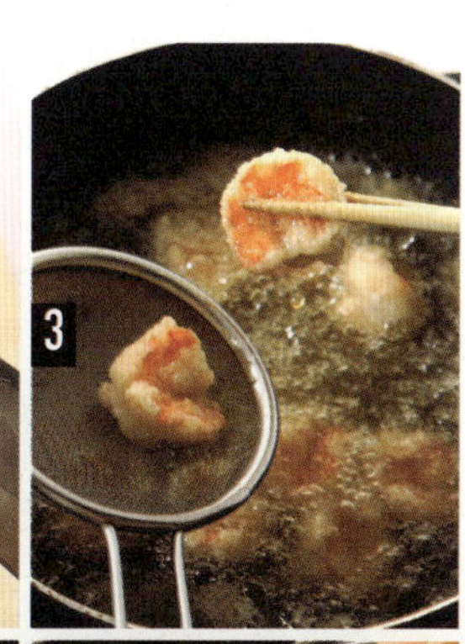

재 ▶ 료

브로콜리 _ 80g
방울토마토 _ 15개
중새우 _ 8마리
녹말 _ 1작은술
식용유 _ 1컵
다진대파 _ 조금
다진생강 _ 조금
다진마늘 _ 조금

양념
식용유 _ 2큰술
청주 _ 1큰술
치킨파우더 _ 1큰술
물 _ 1/3컵
물녹말 _ 1큰술

만 ▶ 들 ▶ 기

1_ 브로콜리 데치기 브로콜리는 먹기 좋게 자른 다음 끓는물에 살짝 데친다.

2_ 방울토마토 껍질 벗기기 방울토마토는 칼집을 넣고 데쳐서 껍질을 벗긴다.

3_ 새우 손질해 튀기기 새우는 등에 칼집을 넣어 이쑤시개로 검은 내장을 뺀 다음 녹말을 묻혀 기름에
살짝 튀긴다.

4_ 향신 채소 볶기 팬에 식용유를 넣고 다진 대파, 생강, 마늘을 넣고 살짝 볶는다.

5_ 주재료에 물 넣고 볶기 ④에 청주를 넣고 브로콜리, 방울토마토, 새우를 넣은 다음 치킨파우더, 물
을 넣고 후다닥 볶는다.

6_ 물녹말 풀기 ⑤에 물녹말을 살짝 풀어서 농도를 맞추고 참기름으로 마무리한다.

어향소스가지볶음

**밥반찬으로 낼 때 곁들일
만한 재료가 있나요?**

신선한 두부를 골라 가지처럼 길게
썰어 튀긴 다음 가지와 같이 볶으
면 밥반찬으로 손색이 없다. 참고
로, 두부는 사온 후 바로 조리해야
제 맛을 즐길 수 있다.

<어향소스가지볶음>에
들어 있는 **가지**는 영양가가 높진
않지만 빛깔이 고와 식욕증진에 도움이
된다. 또한 고혈압은 물론 동맥경화증 같은
**순환기 계통 질병 예방에
효과가 뛰어나다.**
찬 성질을 가지고 있으므로 냉증이 있는
사람이나 임신부에게는 좋지 않고
태양인이나 소양인에게 좋은
식품이다.

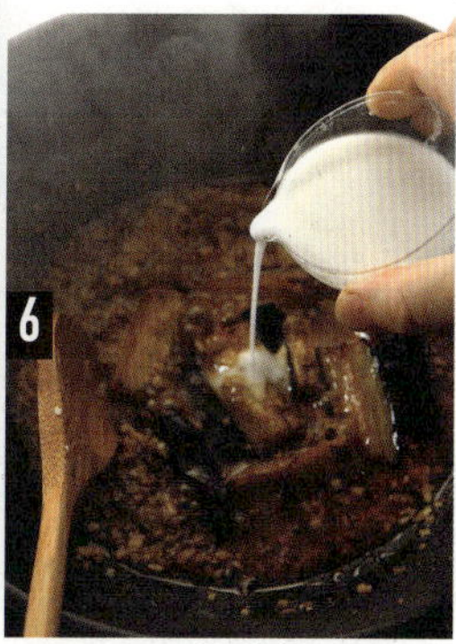

재 ▶ 료

가지 _ 1개
다진돼지고기 _ 50g
식용유 _ 1컵
고추기름 _ 1큰술

어향소스 재료
홍고추 _ 1개
죽순·목이버섯 _ 30g씩
셀러리 _ 30g
다진파 _ 1큰술
다진마늘 _ 1/2큰술
다진생강 _ 조금

어향소스 양념
두반장 _ 1작은술
간장 _ 1작은술
물 _ 1컵
청주·식초 _ 1큰술씩
설탕 _ 1큰술
굴소스 _ 1큰술
물녹말 _ 1큰술
후춧가루 _ 조금

만 ▶ 들 ▶ 기

1_ 가지 4등분 하기 가지는 5cm 길이로 자른 다음 4등분 하여 기름에 노릇하게
튀긴다.

2_ 야채 잘게 다지기 가지를 뺀 나머지 야채는 잘게 다지거나 먹기 좋은 크기로 썬다.

3_ 돼지고기 볶기 팬에 고추기름을 넣은 다음 돼지고기를 달달 볶아 완전히 익힌다.

4_ 야채 넣고 양념해 볶기 ③에 준비한 야채를 넣고 볶은 다음 두반장, 청주, 간장을 넣고 살짝 볶는다.
골고루 볶아졌으면 물을 붓는다.

5_ 가지 넣고 간 하기 ④에 튀긴 가지를 넣고 설탕, 굴소스, 후춧가루, 식초로 간을 한다.

6_ 물녹말 풀기 ⑤를 1분 정도 조린 다음 물녹말을 풀어 완성한다.

쇠고기빈스볶음

재 ▶ 료

쇠고기등심 _ 80g
녹말 _ 1작은술
빈스 _ 100g
식용유 _ 1컵
다진대파 _ 2큰술
다진마늘 _ 1작은술
다진생강 _ 1/2작은술
식용유 _ 2큰술

소스

청주·간장 _ 1큰술씩
굴소스 _ 1큰술
물 _ 2큰술
후춧가루 _ 조금

만 ▶ 들 ▶ 기

1_ 등심과 빈스 익히기 등심은 채썰어 녹말을 넣고 버무린 다음 빈스와 같이 식용유 1컵을 부은 팬에 넣고 익힌다.

2_ 향신 채소 볶기 팬에 식용유를 두르고 다진대파, 생강, 마늘을 5초 정도 볶는다.

3_ 청주·간장 넣기 ②에 청주와 간장 1큰술을 넣는다.

4_ 후춧가루 넣어 섞기 ③에 굴소스, 물, 후춧가루를 넣고 골고루 섞는다.

5_ 쇠고기와 빈스 넣기 ④의 소스에 미리 익힌 쇠고기와 빈스를 넣고 뒤적이며 섞는다.

6_ 접시에 담기 주재료와 소스가 골고루 섞이면 접시에 담는다.

두반장오리볶음

오리살 대신 다른 재료를 넣고 만들 수는 없나요?

두반장과 각종 양념을 넣은 소스에 오리살 대신 닭고기나 돼지고기를 튀긴 다음 버무리듯 볶아도 아주 맛있다.

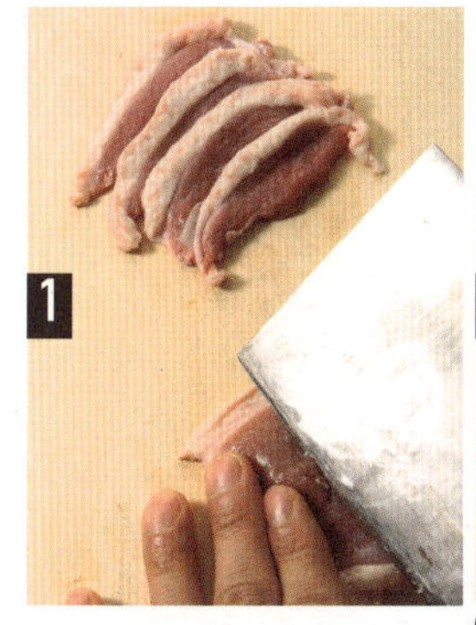

재 ▶ 료

오리살 _ 150g
청피망 · 홍피망 _ 1/2개씩
대파 _ 1/2대
마늘 _ 2쪽
생강 _ 조금
튀김기름 _ 1컵

양념
두반장 _ 2작은술
굴소스 _ 2작은술
청주 _ 1큰술
물 _ 1큰술
후춧가루 _ 조금
고추기름 _ 2큰술

만 ▶ 들 ▶ 기

1_ 오리살 썰기 오리살은 일정하게 편으로 썬다.

2_ 야채 썰기 청피망과 홍피망은 삼각 모양으로 썰고 대파, 마늘, 생강은 편으로 썬다.

3_ 오리살 · 피망 튀기기 팬에 기름을 넣고 160℃ 온도에서 오리살을 살짝 튀긴 다음 청 · 홍피망도 넣어 같이 튀긴다.

4_ 두반장 넣기 팬에 고추기름을 넣고 대파, 생강, 마늘을 두반장과 같이 볶는다.

5_ 양념 완성하기 ④에 청주를 넣고 빠르게 볶은 다음 굴소스, 물, 후춧가루를 넣고 골고루 섞는다.

6_ 주재료 넣어 볶기 ⑤에 익힌 오리살, 청피망, 홍피망을 넣고 재빨리 볶아 접시에 담는다.

마늘소스가지요리

재 ▶ 료

가지 _ 1/2개
새우 _ 100g
녹말 _ 1큰술
다진대파 _ 1큰술
다진생강 _ 조금
청주 _ 1작은술
소금 _ 조금
식용유 _ 2컵

마늘소스

식용유 _ 2큰술
다진마늘 _ 1큰술
청주 _ 1큰술
간장 _ 1큰술
물 _ 2/3컵
굴소스 _ 1큰술
후춧가루 _ 조금
물녹말 _ 2큰술
참기름 _ 조금

만 ▶ 들 ▶ 기

1_ 가지에 칼집 넣어 썰기 가지는 사선으로 칼집을 넣어 어슷하게 썬 다음 녹말을 살짝 바른다.

2_ 가지에 다진새우 넣기 새우는 곱게 다져 다진대파, 다진생강, 소금, 청주, 녹말을 넣고 골고루 잘 버무린다. 버무린 새우를 가지와 가지 사이에 넣고 떨어지지 않도록 살짝 눌러 모양을 만든다.

3_ 가지 샌드 튀기기 160℃ 온도에서 ②를 노릇하게 튀긴 다음 접시에 담는다.

4_ 다진마늘 볶기 팬에 식용유를 2큰술 두르고 다진마늘 1큰술을 넣어 살짝 볶다가 청주, 간장을 넣고 물을 붓는다.

5_ 참기름 넣어 소스 완성하기 ④에 굴소스, 후춧가루를 넣고 간을 한 다음 물녹말을 풀고 참기름을 넣어 맛과 향이 잘 어우러지도록 섞는다.

6_ 소스 끼얹기 튀긴 가지 위에 마늘소스를 골고루 끼얹는다.

굴소스두부완자

완자 재료로 쓰일 만한 다른 재료가 있나요?

새우 대신 오징어나 조개 등 다른 여러 해산물을 곱게 다져 완자로 빚어 조리해도 맛있다. 단, 반죽의 농도를 잘 맞춰야 완자 모양이 예쁘게 완성된다.

〈굴소스두부완자〉 속 두부는 식물성 단백질이 풍부한 식품으로 열량과 지방 함량이 낮고 콜레스테롤이 함유되어 있지 않아 **다이어트 및 성인병 예방에 좋다.** 특히 위장이 좋지 않아 소화 기능이 떨어지고 입맛을 잃은 사람의 식욕증진에 도움이 된다.

재 ▶ 료

두부 _ 1/2모
중새우 _ 2마리
물밤 _ 1개
청경채 _ 4뿌리
치킨파우더 _ 1작은술
녹말 _ 1작은술
달걀흰자 _ 1개 분량
식용유 _ 2컵

소스

식용유 _ 1큰술
청주 · 간장 _ 1큰술씩
물 _ 1/2컵
굴소스 _ 1큰술
물녹말 _ 2큰술
참기름 _ 조금

만 ▶ 들 ▶ 기

1_ 완자 재료 다지기 두부, 중새우, 물밤은 각각 손질하여 곱게 다진다.

2_ 치킨파우더 · 녹말 · 달걀흰자 섞기 ①에 치킨파우더, 녹말, 달걀흰자를 넣어 골고루 잘 섞는다.

3_ 완자 빚기 잘 버무린 ②의 반죽으로 동그랗게 완자를 만든 다음 기름에 튀긴다.

4_ 청경채 데치기 청경채는 끓는물에 데쳐서 접시에 담는다.

5_ 소스 만들기 예열한 팬에 식용유를 두르고 청주, 간장, 물을 붓고 섞은 다음 굴소스로 간을 해 20초 정도 바글바글 끓인다.

6_ 물녹말 넣어 농도 맞추기 ⑤에 물녹말을 넣어 걸쭉하게 만든 다음 참기름을 넣어 고소한 맛과 향이 돌도록 섞고 튀긴 완자 위에 뿌린다.

흑초탕수생선

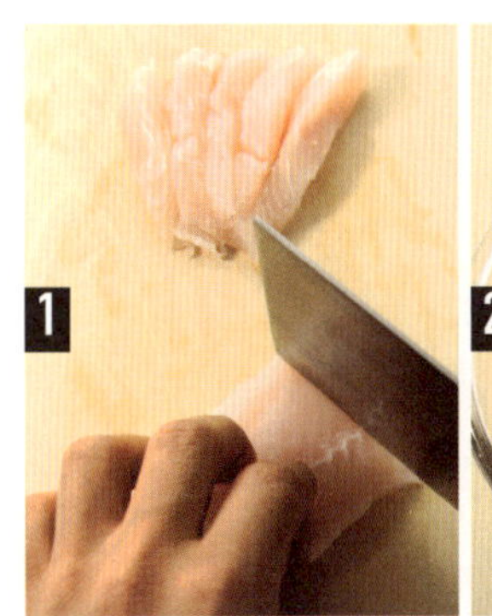

재 ▶ 료

도미살 _ 150g
녹말 _ 1/2컵
달걀흰자 _ 1개 분량
식용유 _ 3컵

탕수소스 재료
당근 _ 4쪽
오이 _ 4쪽
완두콩 _ 조금
파인애플 _ 1쪽
목이버섯 _ 2~3개

탕수소스 양념
물 _ 2/3컵
간장 _ 2큰술
설탕 _ 4큰술
흑식초 _ 4큰술
물녹말 _ 2큰술

만 ▶ 들 ▶ 기

1_ 도미살 썰기 도미살은 0.5 × 4cm 정도 길이로 일정하게 썬다.

2_ 도미살에 튀김옷 입히기 도미살에 녹말과 달걀흰자를 넣고 버무려 튀김옷을 입힌 다음 기름에 바삭하게 튀긴다.

3_ 소스 재료 썰기 당근, 오이, 완두콩, 파인애플, 목이버섯은 먹기 좋은 크기로 손질한다.

4_ 소스 재료 끓이기 팬에 물, 간장, 설탕, 흑식초를 넣고 ③의 소스 재료를 모두 넣어 바글바글 끓인다.

5_ 물녹말 넣기 탕수소스가 끓으면 물녹말을 넣어 걸쭉한 상태로 농도를 맞춘다.

6_ 탕수소스에 도미살 넣어 버무리기 완성된 소스에 튀긴 도미살을 넣고 재빨리 버무려 상에 낸다.

오리찜

**오리찜을 색다르게 조리하는
방법이 있나요?**

부드러운 오리 고기로 만든 찜 요리. 맛이
좋고 소화흡수가 빨라 온 가족 보양식으로
그만이다. 오리가 없을 때는 닭이나 삼겹살
을 이용하고 매콤한 어향소스를 곁들여 입
맛을 돋운다.

<오리찜>에 들어 있는
오리는 새 중 최고로 쳐준다는 말이
있을 정도로 영양이 뛰어나며
몸속에 쌓인 **독소를 풀어주고**
허약체질을 개선하며
**혈관 질환을 예방하는 데
효과가 탁월하다.**

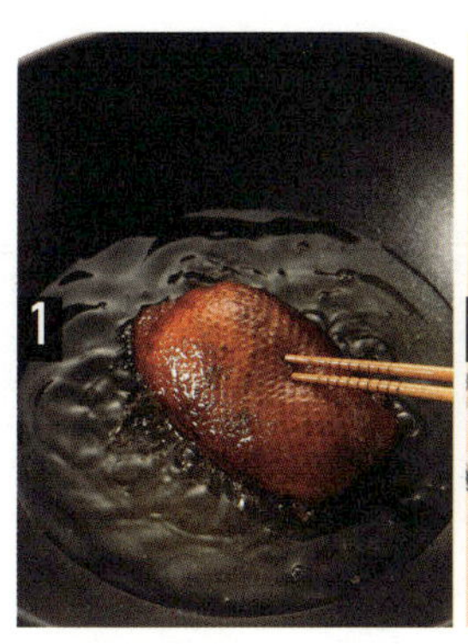

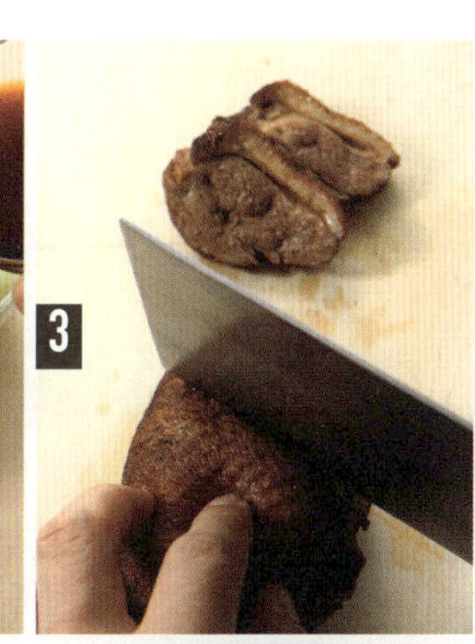

재 ▶ 료

오리살 _ 300g
노두유 _ 조금
대파 _ 1대
생강 _ 1쪽
팔각 _ 1개
청경채 _ 4뿌리
식용유 _ 조금
소금 _ 조금

찜 양념
물 _ 2컵
간장·굴소스 _ 2큰술씩
설탕 _ 조금

소스
식용유 _ 1큰술
청주·간장 _ 1큰술씩
굴소스 _ 1큰술
물 _ 1컵
물녹말 _ 1큰술
참기름 _ 조금

만 ▶ 들 ▶ 기

1_ 노두유 발라 오리살 튀기기 오리살에 노두유를 바른 다음 기름에 갈색을 띨 때까지 튀겨서 대파, 생강, 팔각과 같이 내열용기에 담는다.

2_ 찜 양념 부어 오리살 찌기 물, 간장, 굴소스, 설탕을 분량대로 넣고 끓인 다음 ①의 내열용기에 섞어 용기째 찜기에서 1시간 정도 찐다.

3_ 찐 오리살 썰기 찐 오리살은 꺼내서 일정하게 썬 다음 그릇에 보기 좋게 담는다.

4_ 데친 청경채 곁들이기 청경채는 끓는물에 소금, 식용유를 넣고 데친 다음 오리살 옆에 곁들인다.

5_ 소스 재료 섞어 끓이기 팬에 식용유, 청주, 굴소스, 간장, 물을 넣고 끓인 다음 물녹말을 풀어 걸쭉한 상태로 만든다.

6_ 참기름 넣어 소스 완성하기 ⑤에 참기름을 넣어 소스를 완성한 다음 찐 오리살 위에 끼얹는다.

게살일품두부

**조리할 때 주의할 사항이
있나요?**

새우살을 곱게 다져 찐 두부는 물기를
제거한 다음 접시에 담는다. 찜기에
찌자마자 바로 접시에 담으면 물기가
생겨 간도 싱거워지고 보기에도 좋지
않다.

< 게살일품두부 > 속
게는 몸을 차게 하는 성분이 있어
해열에 효과적이다. 산성 식품이긴 하지만
흔히 알려진 바와 달리
혈중 콜레스테롤 수치를
떨어뜨리는 작용을 하므로
동맥경화 예방에 좋은
식품이다.

재 ▶ 료

게살 _ 70g
두부 _ 1/2모
새우살 _ 30g
생크림 _ 1큰술
녹말 _ 1/2작은술
치킨파우더 _ 조금
달걀흰자 _ 1개 분량
비타민 _ 1개
표고버섯 _ 1개

소스
식용유 _ 1큰술
청주 _ 1큰술
물 _ 1컵
치킨파우더 _ 조금
물녹말 _ 2큰술
달걀흰자 _ 2개 분량
참기름 _ 조금

만 ▶ 들 ▶ 기

1_ 두부와 새우살 양념해 찌기 두부와 새우살은 곱게 다져 생크림, 녹말, 치킨파우더, 달걀흰자를 넣고 잘 섞은 다음 그릇에 50g씩 넣고 찜기에 6분 정도 찐다.

2_ 비타민과 표고버섯 올리기 비타민과 표고버섯은 치킨파우더를 조금 넣고 볶은 다음 ①의 쪄낸 재료 위에 올린다.

3_ 소스 재료에 게살 넣기 팬에 식용유를 넣고 청주, 물을 부은 다음 게살을 넣는다.

4_ 치킨파우더로 간하기 치킨파우더로 간을 맞춘 다음 물녹말을 풀어 걸쭉한 상태로 만든다.

5_ 달걀흰자 넣기 ④에 달걀흰자를 넣고 골고루 푼 다음 참기름을 넣어서 소스를 만든다.

6_ 소스 끼얹기 완성된 소스를 ②의 두부 위에 먹음직스럽게 끼얹는다.

단호박해산물볶음

**단호박해산물볶음을
좀 더 맛있게 먹는 요령이
궁금해요**

요리가 완성되면 찐 단호박과 볶아낸 재료를 함께 떠서 먹는다. 단호박의 달달한 맛이 어우러져 맛이 훨씬 좋다.

< 단호박해산물볶음 > 속 **단호박**은 체내로 흡수되면 비타민 A로 전환되는 카로틴과 비타민 C가 풍부하다. 따라서 평소 자주 섭취하면 **감기 예방은 물론 면역력 강화에 좋다.** 우리나라에서는 산후 부기로 고생하는 산모에게 가장 좋은 식품으로 알려져 있으며 당뇨병, 담석증 예방에도 효과가 있다.

재 ▶ 료

단호박 _ 1개
오징어살 _ 1/2개
중새우 _ 2마리
관자 _ 1개
죽순 _ 2쪽
표고버섯 _ 1개
브로콜리 _ 1쪽
대파 _ 1/4대
생강 _ 1/4쪽
마늘 _ 1쪽

양념
식용유 _ 2큰술
X.O소스 _ 1큰술
굴소스 _ 1큰술
청주 _ 1큰술
물 _ 3큰술
녹말 _ 1작은술

만 ▶ 들 ▶ 기

1_ 단호박 속 파내기   단호박은 반으로 갈라서 속을 파고 찜기에 20분 정도 찐다.

2_ 해산물 손질하기   오징어살은 일정하게 칼집을 넣고 중새우는 내장을 제거하고 관자는 편으로 썬다.

3_ 야채와 해산물 데치기   표고버섯과 죽순은 편으로 썬 다음 브로콜리, 해산물과 같이 끓는물에 살짝 데친다.

4_ 향신 채소 볶기   대파, 생강, 마늘은 편으로 썬 다음 팬에 식용유 2큰술을 두르고 X.O소스와 같이 볶는다.

5_ 주재료 넣어 볶기   ④에 청주를 넣고 데친 재료와 같이 볶다가 굴소스를 넣고 물을 넣는다.

6_ 완성요리 호박 속에 담기   ⑤에 물녹말을 풀어서 걸쭉한 상태로 만든 다음 완성된 요리를 호박 속에 채운다.

고추소스장어볶음

재 ▶ 료

장어 _ 1마리
녹말가루 _ 1/2컵
캐슈넛 _ 20알
피망 _ 1개
대파 _ 1대
마늘 _ 2쪽
생강 _ 조금
고추기름 _ 2큰술
마른고추 _ 10개
식용유 _ 1컵

소스

청주 _ 1큰술
설탕 _ 1큰술
굴소스 _ 1큰술
두반장 _ 1큰술
녹말 _ 1작은술

만 ▶ 들 ▶ 기

1_ 파 손질해 매운맛 빼기 대파를 채썰어 찬물에 담가 매운맛을 뺀 다음 접시에 보기 좋게 깐다.

2_ 장어 손질해 데치기 장어는 손가락 굵기로 썬 다음 끓는물에 살짝 데친다.

3_ 장어·캐슈넛·피망 튀기기 데친 장어에 녹말가루를 묻힌 다음 기름에 노릇하게 튀긴다. 캐슈넛과 피망도 끓는 기름에 살짝 튀긴다.

4_ 소스 재료 섞기 소스에 들어가는 재료를 분량대로 넣고 골고루 섞는다.

5_ 고추기름에 마른고추 볶기 팬에 고추기름을 넣고 매콤한 향이 나도록 마른고추를 살짝 볶은 다음 대파, 생강, 마늘을 넣는다.

6_ 주재료 소스에 버무리기 ⑤에 튀긴 장어, 캐슈넛, 피망, ④의 소스를 넣고 버무린 다음 대파 깐 접시 위에 올린다.

전복소스아스파라거스

< 전복소스아스파라거스 > 속 전복은 예로부터 귀한 수산물로 대접받아 왔으며 **피부미용, 자양강장, 산후조리, 허약체질에 탁월한 효능이 있다.** 일반적으로 조개류는 피로해진 신경을 회복하는 작용을 하는데, 특히 전복은 시신경의 피로회복에 뛰어난 효과가 있다. 참고로 제주도 전복은 옛날 진시황이 불로장생을 위해 먹은 식품으로 유명하다.

재 ▶ 료

은행 _ 15알
아스파라거스 _ 10대
소금 _ 1작은술
식용유 _ 1작은술
물 _ 2컵

소스

청주 _ 1큰술
간장 _ 1작은술
물 _ 2/3컵
전복소스 _ 1큰술
물녹말 _ 2큰술
참기름 _ 조금

만 ▶ 들 ▶ 기

1_ 은행 껍질 벗기기 은행은 기름에 살짝 볶아서 껍질을 벗긴다.

2_ 아스파라거스·은행 데치기 물 2컵에 소금, 식용유를 넣고 끓으면 일정하게 썬 아스파라거스와 은행을 넣고 살짝 데친다.

3_ 접시에 담기 데친 은행과 아스파라거스는 접시에 보기 좋게 담는다.

4_ 소스 끓이기 팬에 청주, 간장, 물을 넣고 바글바글 끓인다.

5_ 전복소스 넣어 끓이기 ④에 전복소스를 넣고 살짝 끓인 다음 물녹말을 풀어 걸쭉한 상태로 만든다. 마지막에 참기름을 조금 넣어 소스를 완성한다.

6_ 소스 끼얹기 접시에 놓인 아스파라거스 위에 완성된 소스를 골고루 끼얹는다.

콩자장소스가리비

+ point

좀 더 맛을 내는 조리법이 궁금해요

가리비살에 녹말가루를 묻힌 다음 튀겨도 고소한 맛이 일품이다. 소스를 만들 때 청양고추를 다져서 넣으면 칼칼하면서도 개운한 맛을 즐길 수 있다.

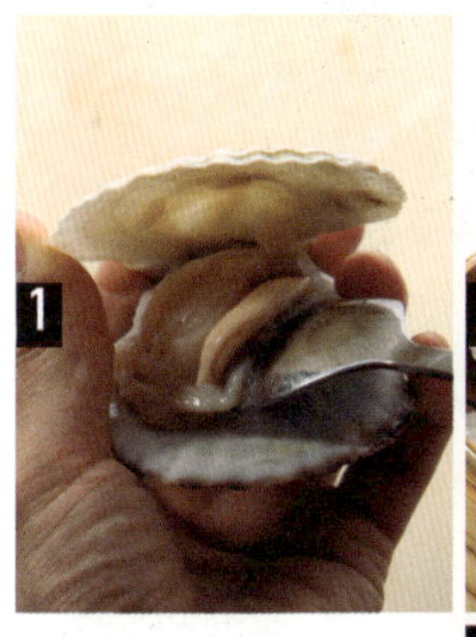

재 ▶ 료

가리비 _ 4개
청고추 _ 1/2개
홍고추 _ 1/2개
다진대파 _ 1큰술
다진생강 _ 조금
다진마늘 _ 조금

소스

식용유 _ 2큰술
청주 _ 1큰술
콩자장 _ 1작은술
물 _ 1/2컵
치킨파우더 _ 조금
노두유 _ 조금
물녹말 _ 1작은술
후춧가루 _ 조금
참기름 _ 조금

만 ▶ 들 ▶ 기

1_ 가리비살 발라내기 가리비는 겉에 붙은 이물질을 깨끗이 떼어내고 살만 발라 이등분 한다.

2_ 가리비살 찌기 이등분 한 가리비살을 조개껍데기에 다시 올린 다음 찜기에 약 5분간 찐다.

3_ 고추 다지기 청고추와 홍고추는 깨끗이 손질한 다음 잘게 다진다.

4_ 야채 볶기 팬에 식용유를 두르고 모든 야채를 넣어 살짝 볶는다.

5_ 콩자장 넣어 볶기 ④에 청주, 콩자장을 넣고 같이 볶다가 물을 붓는다.

6_ 물녹말 넣어 소스 완성하기 치킨파우더, 노두유, 후춧가루를 넣고 끓인 다음 물녹말을 푼다. 마지막으로 참기름을 넣고 소스를 완성한 다음 찐 가리비 위에 뿌린다.

중국식 퓨전요리

이찌코왕새우띠또

앤다이브관자와 캐비어

▶ **재료** 왕새우 4마리, 감자 3~4개, 소금 조금, 후춧가루 조금, 딸기 5개, 식용유 2컵
[**볶음야채**] 양파채 1/2개 분량, 불린 표고버섯채 3큰술 분량, 죽순채 3큰술 분량, 홍고추채 1개 분량, 식용유 1큰술, 청주 1큰술, 굴소스 1큰술, 후춧가루 조금, 참기름 조금
[**소스**] 딸기 2~3개, 마요네즈 3큰술, 레몬 1/2개, 휘핑크림 1큰술, 설탕 2큰술

▶ **만들기**
1 왕새우는 머리와 꼬리만 남겨놓고 껍질을 벗긴 다음 등에 칼집을 넣고 소금, 후춧가루로 밑간한다.
2 감자는 껍질을 벗기고 아주 얇고 길게 채썬다(감자채는 회전칼을 이용하면 쉽다). 채썬 감자로 ①의 왕새우를 둘둘 감아서 소금, 후춧가루를 살짝 뿌린다.
3 팬에 기름을 두르고 볶음야채 재료를 순서대로 넣고 볶다가 청주, 굴소스, 후춧가루를 넣고 마지막에 참기름을 넣는다.
4 팬에 기름 2컵을 넣고 ②의 왕새우를 140℃ 온도에서 천천히 튀긴 다음 접시에 담는다.
5 레몬은 즙을 내고, 딸기는 송송 썰어서 나머지 소스 재료와 함께 팬에 섞어 소스를 만든 다음 ④의 새우 위에 뿌리고 ③의 야채 볶음을 곁들인다.

▶ **재료** 앤다이브 1뿌리, 캐비어 1큰술, 키조개살 1개, 중새우 4개, 녹말 1작은술, 달걀흰자 1/3개 분량, 죽순 20g, 다진대파·식용유 1큰술씩, 다진마늘 1작은술, 다진생강 1/2작은술, 청주·간장·굴소스·물녹말 1작은술씩, 후춧가루 조금

▶ **만들기**
1 앤다이브는 뿌리 부분을 잘라 깨끗이 씻고 죽순은 손질하여 다진다.
2 키조개살, 중새우는 잘게 썰어 녹말과 달걀흰자를 넣고 버무린 다음 130℃ 정도 온도의 기름에 익힌다.
3 팬에 식용유를 1큰술 두르고 대파, 마늘, 생강을 5초 정도 볶는다.
4 ③에 청주, 간장을 넣고 죽순, 새우, 키조개살을 넣어 15초 정도 볶는다.
5 굴소스, 후춧가루로 간을 하고 물녹말을 넣어서 준비해 놓은 앤다이브 위에 올린다.
6 캐비어를 그 위에 올려 완성한다.

완성된 요리에서 서양의 맛과 동양의 멋이 동시에 풍기면 퓨전요리라 할 수 있다.
요리를 통한 동서양의 색다른 만남을 즐겨 보자.

오렌지소스쇠고기

장어철판구이

▶ **재료** 쇠고기등심 150g, 달걀흰자 1개, 녹말가루 70g, 오렌지 1/2개, 식용유 2컵
[**소스**] 오렌지 1개반, 오렌지주스 1/2컵, 식초 2큰술, 설탕 1큰술, 소금 조금, 잣 1큰술

▶ **만들기**
1 고기는 길이 3~4cm, 굵기 1cm로 썬 다음 달걀흰자와 녹말가루를 넣고 잘 버무려 튀김옷을 입힌다.
2 오렌지 1/2개는 슬라이스한다.
3 튀김팬에 기름을 2컵 정도 붓고 180℃ 정도로 온도가 오르면 고기를 하나씩 넣고 튀긴다. 고기를 약 20초 정도 튀기다가 다시 꺼낸다.
4 꺼낸 고기를 국자나 주걱으로 툭툭 쳐서 붙어 있는 고기를 떼어낸 다음 다시 한 번 더 기름에 튀긴다.
5 남은 오렌지 1개반은 즙을 짜고 오렌지주스와 식초, 설탕, 소금, 잣을 함께 넣고 끓여 소스를 만든다.
6 튀긴 쇠고기 위에 오렌지소스를 끼얹어 완성한다.

▶ **재료** 민물장어 1마리, 셀러리 1/2개, 죽순 30g, 표고버섯 2개, 양송이버섯 5개, 마른고추 5개, 대파 15g, 생강 3g, 마늘 5g, 녹말가루 2~3큰술, 청주 1큰술, 고추기름 2큰술, 식용유 적당량, 녹말 1작은술, 땅콩 20알, 튀김기름 1~2컵
[**소스**] 물 4큰술, 간장 · 굴소스 · 두반장 · 설탕 1큰술씩, 후춧가루 조금, 녹말가루 1작은술

▶ **만들기**
1 장어는 길이 4cm, 굵기 2cm 크기로 썰고, 셀러리, 죽순, 표고 등은 장어와 비슷한 크기로 썬 다음 물에 살짝 데쳐서 건진다.
2 양송이버섯은 편으로 썰고 기름에 살짝 볶아 철판 위에 올린다. 마른고추, 대파는 2cm로 자르고 생강, 마늘은 편으로 썬다.
3 소스 재료를 분량대로 넣어 골고루 섞는다.
4 ①의 장어는 끓는물에 살짝 데쳐 녹말가루를 바른 다음 170℃ 온도의 기름에 튀긴다.
5 팬에 고추기름을 두르고 마른고추를 5초 정도 볶다가 ③의 대파, 생강, 마늘을 넣고 5초 정도 더 볶는다.
6 청주를 넣고 데친 죽순, 표고, 셀러리, 땅콩을 넣어 살짝 볶는다.
7 익힌 장어와 준비한 소스를 넣고 재빨리 섞은 다음 철판에 있는 양송이 위에 올려 뜨겁게 낸다.

중국식 코스요리

집들이나 모임, 어른들의 생신상 등 각종 손님상에 평소 갈고 닦았던 솜씨를 발휘해 보세요. 일단 애피타이저로 냉채요리를 준비하세요. 주재료 손질법과 소스 만들기, 접시에 멋스럽게 담기, 이 세 가지만 기억하면 끝! 메인요리는 냉채와 다른 재료를 선택해 윤기가 자르르 흐르도록 튀기고, 볶고, 찌세요. 중국식 디저트는 우리가 흔히 생각하는 디저트와 조금 달라요. 과일이나 달콤한 빠스는 물론 국수나 만두류도 포함되거든요. 그래서 아이들의 영양 간식으로도 손색이 없답니다.

Polaroid

가족모임에 딱 맞는 코스 상차림. 해물냉채를 낼 때는 어른용에는 겨자소스, 아이용에는 케첩소스를 곁들인다. 전가복과 고추잡채, 어른·아이 모두 좋아하는 유니자장을 메인메뉴로 선보이는 코스요리.

해물냉채

전가복

고추잡채

볶음유니자장

옥수수빠스

해물냉채

Appetizer
전채요리

海味拌三鮮

재 ▶ 료

새우 _ 4마리
키조개살·전복 _ 2개씩
불린 해삼 _ 1개
오이 _ 1/2개

겨자소스
겨자가루 _ 2큰술
따뜻한 물 _ 2큰술
소금 · 참기름 _ 1작은술씩
식초 · 설탕 · 찬물 _ 1큰술씩

케첩소스
셀러리 _ 20g, 케첩 _ 3큰술
고추기름 · 설탕 _ 1큰술씩
소금 _ 1/2작은술

만 ▶ 들 ▶ 기

1_ **해물 데치기** 새우는 이쑤시개로 등 쪽의 내장을 빼고 데쳐 껍질을 벗기고, 키조개와 해삼은 썰어서 데친다. 전복은 데쳐서 식힌 다음 편으로 썬다.

2_ **겨자소스 만들기** 겨자가루와 따뜻한 물을 1:1 분량으로 섞고 따뜻한 곳에 10분 정도 두어 발효시킨 다음 분량의 재료를 섞어 소스를 만든다.

3_ **오이와 데친 해물에 겨자소스 붓기** 오이는 반 갈라 길게 편으로 썰고 데친 해물은 겨자소스에 버무려 접시에 담는다. 이때 겨자소스는 1큰술 정도 사용하고 나머지는 취향에 따라 먹을 수 있도록 곁들인다.

4_ **케첩소스 만들기** 셀러리를 잘게 썰고 케첩, 고추기름, 설탕, 소금을 넣고 섞어 케첩소스를 만들어 곁들인다.

전가복

재 ▶ 료

아래 넣는 재료
해삼 _ 60g
소라 _ 1개
죽순 _ 30g
표고·양송이 _ 2개씩
새우·갑오징어 _ 50g씩
브로콜리 _ 50g

양념
식용유 _ 조금, 대파 _ 10g
생강 _ 1/2쪽, 마늘 _ 1쪽
청주·간장·굴소스 _ 1큰술씩
물 _ 2큰술
후춧가루 _ 1/2작은술
물녹말 _ 2큰술
참기름 _ 1/2큰술

위에 얹는 재료
전복·키조개살 _ 1개씩
아스파라거스 _ 1개
자연산 송이 _ 1개

양념
식용유 _ 조금, 청주 _ 1/2큰술
다진대파 _ 1작은술
다진생강·소금 _ 1/2작은술씩
간장·굴소스 _ 1작은술씩
물 _ 4큰술
치킨파우더·물녹말 _ 1큰술씩

만 ▶ 들 ▶ 기

1_ 해삼·소라·새우 썰기 아래 넣는 재료들은 손질하여 편으로 썰고 끓는물에 데친다. 단, 새우는 내장을 제거하고 갑오징어는 안쪽에 칼집을 넣어 사방 4cm 크기로 썬다.

2_ 전복·송이 편으로 썰기 전복, 키조개살, 아스파라거스, 자연산 송이 등 위에 얹는 재료들도 편으로 썰어 끓는물에 데친다.

3_ 해삼·소라·새우 볶기 잘게 썬 대파, 생강, 마늘을 볶다가 ①을 넣고 청주, 간장을 1큰술씩 넣어 볶는다. 물 2큰술을 넣고 굴소스, 후춧가루를 넣어 양념한 다음 물녹말과 참기름을 넣고 버무려 담는다.

4_ 양념하여 볶기 대파와 생강 다진 것을 볶다가 청주, 간장을 넣고 ②와 물, 소금, 치킨파우더, 굴소스를 넣고 물녹말 1큰술을 넣은 후 ③에 부어 낸다.

全家福

고추잡채

Maindish
메인요리

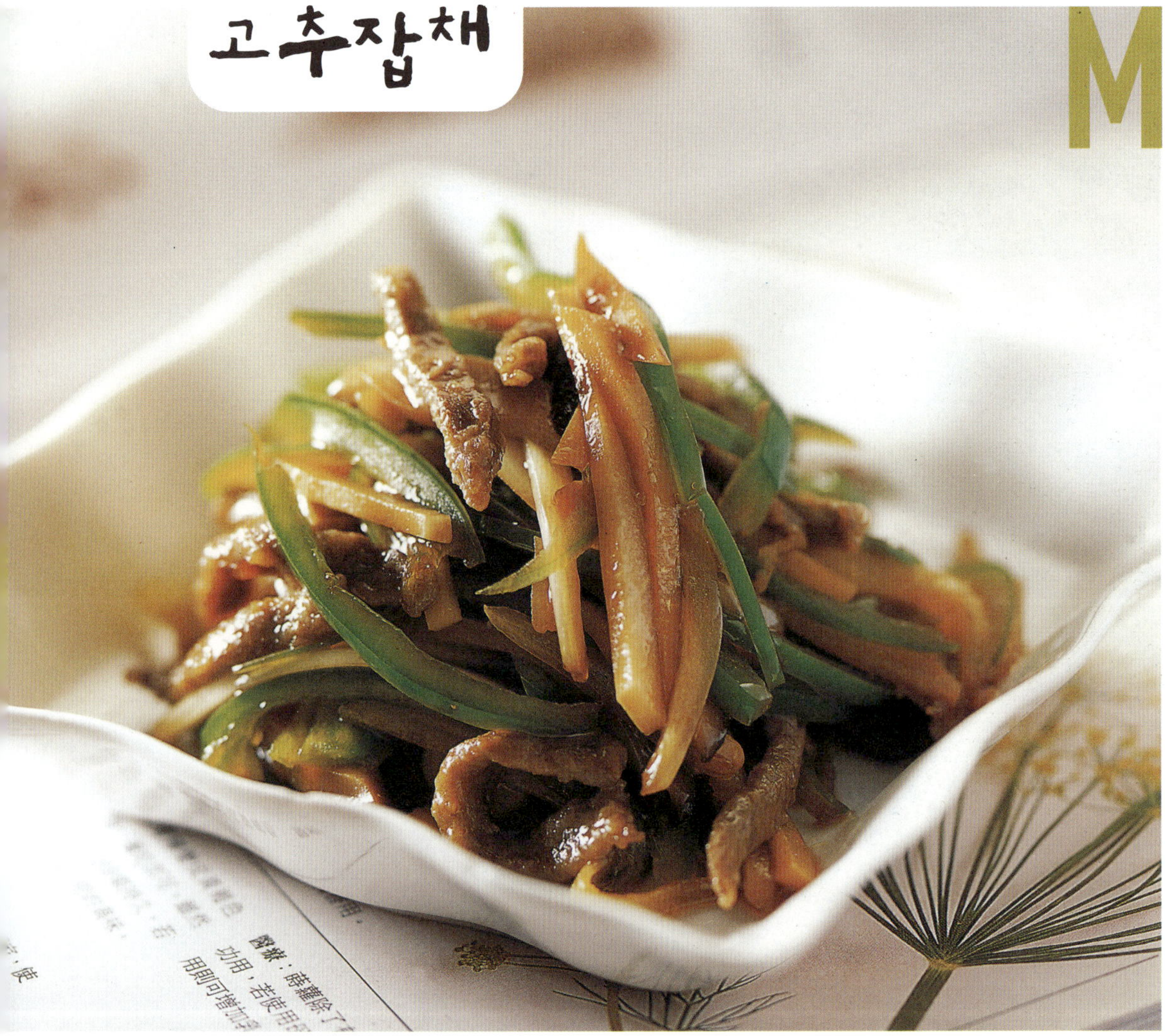

재▶료

청피망 _ 2~3개
죽순 _ 30g
표고버섯 _ 2개
돼지고기 _ 50g
양파 _ 1/2개
녹말 _ 1작은술
달걀흰자 _ 조금
고추기름 _ 2큰술

양념
청주·간장 _ 1큰술씩
굴소스 _ 1큰술
후춧가루 _ 조금
참기름 _ 1/2작은술

만▶들▶기

1_ **피망·죽순·표고버섯 채썰기** 청피망은 씨를 제거한 후 0.2cm 굵기로 채썬다. 죽순과 표고버섯도 청피망과 같은 굵기로 채썬다.

2_ **고기와 양파 볶기** 돼지고기와 양파도 같은 굵기로 채썬다. 고기는 녹말, 달걀흰자를 넣고 버무려 고추기름 두른 팬에서 20초 정도 볶은 다음 양파를 넣어 5초 정도 더 볶는다.

3_ **청피망·죽순·표고버섯 볶기** ②에 청주, 간장을 넣고 채썬 청피망, 죽순, 표고버섯을 넣어 30초 정도 더 볶다가 굴소스와 후춧가루를 넣어 간을 한다.

4_ **참기름 넣기** 모든 재료가 잘 볶아졌으면 마지막에 참기름을 넣고 섞어 그릇에 담는다.

青椒肉絲

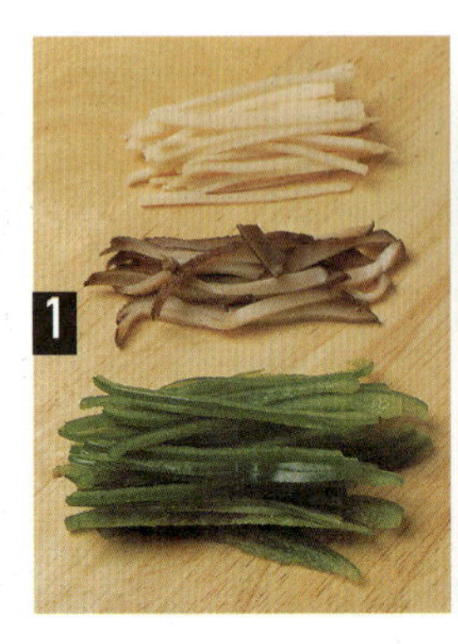

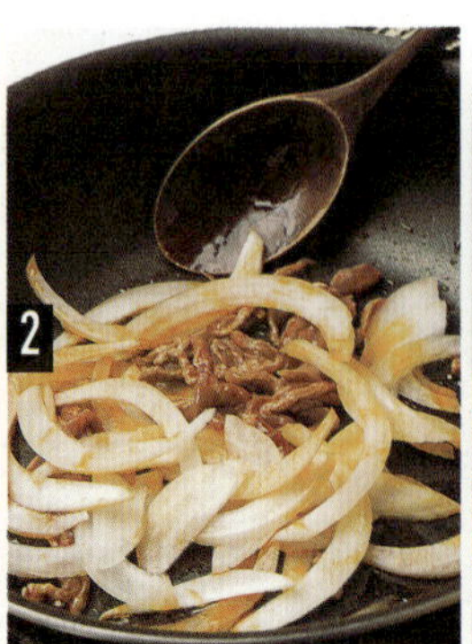

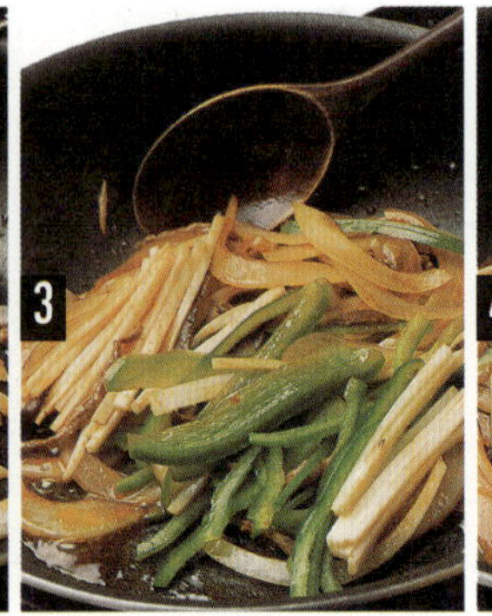

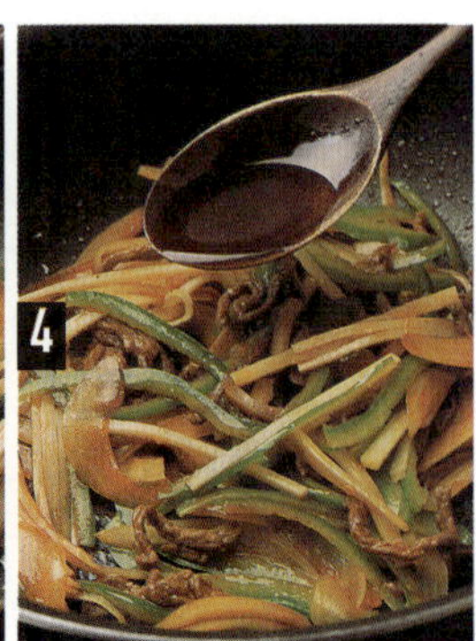

볶음유니자장

재 ▶ 료

생국수 _ 600g

소스
식용유·춘장 _ 3큰술씩
호박 _ 1/5개
양파 _ 3개
식용유 _ 4큰술
다진고기 _ 100g
다진대파 _ 40g
다진마늘 _ 1큰술
다진생강 _ 1작은술
청주·굴소스 _ 2큰술씩
간장 _ 3큰술
물 _ 2컵
설탕·치킨파우더 _ 1큰술씩
후춧가루 _ 1/4작은술
물녹말 _ 3큰술
참기름 _ 1큰술

만 ▶ 들 ▶ 기

1_ 춘장 볶기 식용유를 두른 팬에 춘장을 넣고 30초 정도 볶는다. 춘장과 식용유의 양은 1:1로 잡아서 팍팍한 느낌이 들 때까지 볶는다.

2_ 야채와 고기 볶다가 춘장 넣기 호박, 양파는 잘게 썬다. 기름 두른 팬에 다진고기와 다진대파, 마늘, 생강을 넣어 10초 정도 볶다가 청주와 간장을 넣고 잘게 썬 야채를 넣어 30초 정도 볶는다. 여기에 볶아 놓은 춘장을 넣는다.

3_ 치킨파우더 넣어 간하기 ②에 물 2컵을 붓고 설탕, 굴소스, 후춧가루, 치킨파우더를 넣어 간한다.

4_ 삶은 국수 넣어 볶기 생면을 삶아서 잘 씻은 다음 ③에 넣고 10초 정도 볶다가 물녹말을 넣어 농도를 맞추고 참기름을 둘러 마무리한다.

肉泥炸醬麵

옥수수빠스

재 ▶ 료

옥수수 _ 1캔
중력분 _ 80g
베이킹파우더 _ 1g
달걀 _ 조금
식용유 _ 2~3컵

시럽
설탕 _ 2큰술
식용유 _ 2큰술

만 ▶ 들 ▶ 기

1_ **옥수수캔 물기 빼기** 시중에서 판매하는 옥수수캔을 준비하여 체에 밭쳐 물기를 뺀다. 크림콘으로 준비해도 된다.

2_ **옥수수에 밀가루 넣어 반죽하기** 물기 뺀 옥수수에 분량의 밀가루 중력분과 베이킹파우더를 넣고 반죽한다. 달걀로 농도를 맞춰 지름 3cm 정도의 완자를 만든다.

3_ **옥수수 완자 튀기기** 튀김팬에 식용유 2~3컵을 붓고 기름 온도가 170℃가 되면 동그랗게 만든 옥수수 완자를 넣어 튀긴다.

4_ **시럽에 튀긴 완자 넣기** 팬에 설탕과 식용유를 넣고 약한불에서 잘 저어가면서 녹여 시럽이 완성되면 튀긴 옥수수 완자를 넣어 재빨리 섞는다. 접시에 기름을 미리 발라두면 달라붙지 않는다.

拔絲玉米

술손님에 적합한 코스 메뉴. 먼저 게살수프로 속을 풀게 한 다음 술안주로 양장피와 가상해삼을 낸다. 술자리가 어느 정도 정리되면 삼선볶음밥과 깨 묻힌 찹쌀떡을 내 코스요리를 완성한다.

게살수프

양장피잡채

가상해삼

삼선볶음밥

깨 묻힌 찹쌀떡

게살수프

Appetizer
전채요리

金菇蟹肉羹

재 ▶ 료

게살 _ 200g
팽이버섯 _ 1봉지
식용유 _ 2큰술
청주·치킨파우더 _ 1큰술씩
물 _ 3컵
국간장 _ 1큰술

소금 _ 2작은술
물녹말 _ 5큰술
달걀흰자 _ 3개
물 _ 1큰술
참기름 _ 1큰술

만 ▶ 들 ▶ 기

1_ **게살 발라놓고, 팽이버섯 손질하기** 게살은 속뼈를 제거하여 살만 발라 놓는다. 팽이버섯은 밑동을 잘라 깨끗이 손질한다.

2_ **물 붓고 게살·팽이버섯 넣어 간하기** 팬을 가열한 후 식용유와 청주를 넣고 물 3컵을 붓는다. 여기에 게살과 팽이버섯을 넣고 치킨파우더, 국간장, 소금을 넣어 간을 맞춘다.

3_ **물녹말 넣어 농도 맞추기** ②가 바글바글 끓으면 물녹말을 넣고 재빨리 저어 걸쭉하게 농도를 맞춘다.

4_ **달걀흰자 풀기** 달걀흰자에 물을 1큰술 넣어 잘 푼 다음 ③에 넣어 끓이다가 참기름을 넣어 마무리한다.

양장피잡채

Maindish
메인요리

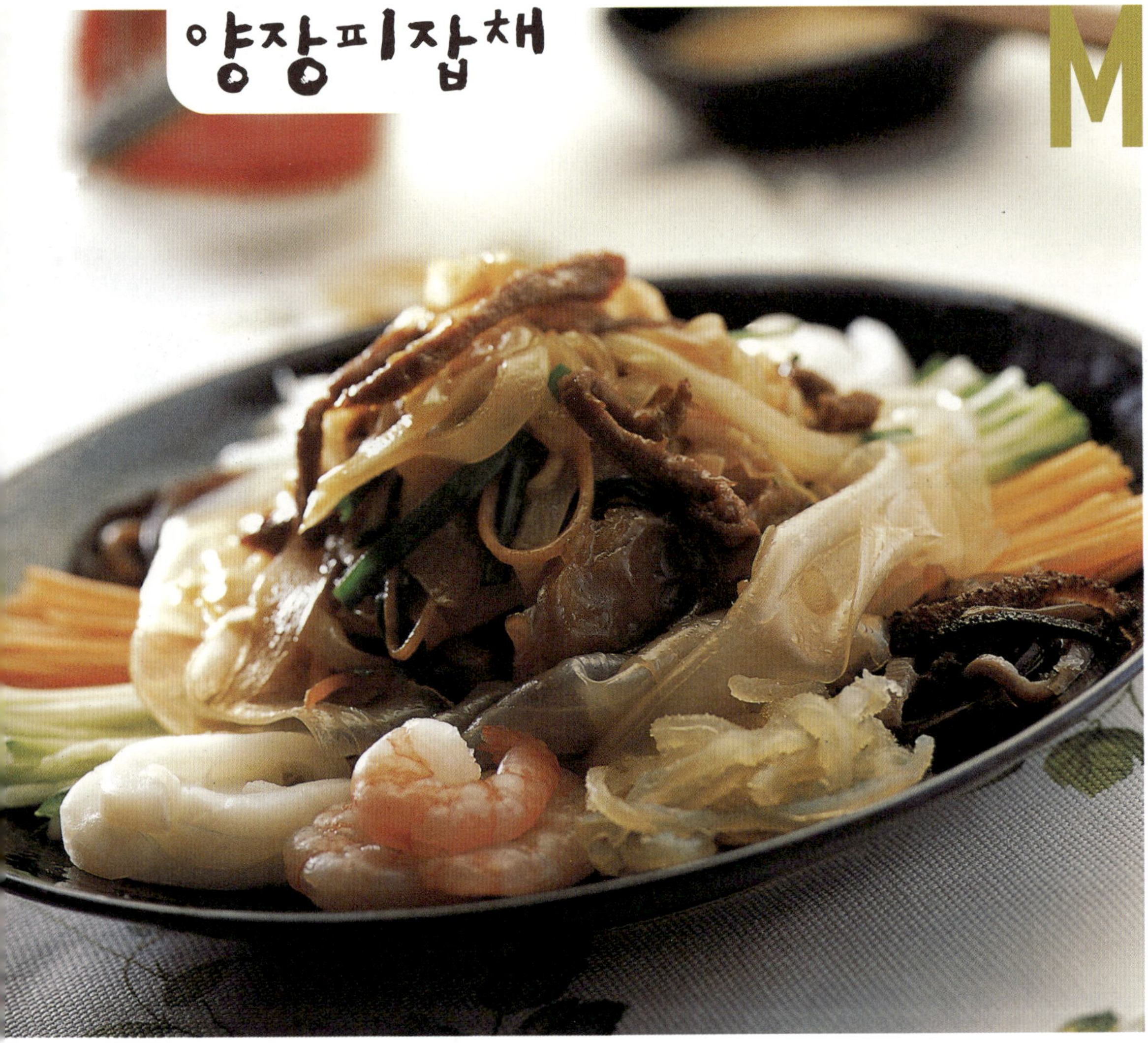

재▶료

양장피 _ 2장
간장·참기름 _ 1작은술씩
당근 _ 60g
오이·해삼 _ 1/2개씩
오징어 _ 1/2마리
새우 _ 4마리
해파리 _ 50g
양파 _ 1개
당근 _ 1/4개
호박 _ 1/5개
목이버섯 _ 20g
고기 _ 50g
녹말가루 _ 조금
달갈흰자 _ 1/3개 분량

볶음양념
청주·간장 _ 1큰술씩
굴소스 _ 2큰술
후춧가루 _ 조금

겨자소스
겨자가루 _ 2큰술
따뜻한 물 _ 2큰술
찬물·식초·설탕 _ 1큰술씩
소금·참기름 _ 1작은술씩

만▶들▶기

1_ 양장피 뜨거운 물에 불리기 양장피는 뜨거운 물에 담가 3분 정도 두었다가 말랑해지면 꺼내서 찬물에 헹군 다음 간장, 참기름을 넣고 밑간한다.

2_ 야채와 해산물 채썰기 당근, 오이, 해삼은 0.2cm 굵기로 채썬다. 오징어는 데쳐서 채썰고, 새우도 데친다. 해파리는 데쳐서 소금기를 빼고 차게 둔다.

3_ 중앙에 양장피 놓기 ②의 재료를 접시에 돌려담고 중앙에 양장피를 놓는다.

4_ 양장피 위에 올릴 재료 볶기 양파, 당근, 호박은 0.2cm 굵기로 채썬다. 목이버섯은 불려서 채썬다. 고기도 채썰어서 녹말과 달걀흰자를 넣고 버무려 볶은 다음 청주와 간장을 넣고 채썬 야채를 넣어 굴소스, 후춧가루로 간하여 볶아 양장피 위에 올린다. 겨자소스를 만들어 곁들이거나, 위에 뿌린다.

炒肉兩張皮

1

2

3

4

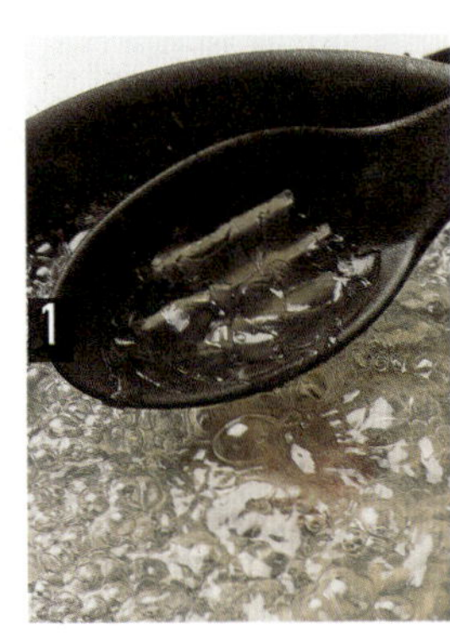

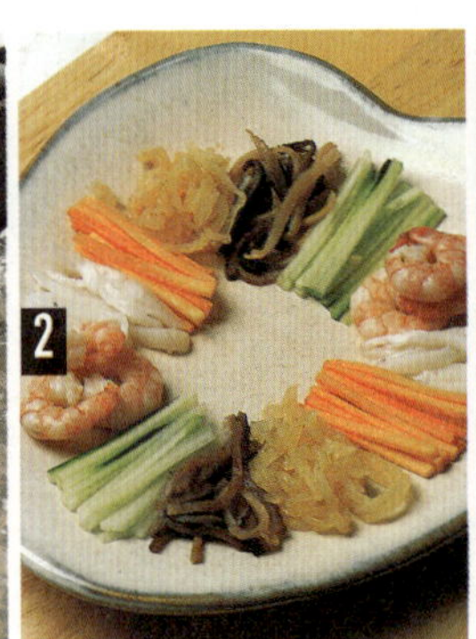

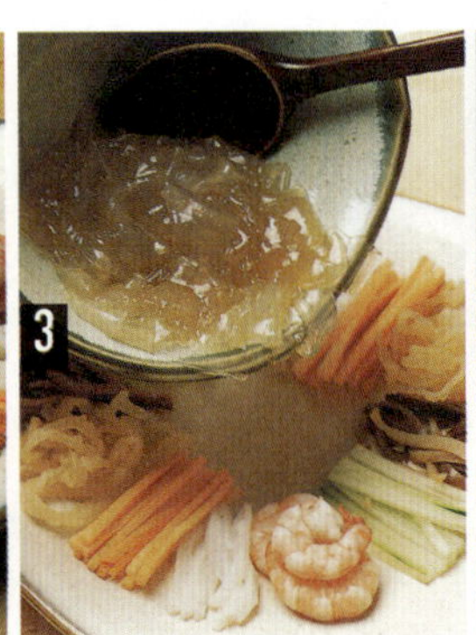

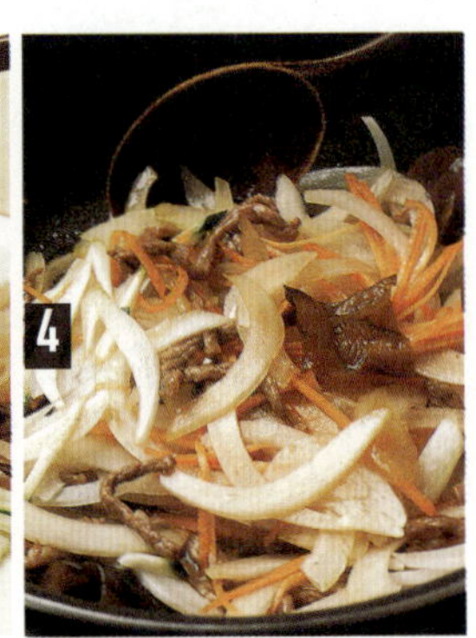

재 ▶ 료

해삼 _ 350g
죽순 _ 40g
청피망 _ 1/2개
다진고기 _ 40g

소스
대파 _ 5g
마늘 _ 1쪽
생강 _ 1/2쪽
고추기름 _ 2큰술
청주·두반장 _ 1큰술씩
간장·굴소스 _ 1작은술씩
후춧가루 _ 조금
물 _ 1/2컵
물녹말 _ 1큰술반

만 ▶ 들 ▶ 기

1_ 해삼과 죽순, 피망, 고기 썰기 해삼은 3×6cm 크기로 썰고, 죽순과 청피망은 큼직하게 편으로 썬다. 대파는 반으로 갈라 4cm 길이로 썰고, 마늘은 편으로 썰고, 생강은 채썬다.

2_ 죽순·피망·해삼 데치기 ①의 재료 중에서 죽순과 피망, 해삼을 끓는물에 데친 다음 건진다.

3_ 두반장 넣어 볶기 고추기름 1큰술을 두른 팬에 고기를 넣고 볶다가 파, 마늘, 생강, 청주, 간장, 두반장을 넣어 볶는다.

4_ 해삼과 물녹말 넣어 걸쭉하게 하기 ③에 죽순, 피망, 해삼을 넣고 굴소스, 후춧가루, 물을 넣어 간을 맞춘 후 물녹말을 넣어 재빨리 풀고, 고추기름을 1큰술 더 두른다.

家常海參

삼선볶음밥

재 ▶ 료

중새우 _ 6마리
쇠고기 _ 50g
해삼 _ 60g
당근 _ 50g
대파 _ 1대
완두콩 _ 50알 정도
식용유 _ 4큰술
달걀 _ 4개
밥 _ 3공기

양념
소금 _ 1작은술

만 ▶ 들 ▶ 기

1_ 고기·야채 깍둑썰기 새우는 내장과 껍질을 벗겨 준비한다. 작은 것은 그대로 두고, 큰 것은 사방 1cm 크기로 썬다. 쇠고기, 해삼, 당근도 사방 1cm 크기로 썰고, 대파는 송송 썰고, 완두콩은 분량대로 준비한다.

2_ 새우와 고기 데치기 새우와 고기는 끓는물에 데치거나 팬에 놓고 익힌다.

3_ 달걀 볶다가 밥 넣어 볶기 팬을 가열한 뒤 식용유 4큰술을 넣고 달걀을 풀어 익을 때까지 잘 으깨가며 볶다가 밥을 넣어 볶는다.

4_ 소금 간하기 ①의 야채와 ②의 쇠고기, 새우를 넣어 볶다가 소금으로 간한 다음 2~3분간 센불에서 밥알이 노르스름해질 때까지 볶는다.

三鮮炒飯

깨 묻힌 찹쌀떡

재 ▶ 료

찹쌀떡 _ 8개
흰깨 _ 1컵
식용유 _ 2컵

만 ▶ 들 ▶ 기

1_ **찹쌀떡 끓는물에 삶기** 시판 찹쌀떡은 끓는물에 넣어 위로 떠오르면 건져 낸다.

2_ **흰깨 묻히기** 넓은 쟁반이나 접시에 흰깨를 펼쳐 놓고 삶은 찹쌀떡을 굴려가면서 흰깨를 묻힌다.

3_ **깨 묻힌 찹쌀떡 튀기기** 튀김팬에 식용유를 2컵 정도 넣고 140℃ 정도가 되면 하나씩 넣어 튀긴다.

4_ **깨가 노릇해지면 건지기** 찹쌀떡이 기름 위로 떠오르면 온도를 170℃로 올려 살짝 튀겨 바삭해지면 건져 낸다.

炸芝麻球

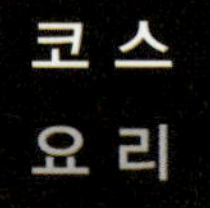

여자 친구모임에 인기 있는 코스요리. 먼저 얼큰한 산라탕으로 입맛을 돋운 다음 부드러운 게살요리와 마요네즈소스새우로 혀를 즐겁게 한다. 마지막으로 국물이 시원한 짬뽕과 달콤한 멜론시미로로 마무리한다.

코스
요리

산라탕

부용게살

마요네즈소스새우

삼선짬뽕

멜론시미로

산라탕

Appetizer
전채요리

酸辣湯

재 ▶ 료

대파·팽이버섯 _ 20g씩
쇠고기 _ 30g
해삼 _ 50g
죽순·표고버섯 _ 40g씩
두부 _ 60g
달걀 _ 1개

소스

청주·굴소스 _ 1큰술씩
물 _ 2컵반
간장·식초 _ 2큰술씩
후춧가루 _ 1작은술
물녹말 _ 2큰술
파기름·고추기름 _ 1큰술씩

만 ▶ 들 ▶ 기

1_ **재료 준비하기** 대파, 쇠고기, 해삼, 죽순, 표고버섯, 두부는 0.2×5cm 굵기로 채썬다. 팽이버섯은 밑동을 잘라 깨끗이 씻는다.

2_ **채썬 재료 데치기** 끓는물에 ①의 재료를 넣어 데친 다음 건져 물기를 뺀다. 팬에 청주와 물, 간장, 굴소스, 식초, 후춧가루를 넣고 간한 후 데친 재료를 넣고 끓인다.

3_ **물녹말 넣기** ②가 끓으면 불을 줄인 후 물녹말을 넣어 재빨리 섞는다. 그래야 물녹말에 멍울이 생기지 않는다.

4_ **달걀 풀기** 불을 세게 한 다음 달걀을 풀어 넣고 천천히 젓는다. 달걀이 익으면 파기름을 조금 넣고 섞어 그릇에 담은 다음 그 위에 고추기름을 올려 낸다.

재 ▶ 료

달걀흰자 _ 4개 분량
생크림 _ 1큰술
게살 _ 80g
브로콜리 _ 100g
소금 _ 조금
식용유 _ 2컵

소스

다진대파 _ 1큰술
다진생강·소금 _ 1/2작은술씩
다진마늘 _ 1작은술
청주·물녹말 _ 1큰술씩
물 _ 1/4컵
설탕·식용유 _ 조금씩

만 ▶ 들 ▶ 기

1_ **달걀흰자에 생크림 넣어 섞기** 달걀흰자에 생크림을 넣어 잘 섞는다.

2_ **기름에 달걀 넣어 튀기기** 튀김팬에 식용유 2컵을 넣어 기름 온도가 150℃ 정도가 되면 달걀흰자를 넣고 튀긴다. 달걀흰자가 튀겨져 부풀어 오르면 체에 건져서 기름을 뺀다.

3_ **게살 넣어 볶다가 간하기** 기름 두른 팬에 대파, 생강, 마늘을 볶다가 속뼈까지 제거한 게살과 청주, 물을 넣고 소금, 설탕 등으로 간을 한 후 물녹말을 넣어 볶는다.

4_ **달걀 넣어 섞기** ③에 튀긴 달걀흰자를 넣고 잘 섞은 다음 접시에 담는다. 브로콜리는 사방 2~3cm 크기로 잘라서 끓는물에 소금, 식용유를 조금씩 넣고 데친 다음 곁들인다.

芙蓉蟹肉

마요네즈소스새우

Maindish
메인요리

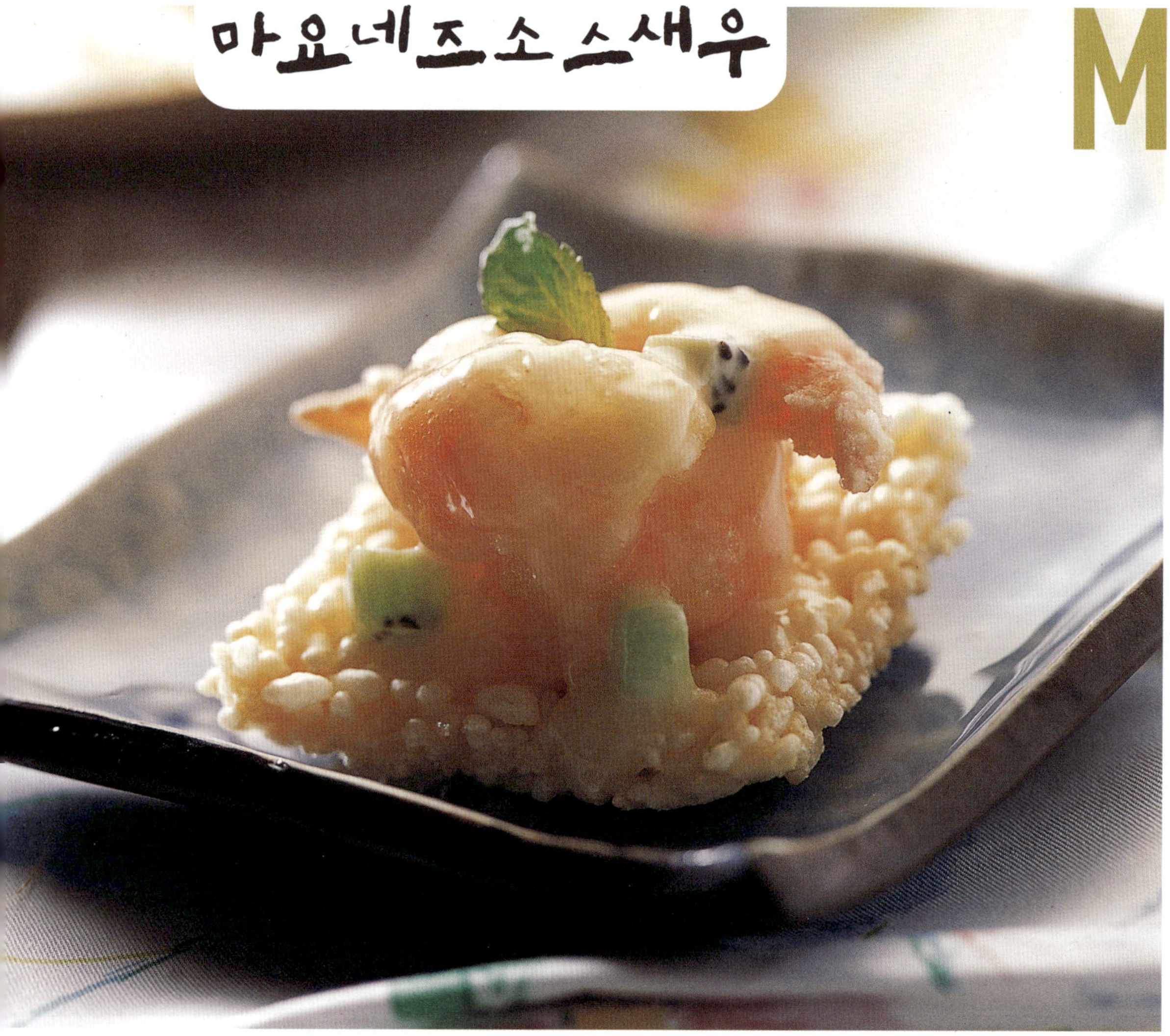

재▶료

중새우 _ 15마리
녹말 _ 50g
누룽지 _ 4개
식용유 _ 2컵

소스
마요네즈 _ 3큰술
설탕 _ 3큰술
생크림 _ 1큰술
레몬 _ 1/2개

만▶들▶기

1_ **새우에 녹말 묻히기** 중새우는 껍질과 내장을 제거하고 잘 씻은 후 물기를 닦고 녹말을 묻힌다.

2_ **새우 튀기기** 튀김팬에 식용유 2컵 정도를 붓고 온도가 170℃ 정도가 되면 새우를 하나씩 넣어 바삭하게 튀긴다.

3_ **누룽지 튀기기** 튀김팬 온도를 좀 더 높여 180℃로 오르면 누룽지를 넣어 튀긴다. 누룽지가 부풀면서 떠오르면 익은 것이다.

4_ **소스 만들어 끼얹기** 팬에 마요네즈, 설탕, 생크림을 분량대로 넣고 레몬즙을 짜서 넣은 다음 잘 섞어서 살짝 끓인다. 접시에 튀긴 누룽지를 놓고 그 위에 튀긴 새우와 완성된 소스를 끼얹는다.

富貴中蝦

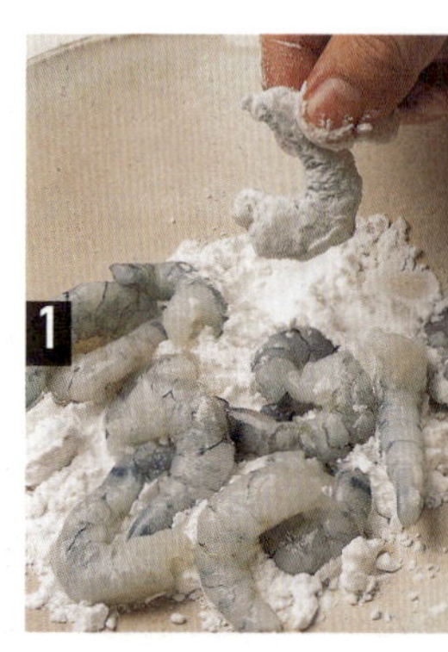

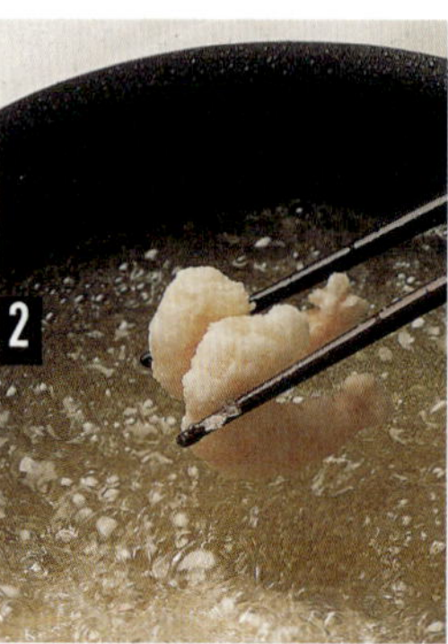

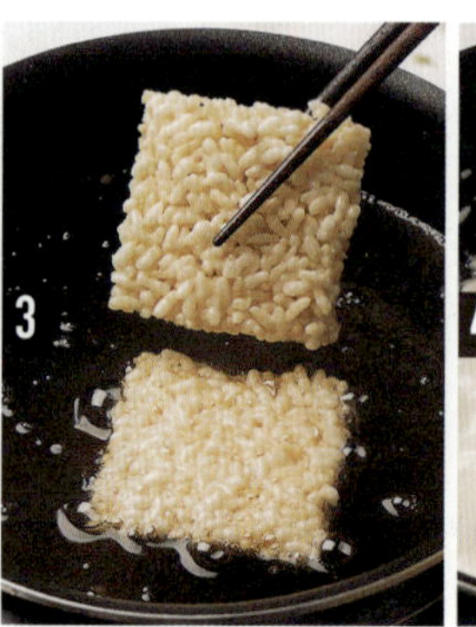

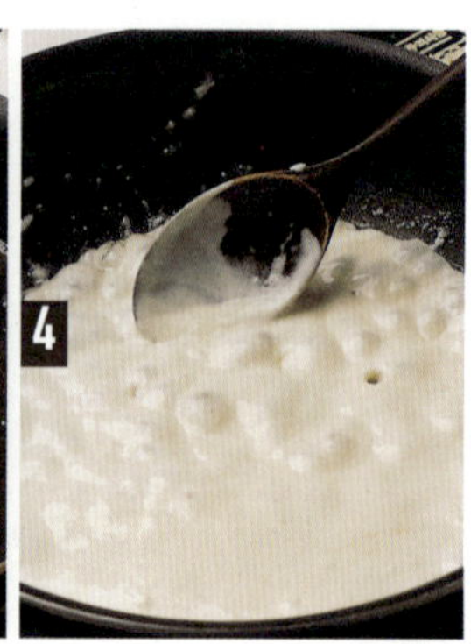

삼선짬뽕

재 ▶ 료

생국수 _ 600g
양파 _ 1/2개
청경채 _ 3뿌리
양송이버섯 _ 6개
표고버섯 _ 4개
해삼 _ 100g
죽순 _ 60g
소라 _ 3개
오징어 _ 150g
고기 _ 80g
중새우 _ 12마리

국물
고추기름 _ 3큰술
마른고추 _ 8개
대파 _ 1/2대
생강 _ 조금
마늘 _ 2쪽
청주 _ 1큰술
간장 _ 2큰술
물 _ 3컵
참기름·소금 _ 1큰술씩
치킨파우더 _ 1큰술
후춧가루 _ 조금
두반장 _ 1큰술
식용유 _ 2큰술

만 ▶ 들 ▶ 기

1_ 재료 썰기 양파는 채썰고, 청경채는 4cm 길이로 썬다. 양송이버섯, 표고버섯, 해삼, 죽순, 소라는 편으로 썰고, 오징어는 안쪽에 칼집을 넣어 고기와 함께 먹기 좋은 크기로 썬다. 새우는 손질하여 큰 것은 반 가르고, 작은 것은 그대로 둔다.

2_ 고기와 향신 채소 볶기 팬에 고추기름을 두르고 마른고추, 고기, 반으로 갈라 4cm 길이로 썬 대파, 채썬 생강, 편으로 썬 마늘을 넣고 볶다가 청주와 간장을 넣어 볶는다.

3_ 두반장으로 간하기 ②에 물과 ①을 넣고 잠깐 볶다가 참기름, 소금, 치킨파우더, 후춧가루, 두반장으로 간 맞추고 끓인다.

4_ 국수 삶기 국수를 삶아 잘 씻어 데친 후 그릇에 담고 그 위에 ③의 국물을 붓는다.

三鮮炒馬麵

멜론시미로

재 ▶ 료

멜론 _ 3개
멜론시럽 _ 3큰술
생크림 _ 2큰술
타피오카 _ 2큰술

만 ▶ 들 ▶ 기

1_ **멜론 씨 빼기** 멜론 2개는 반으로 가른 다음 속에 든 씨를 빼낸다.

2_ **과육 발라내기** 남은 멜론 1개는 과육을 발라낸다.

3_ **멜론 갈아 주스 만들기** 멜론과육, 멜론시럽, 생크림을 믹서기에 넣고 갈아 멜론주스를 만든다.

4_ **멜론에 칼집 넣기** 씨를 뺀 멜론에 칼집을 넣어 모양을 낸 후 갈아놓은 멜론주스를 붓는다. 타피오카
는 20분 정도 물에 불려 놓았다가 뜨거운 물에 데친 다음 차게 해서 주스 위에 올려 낸다.

蜜瓜西米露

시어른들 생신상에 어울리는 건강식 코스요리. 바다와
육지에서 나는 귀한 재료들로 만든 불도장, 입에서 살살 녹는
삼선샥스핀과 해삼전복, 마늘소스쇠고기볶음이면 칭찬 받기 충분하다.
천패설리는 보너스.

불도장

삼선샥스핀

해삼전복

마늘소스쇠고기볶음

천패설리

불도장

Appetizer
전채요리

佛跳牆

재 ▶ 료

송이버섯 _ 1개	마른관자 _ 1개
해삼 _ 100g	대파·생강 _ 1쪽씩
배춧잎 _ 1장	소흥주 _ 1큰술
도가니 _ 100g	간장 _ 1/2큰술
오골계 _ 100g	소금 _ 조금
돼지목살 _ 1쪽	**닭육수**
전복 _ 1개	다진닭가슴살 _ 300g
샥스핀 _ 50g	물 _ 10ℓ

만 ▶ 들 ▶ 기

1_ **닭육수 만들기** 닭가슴살을 10ℓ 의 물에 넣고 은
근한 불로 푹 끓여 맑은 국물을 우려낸다.

2_ **재료 손질하기** 송이버섯, 해삼, 배추는 저며 썰고
도가니는 겉에 붙은 기름을 제거한 다음 4cm 정
도 길이로 썬다. 오골계와 목살은 네모꼴로 반듯
하게 썰고 전복과 샥스핀은 먹기 좋게 반으로 자
른다.

3_ **주재료 삶고 육수 붓기** 끓는물에 ②의 모든 재료
를 삶아서 익힌 다음 내열용기에 넣고 마른관자,
대파, 생강을 넣는다. 닭육수에 소흥주, 간장, 소
금을 넣고 간을 한 다음 주재료를 넣은 내열용기
에 붓는다.

4_ **용기째 찌기** ③을 찜기에 넣고 약 2시간 정도 찐
다음 대파와 생강을 뺀다.

삼선샥스핀

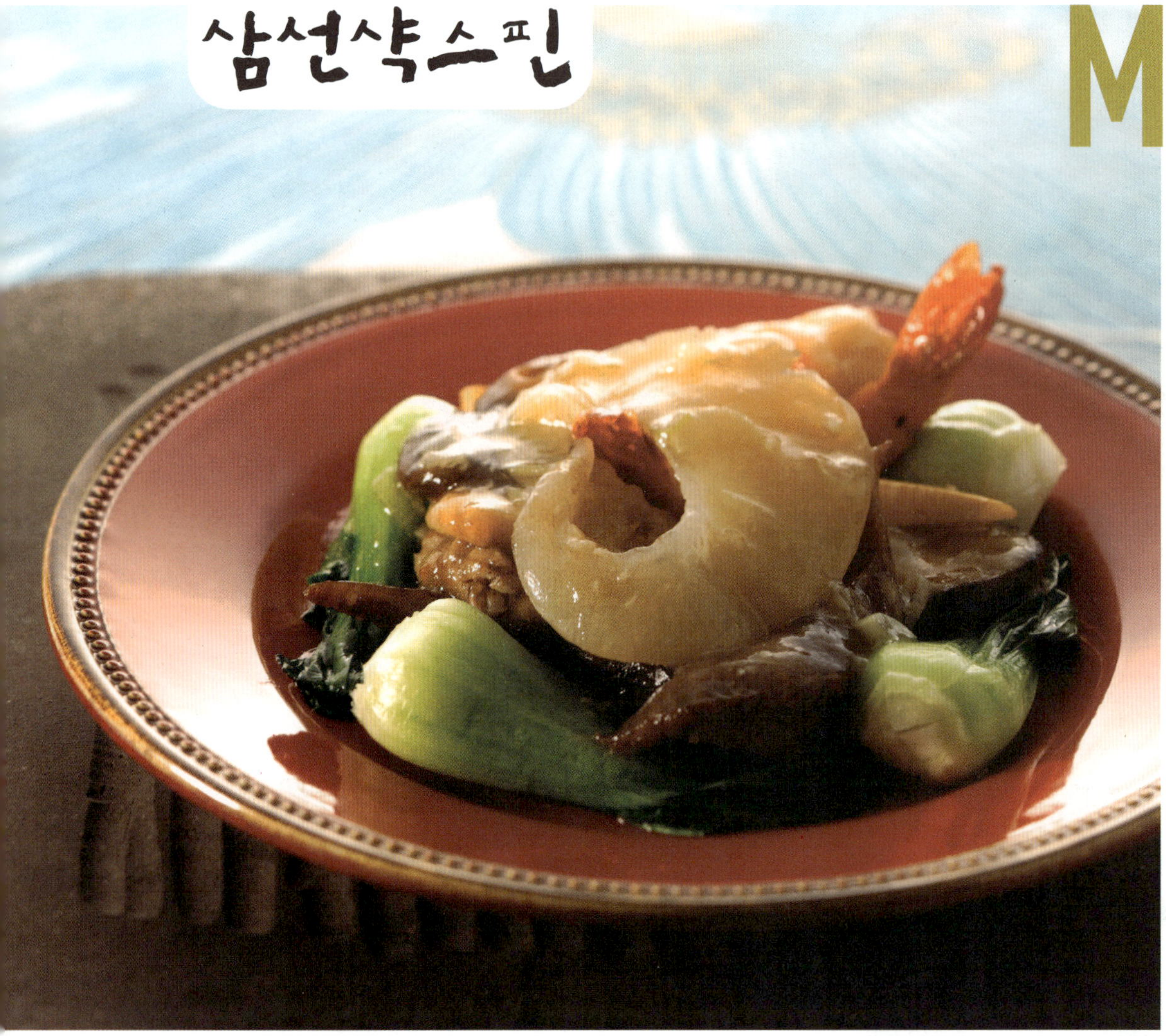

재 ▶ 료

죽순 _ 50g
표고버섯 _ 70g
해삼 _ 70g
키조개살 _ 1개
쇠안심 _ 50g
중새우 _ 5마리
청경채 _ 4개
샥스핀 _ 70g
식용유 _ 1큰술
대파·생강·마늘 _ 조금씩
청주 _ 1큰술
간장 _ 1작은술
굴소스 _ 1큰술
물녹말 _ 1큰술

소스

식용유 _ 2큰술
청주 _ 1큰술
간장·굴소스 _ 1작은술씩
물 _ 1/2컵
물녹말 _ 1큰술
참기름 _ 조금

만 ▶ 들 ▶ 기

1_ 주재료 준비하기 죽순, 표고버섯, 불린 해삼, 키조개살, 쇠안심은 비슷한 크기로 저며 썰고 중새우는 반으로 가른 다음 데쳐서 물기를 뺀다. 청경채는 반으로 가른 다음 끓는물에 소금, 식용유를 넣고 데쳐서 접시에 깐다.

2_ 데친 재료 넣어 볶기 팬에 식용유 1큰술을 두르고 대파, 생강, 마늘을 잘게 썰어 5초 정도 볶다가 청주와 간장을 넣는다. 끓으면 데쳐놓은 재료, 굴소스를 넣고 같이 달달 볶는다.

3_ 샥스핀 데치기 ②에 물녹말을 풀어서 걸쭉한 상태로 만든 다음 접시에 담고 샥스핀도 데쳐서 올린다.

4_ 소스 만들어 샥스핀 위에 붓기 팬에 식용유 2큰술, 청주, 간장, 굴소스, 물을 넣고 끓이다가 걸쭉해지도록 물녹말을 풀어준다. 마지막으로 참기름을 넣고 샥스핀 위에 골고루 뿌린다.

三鮮魚翅

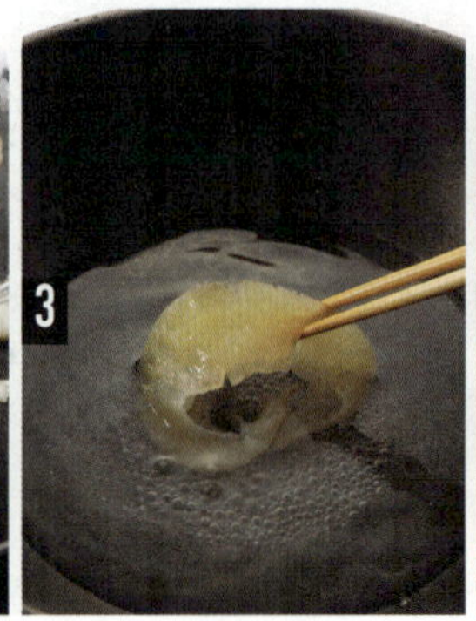

해삼전복

재 ▶ 료

해삼 _ 250g
중전복 _ 3개
청경채 _ 1개
대파 _ 10g
생강·마늘 _ 조금씩
식용유 _ 2큰술
청주 _ 1큰술
간장 _ 1큰술
굴소스 _ 1큰술
물 _ 1/3컵
물녹말 _ 2큰술
참기름 _ 조금

만 ▶ 들 ▶ 기

1_ 해삼·전복·청경채 썰기 해삼은 4~5cm 길이로 썰고 전복은 편으로 썬다. 청경채는 4cm로 썰어서 끓는물에 데친다.

2_ 대파·생강·마늘 썰기 대파, 생강, 마늘은 잘게 썰어 팬에 식용유를 두르고 5초 정도 볶는다.

3_ 데친 재료 넣고 양념하기 향신 채소를 볶은 팬에 식용유 2큰술을 두르고 청주 1큰술, 데친 재료를 넣어 20초 정도 볶다가 간장, 굴소스를 넣는다.

4_ 물녹말, 참기름 넣기 ③에 물을 붓고 2분 정도 저어가며 볶은 다음 물녹말을 풀어서 걸쭉하게 만든다. 마지막에 참기름을 넣고 섞어 접시에 담는다.

海蔘鮑魚

마늘소스쇠고기볶음

Maindish
메인요리

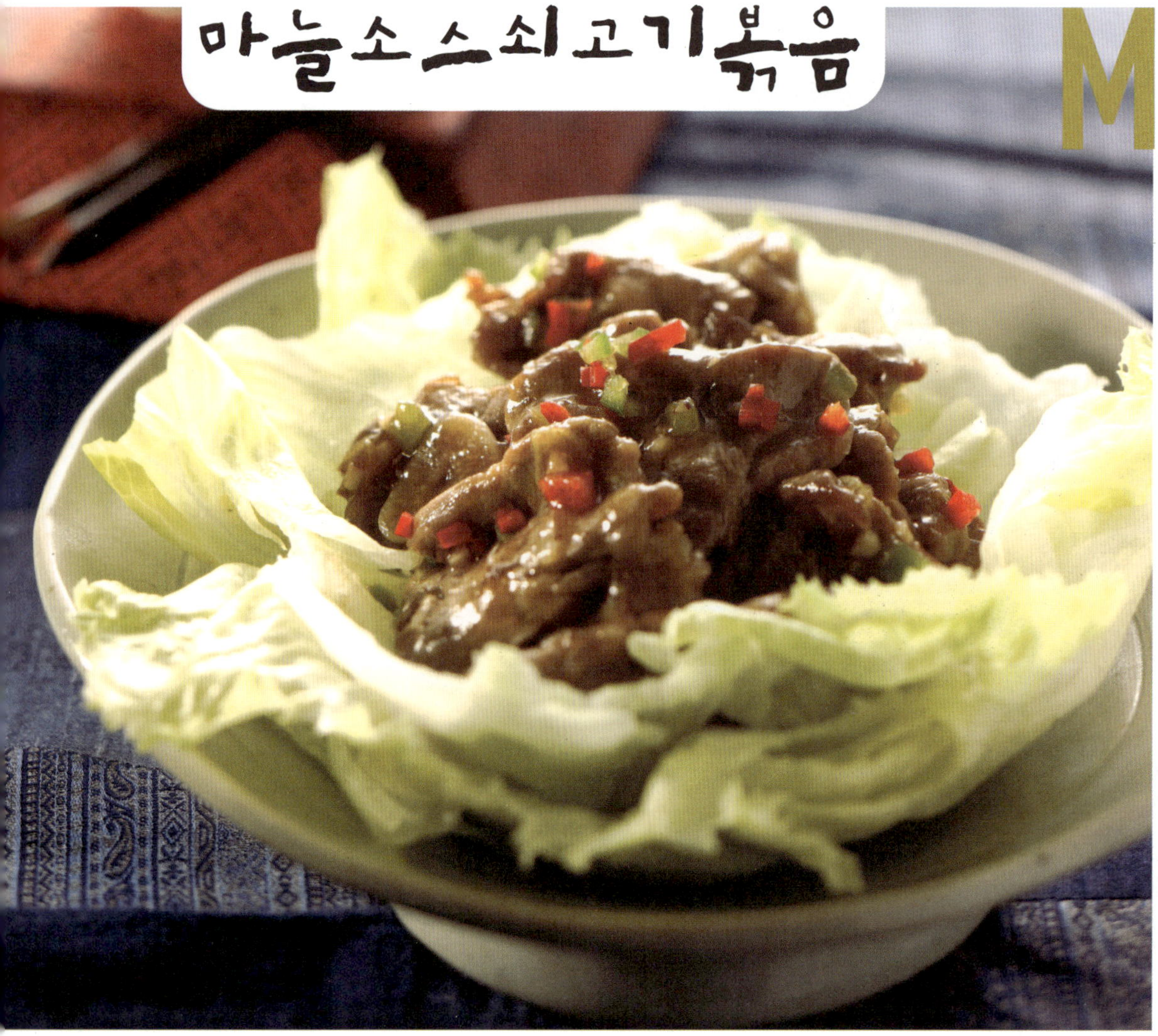

재▶료

양상추 _ 1/2개
피망 _ 1/2개
홍고추 _ 1/2개
대파 _ 10g
마늘 _ 3쪽
쇠등심 _ 200g
달걀흰자 _ 1/2개
녹말 _ 1작은술
식용유 _ 1/2컵

소스
청주 _ 1큰술
간장·굴소스 _ 1큰술씩
설탕·식초 _ 1큰술씩
물 _ 2큰술
후춧가루 _ 조금

만▶들▶기

1 _ 야채 준비하기 양상추는 뜯어서 접시에 담고 피망, 홍고추, 대파, 마늘은 잘게 썰거나 다진다.

2 _ 등심에 달걀흰자와 녹말 넣어 버무리기 등심살은 얇게 편으로 썬 다음 달걀흰자, 녹말을 넣고 잘 버무린다.

3 _ 소스 만들고 등심 익히기 그릇에 청주, 간장, 굴소스, 설탕, 식초, 물, 후춧가루를 넣고 소스를 만든다. 팬에 기름을 1/2컵 넣고 버무려 놓은 쇠등심을 노릇하게 익힌다.

4 _ 소스에 등심 버무리기 팬에 식용유 1큰술을 두르고 다진대파, 다진마늘, 홍고추, 피망을 넣어 살짝 볶다가 ③의 소스를 붓는다. 여기에 미리 익힌 등심을 넣고 버무리듯 살짝 볶은 다음 양상추 위에 담는다.

蒜蓉牛柳

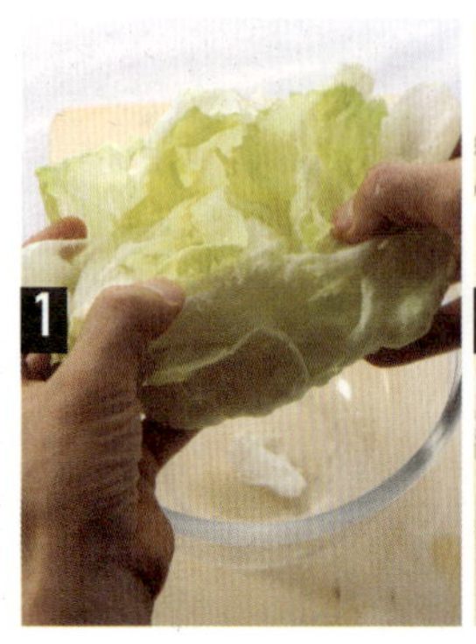

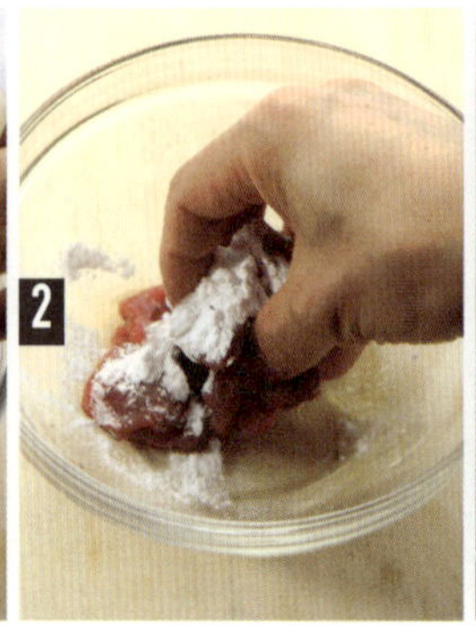

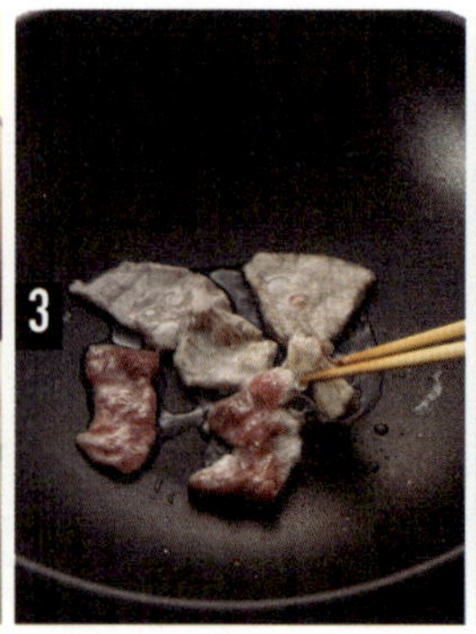

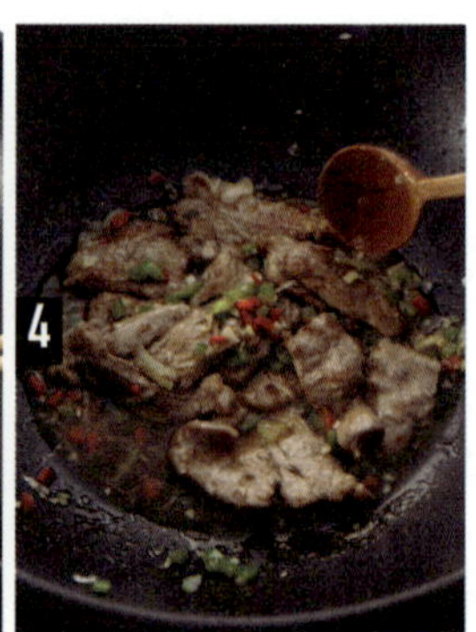

재 ▶ 료

배 _ 1개
타피오카 _ 1큰술
꿀 _ 1큰술
물 _ 조금
천패분 _ 조금

만 ▶ 들 ▶ 기

1_ **배 손질하기** 배는 반을 가르고 한쪽 과육을 파낸다.

2_ **파낸 과육 잘게 자르기** 파낸 과육을 잘게 썰어 파낸 곳에 채운다.

3_ **타피오카 불리기** 타피오카는 물에 담가서 불린 다음 배속에 넣고 꿀과 물을 넣는다.

4_ **천패분 넣어 배 찌기** 천패분도 배 속에 조금 넣은 다음 나머지 한쪽 배를 뚜껑 삼아 덮고 찜기에 2시
간 정도 찐다.

川貝雪梨

E

코스 요리

오랜만에 만나는 친지모임에 어울리는 코스요리.

부드러운 게살제비집수프로 시작해 송이샥스핀찜, 면보햐, 엑소소스볶음밥, 사과탕을 차례로 내면 모임 분위기가 한층 화기애애해진다.

게살제비집수프

송이샥스핀찜

면보햐

엑소소스볶음밥

사과탕

게살제비집수프

Appetizer 전채요리

蟹肉燕窩羹

재 ▶ 료

제비집 _ 1큰술
게살 _ 50g
팽이버섯 _ 1/2봉지
달걀흰자 _ 2개
물녹말 _ 2큰술
참기름 _ 조금

양념
청주 _ 1큰술
물 _ 2컵
소금 _ 조금
치킨파우더 _ 1작은술

만 ▶ 들 ▶ 기

1_ **제비집 · 게살 · 팽이버섯 손질하기** 제비집은 물에 담가 1~2시간 불린 다음 이물질을 제거하고 물에 살짝 헹궈 내열용기에 넣은 다음 찜기에서 30분 정도 찐다. 게살은 속뼈를 제거하고 팽이버섯은 뿌리를 잘라낸다.

2_ **양념 준비하기** 팬에 청주, 물을 넣고 소금, 치킨파우더를 분량대로 넣어 간을 맞춘다.

3_ **양념에 주재료 넣어 끓이기** ②에 게살, 팽이버섯, ①의 제비집을 넣고 끓인 다음 물녹말을 살짝 풀어 걸쭉한 상태로 만든다.

4_ **달걀흰자 풀고 참기름 넣기** ③에 달걀흰자를 넣고 골고루 섞은 다음 참기름을 둘러 잘 섞이도록 저어 그릇에 담는다.

송이샥스핀찜

재 ▶ 료

상어지느러미 밑간
상어지느러미 _ 200g
치킨파우더 _ 1/2큰술
청주·식용유 _ 2큰술씩
대파 _ 1/2대
생강 _ 1/2쪽
물 _ 1컵

자연산 송이 밑간
자연산 송이 _ 2개
청주·식용유 _ 1큰술씩
치킨파우더 _ 조금

청경채 밑간
청경채 _ 1개
물 _ 2컵
소금 _ 조금
식용유 _ 1큰술

숙주나물 밑간
숙주나물 _ 30g
식용유·소금 _ 조금씩

소스
식용유·청주 _ 1큰술씩
물 _ 1컵
치킨파우더 _ 조금
굴소스 _ 1큰술
노두유 _ 조금
물녹말 _ 2큰술
참기름 _ 조금

만 ▶ 들 ▶ 기

1_ **상어지느러미 찌고 송이버섯 볶기** 상어지느러미는 청주, 치킨파우더, 대파, 생강, 식용유, 물을 넣고 그릇째 찜기에 1시간 정도 찌고, 송이는 편으로 썬 다음 식용유, 청주, 치킨파우더를 넣고 볶는다.

2_ **청경채 데치고 숙주나물 볶기** 청경채는 끓는물에 소금, 식용유를 넣어 살짝 데치고, 숙주나물은 머리와 꼬리를 떼어내고 식용유, 소금을 넣어 볶은 다음 접시에 담는다.

3_ **상어지느러미·버섯·청경채 올리기** 숙주나물을 깐 접시에 상어지느러미, 송이, 청경채를 올린다.

4_ **소스 만들어 끼얹기** 팬에 식용유, 청주, 물, 치킨파우더를 넣고 살짝 끓인 다음 굴소스, 노두유로 간을 한다. 여기에 물녹말을 2큰술 넣고 걸쭉하게 한 다음 참기름을 넣어 소스를 완성한다. 완성된 소스를 상어지느러미가 담긴 접시 위에 끼얹는다.

松茸排翅

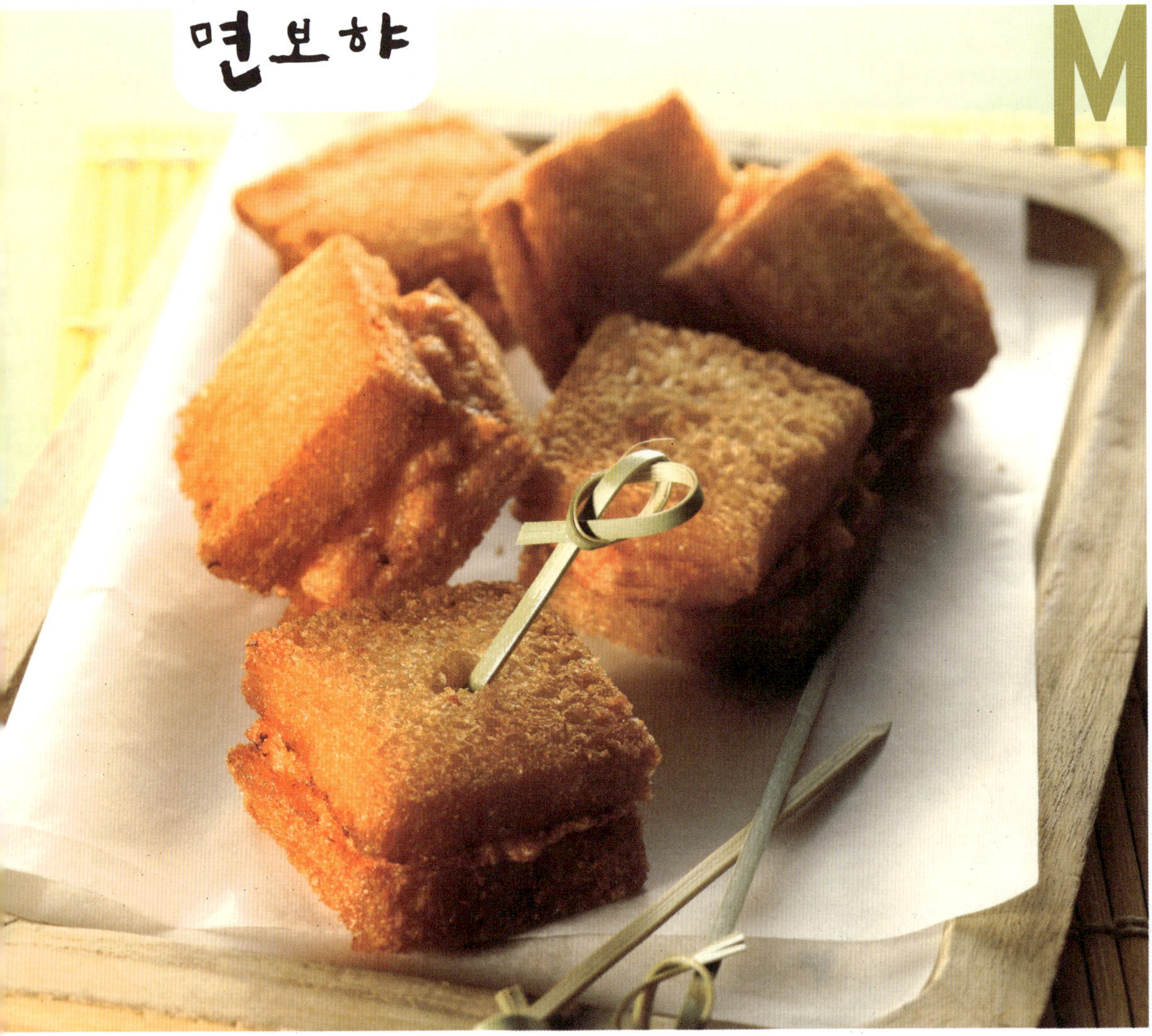

재 ▶ 료

식빵 _ 4쪽
새우 _ 100g
다진대파 _ 조금
다진생강 _ 조금
청주 _ 1큰술
소금·후춧가루 _ 조금씩
참기름 _ 조금
식용유 _ 1~2컵

만 ▶ 들 ▶ 기

1_ 식빵 4등분 하기 식빵은 딱딱한 가장자리를 잘라내고 4등분으로 자른다.

2_ 다진새우 양념에 버무리기 새우를 곱게 다진 다음 대파, 생강, 청주, 소금, 후춧가루, 참기름을 넣고 잘 섞이도록 골고루 버무린다.

3_ 버무린 새우 식빵에 올리기 버무린 새우를 등분한 식빵 위에 올리고 그 위에 식빵을 올려 떨어지지 않도록 지그시 누른다.

4_ 새우 넣은 식빵 튀기기 팬에 식용유를 붓고 온도가 150℃ 정도로 오르면 새우를 넣은 식빵을 넣고 표면이 갈색으로 변할 때까지 튀긴다.

엑소소스볶음밥

재 ▶ 료

밥 _ 1공기
쇠고기 _ 50g
새우 _ 50g
대파 _ 10g
달걀 _ 2개
완두콩 _ 30g
X.O소스 _ 1큰술
굴소스 _ 조금
식용유 _ 2큰술

만 ▶ 들 ▶ 기

1_ 재료 손질해 썰기 쇠고기와 새우, 대파는 깨끗이 손질해 잘게 썬다.

2_ 쇠고기와 새우 볶기 팬에 식용유를 두르고 쇠고기와 새우를 넣어 달달 볶는다.

3_ 달걀 넣어 볶다가 X.O소스 넣기 ②에 달걀을 넣고 저어가며 볶다가 어느 정도 익으면 대파, X.O소스를 넣고 볶는다.

4_ 굴소스·완두콩 넣고 볶기 ③에 밥을 넣고 밥알이 뭉치지 않도록 볶은 다음 굴소스와 완두콩을 넣어 1분 정도 더 볶는다.

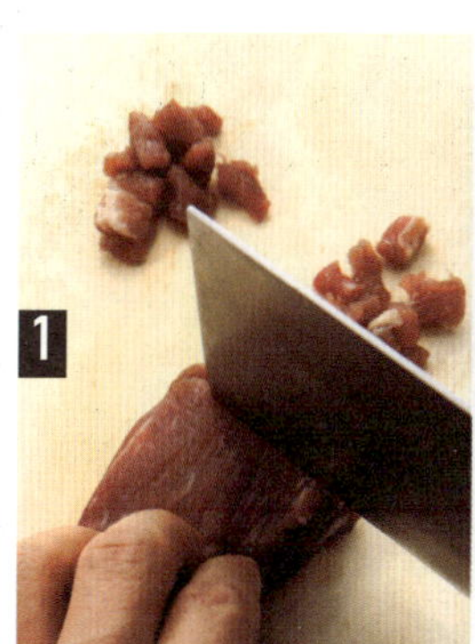
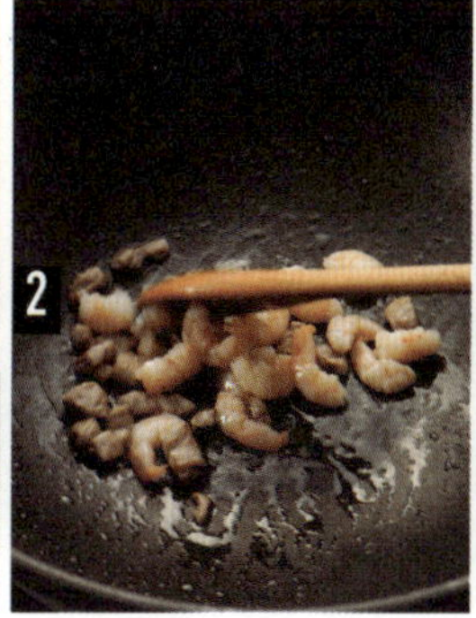

사과탕

DESSERT
후식

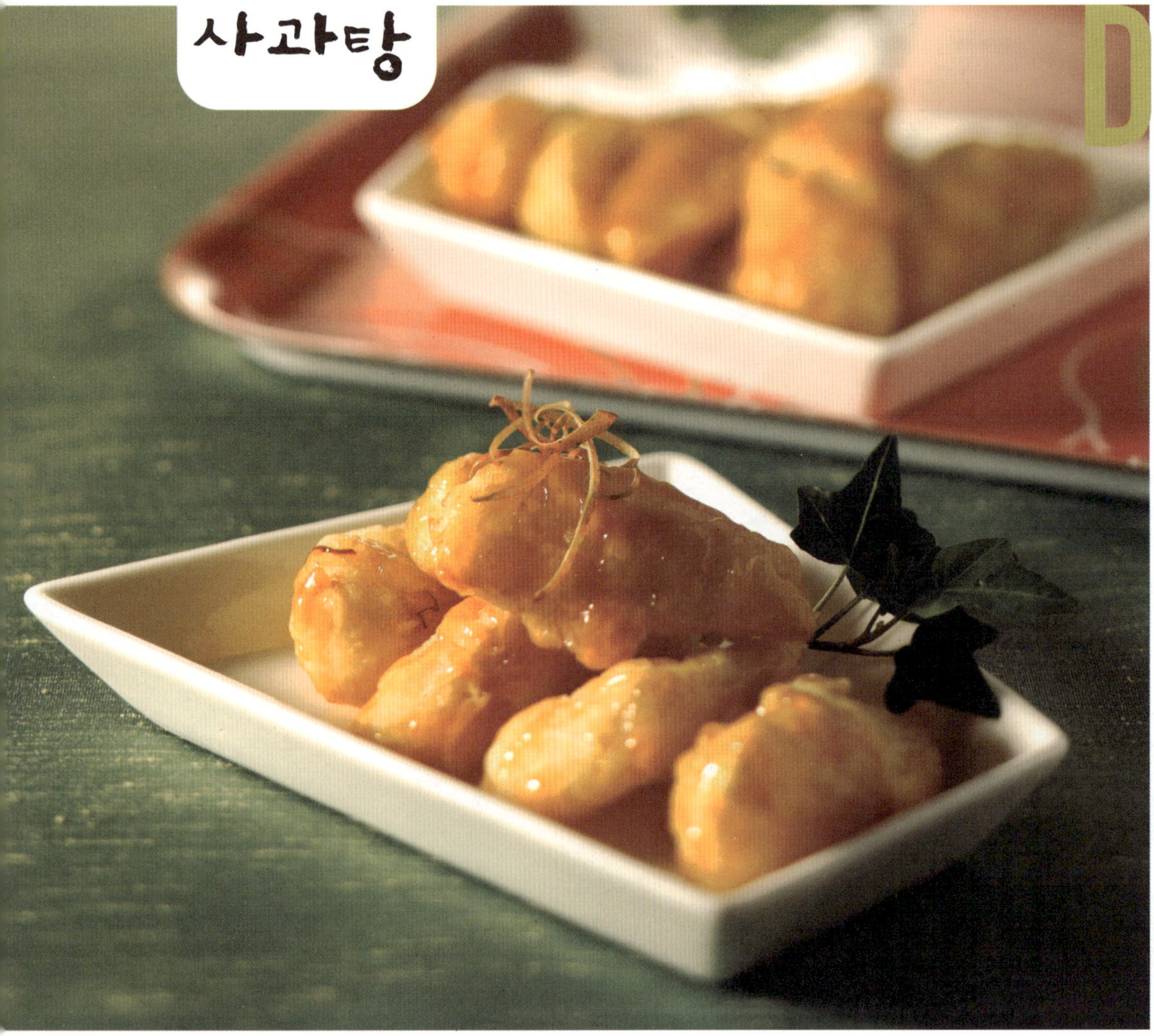

재 ▶ 료

사과 _ 1개
달걀흰자 _ 1개
밀가루 _ 2컵
뜨거운 물 _ 조금
튀김기름 _ 2컵

시럽
식용유 _ 2큰술
설탕 _ 2큰술

만 ▶ 들 ▶ 기

1 _ 사과 썰기 사과는 씨와 껍질을 벗기고 다각형으로 썬 다음 달걀흰자로 버무리고 밀가루를 묻힌다.

2 _ 뜨거운 물과 밀가루 번갈아가며 묻히기 ①에 뜨거운 물을 살짝 뿌린 다음 밀가루를 바르고 손으로 꾹꾹 눌러 사과에서 밀가루가 떨어지지 않게 한다. 밀가루와 뜨거운 물을 번갈아 2~3회 묻힌다.

3 _ 사과 튀기기 기름이 160~170℃ 정도로 끓어오르면 사과를 튀긴다. 사과를 튀기는 동안 다른 팬에 식용유와 설탕을 넣고 시럽을 만든다.

4 _ 시럽에 사과 버무리기 완성된 시럽에 튀긴 사과를 넣고 잘 버무린 다음 사과가 접시에 달라붙지 않도록 접시에 기름을 조금 바른 다음 올려놓고 식힌다.

拔絲蘋果

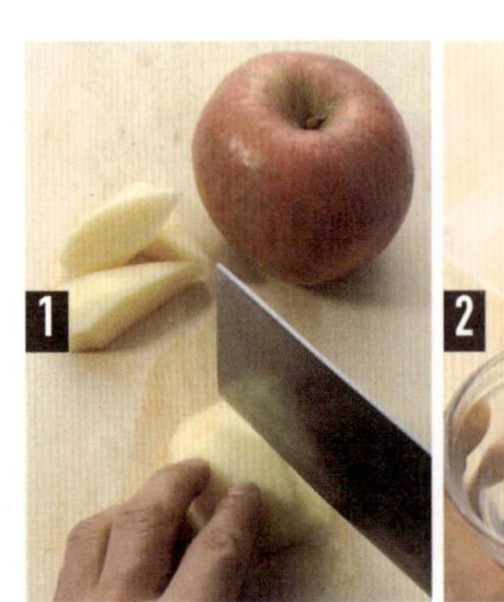

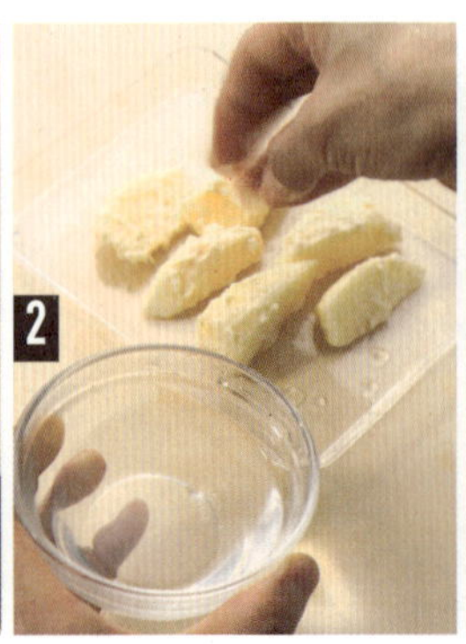

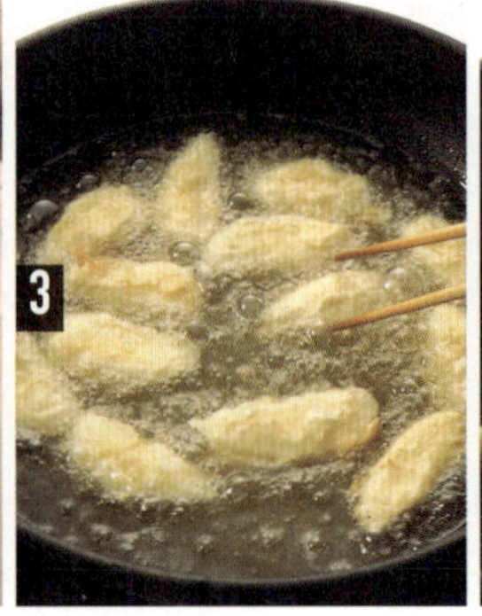

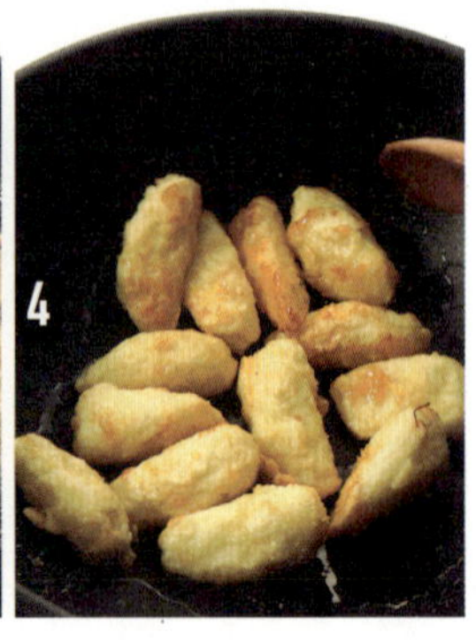

격식과 예의를 갖춰야 하는 자리에 어울리는
코스요리. 누군가에게 대접하고 싶을 때 전복바닷가재냉채,
맑은수프샥스핀, 중국식쇠안심스테이크, 볶음자장면, 코코넛제비집을
코스로 내면 유명 차이니스레스토랑이 부럽지 않다.

전복바닷가재냉채

맑은수프샥스핀

중국식쇠안심스테이크

볶음자장면

코코넛제비집

전복바닷가재냉채

Appetizer
전채요리

재 ▶ 료

오이 _ 조금
전복 _ 2개
바닷가재살 _ 1개
사과 · 키위 _ 조금씩

전복소스
케첩 _ 1큰술
설탕 _ 1작은술
소금 · 다진마늘 _ 조금씩
고추기름 _ 1큰술

바닷가재소스
마요네즈 · 설탕 _ 1큰술씩
레몬액 _ 1/2작은술

만 ▶ 들 ▶ 기

1_ **오이 썰고 전복 삶기** 오이는 편으로 썰어서 접시
한쪽에 보기 좋게 깔고, 전복은 삶아서 편으로
살포시 뜬 다음 오이 위에 올린다.

2_ **바닷가재 쪄서 편으로 썰기** 바닷가재를 찜기에
15분 정도 찐 다음 속살을 편으로 썰어서 접시
한 쪽에 올린다.

3_ **사과 · 키위 썰어 올리기** 사과, 키위는 껍질을 벗
기고 네모지게 썰어 바닷가재 위에 보기 좋게 올
린다.

4_ **소스 만들어 주재료에 붓기** 케첩, 설탕, 소금, 고
추기름, 다진마늘을 잘 섞어서 전복 위에 끼얹
고, 마요네즈, 설탕, 레몬액을 섞어 바닷가재 위
에 뿌린다.

海味雙品

맑은수프샥스핀

Maindish
메인요리

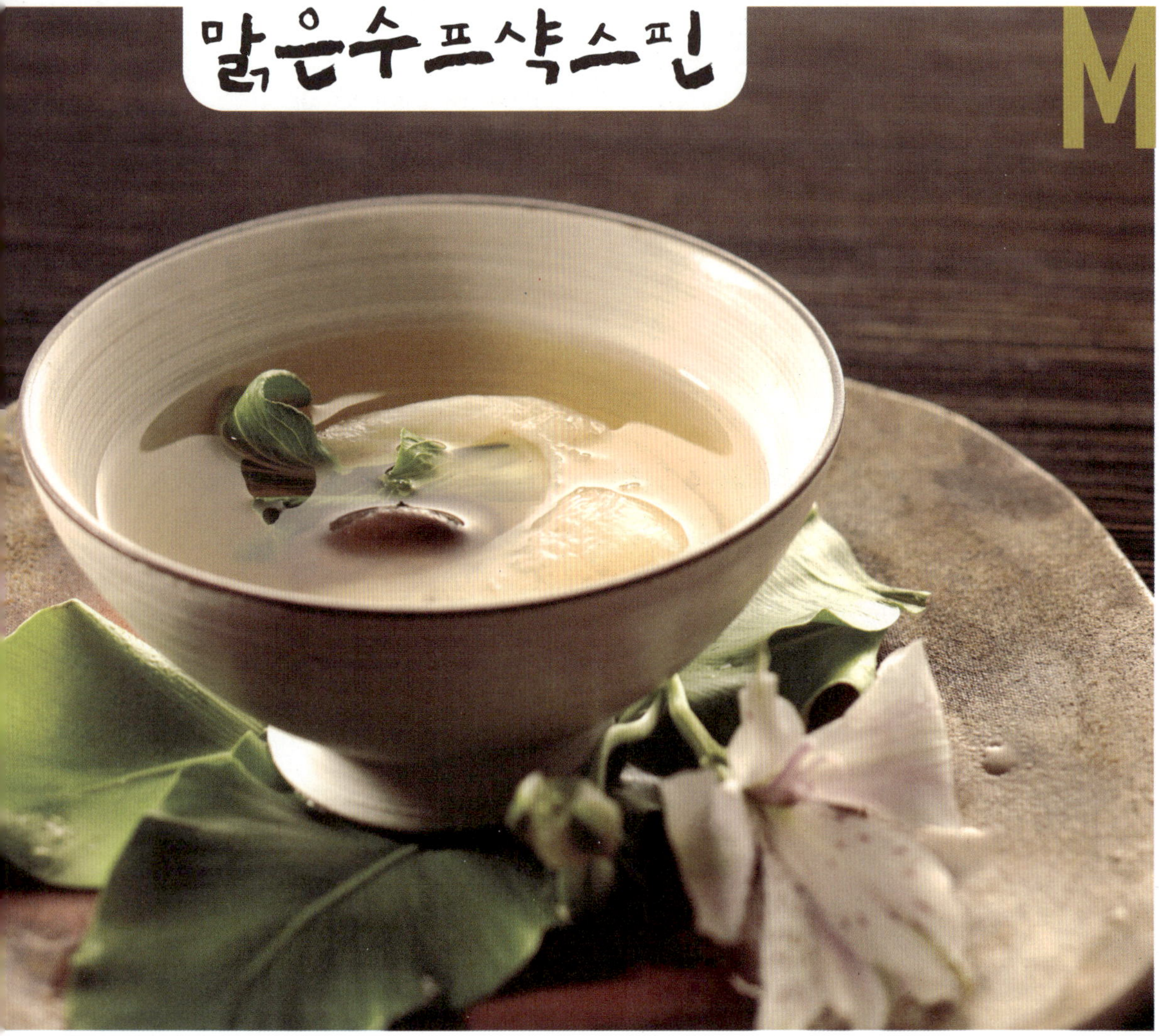

재▶료

상어지느러미 _ 150g
청경채 _ 1뿌리
불린 표고버섯 _ 1개

국물
소흥주 _ 1큰술
물 _ 1컵
소금 · 후춧가루 _ 조금씩
치킨파우더 _ 조금

상어지느러미 밑간
청주 _ 2큰술
치킨파우더 _ 1/2큰술
대파 · 생강 _ 1/2개씩
식용유 _ 2큰술
물 _ 1컵

만▶들▶기

1_ **상어지느러미 밑간해 찌기** 상어지느러미는 청주, 치킨파우더, 대파, 생강, 식용유, 물을 넣고 그릇째 찜기에서 1시간 정도 찐다.

2_ **그릇에 상어지느러미 · 청경채 · 표고버섯 넣기** 내열용기에 쪄낸 상어지느러미와 청경채, 불린 표고버섯을 보기 좋게 담는다.

3_ **국물 만들어 붓기** 팬에 소흥주, 물, 소금, 치킨파우더, 후춧가루를 넣고 섞어 ②의 내열용기에 붓는다.

4_ **찜기에 찌기** 재료를 담은 용기를 그릇째 찜기에 넣고 30분 정도 찐다.

清湯魚翅

1

2

3

4

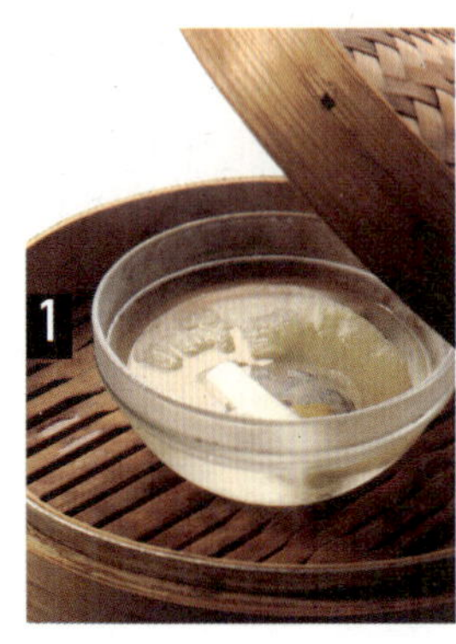

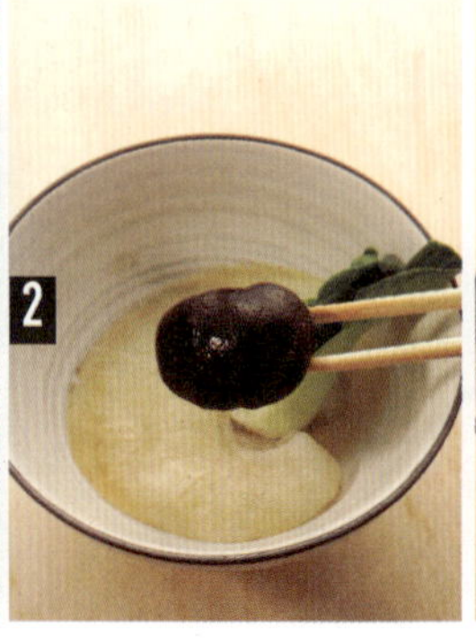

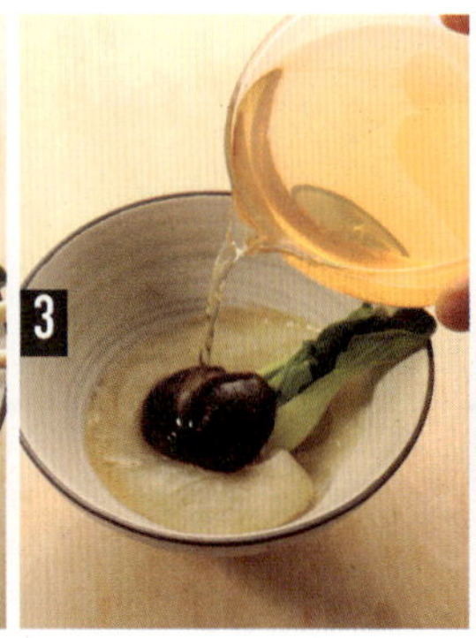

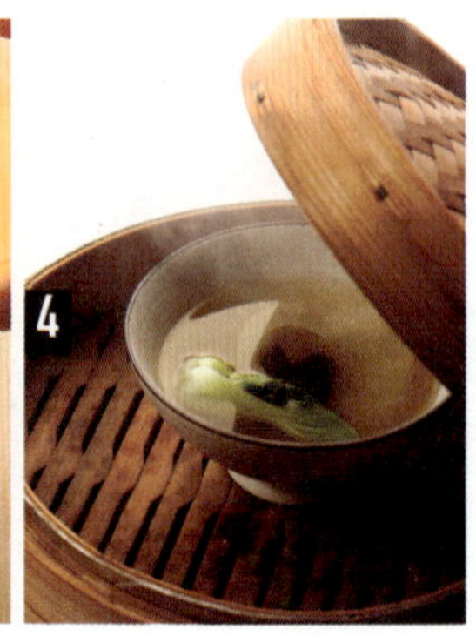

중국식 쇠안심 스테이크

재 ▶ 료

쇠안심 _ 200g
달걀흰자 _ 조금
청주·간장 _ 조금씩
후춧가루 _ 조금
녹말 _ 1작은술
양상추 _ 1/2개
식용유 _ 3~4큰술
소금 _ 조금

소스
식용유 _ 조금
다진대파 _ 조금
다진생강 _ 조금
청주 _ 1큰술
간장 _ 조금
물 _ 2/3컵
굴소스 _ 1큰술
후춧가루 _ 조금
물녹말 _ 1작은술
참기름 _ 조금

만 ▶ 들 ▶ 기

1_ 쇠안심 밑간해 버무리기 쇠안심은 굵기 1cm 정도로 썰어 달걀흰자, 청주, 간장, 후춧가루, 녹말을 넣고 잘 버무린다.

2_ 양상추 데치기 양상추는 끓는물에 식용유, 소금을 조금씩 넣고 데쳐서 물기를 뺀 다음 접시에 담는다.

3_ 고기 익히기 팬에 식용유를 3~4큰술 두르고 밑간한 쇠안심을 넣어 익힌 다음 양상추 위에 올린다.

4_ 소스 만들어 끼얹기 팬에 식용유를 두르고 다진대파, 생강을 넣어 볶다가 청주, 간장을 넣고 볶는다. 여기에 물, 굴소스, 후춧가루를 넣어 간을 맞춘 다음 물녹말을 풀어 걸쭉하게 만들고 참기름으로 풍미를 돋운다. 완성된 소스를 쇠고기 위에 끼얹는다.

生煎排脷

볶음자장면

재 ▶ 료

국수 _ 150g
양파 _ 1개
대파 _ 조금
호박 _ 조금
돼지고기 _ 30g
다진생강 _ 1/2큰술
다진마늘 _ 1/2큰술

양념

춘장 _ 1큰술
식용유 _ 3큰술
청주 _ 1큰술
간장 _ 1작은술
굴소스 _ 1큰술
설탕 _ 조금
물 _ 1/2컵
물녹말 _ 1큰술
참기름 _ 조금

만 ▶ 들 ▶ 기

1_ 야채 썰기 양파, 대파, 호박을 먹기 좋은 크기로 썬다.

2_ 국수 삶기 국수는 끓는물에 소금을 조금 넣고 삶은 다음 찬물에 헹궈 물기를 뺀다.

3_ 춘장 넣어 고기와 야채 볶기 팬에 식용유를 두르고 춘장을 살짝 볶은 다음 잘게 썬 돼지고기를 넣고 달달 볶는다. 여기에 대파, 생강, 마늘을 넣고 5초 정도 볶다가 청주, 간장, 양파, 호박을 넣는다.

4_ 양념에 국수 넣어 볶기 ③에 굴소스, 설탕, 물을 넣고 볶다가 삶아 놓은 국수를 넣어 볶는다. 마지막으로 물녹말을 살짝 풀고 참기름을 넣어 마무리한다.

回鍋炸醬麵

코코넛 제비집

재 ▶ 료

제비집 _ 5g
코코넛 _ 1캔
물 _ 1컵
꿀 _ 2큰술
설탕 _ 1큰술
우유 _ 3큰술

만 ▶ 들 ▶ 기

1_ **제비집 이물질 제거하기** 제비집은 물에 담가 1~2시간 정도 불린 다음 털이나 이물질을 잘 떼어낸다.

2_ **제비집 찌기** ①의 손질한 제비집을 물에 살짝 헹군 다음 용기째 찜기에 넣고 30분 정도 찐다.

3_ **코코넛·제비집 넣고 끓이기** 팬에 코코넛, 물, 꿀, 설탕, 제비집을 넣고 10초 정도 끓인다.

4_ **우유 넣어 끓이기** ③이 어느 정도 끓으면 우유를 부어 5초 정도 더 끓인다.

BONUS PAGE+

point…1 조리법이 겹치지 않게 하세요

식단을 짤 때는 전채부터 마지막 후식까지 같은 조리법이나 같은 재료의 메뉴가 나오지 않도록 신경을 써야 한다. 예를 들어 냉채에서 해물을 썼다면 주요리에서는 해물보다는 고기나 채소, 두부, 생선요리 등을 내는 것이 좋다. 또 주요리를 두 가지 낼 때 하나가 튀김이면 다른 요리는 튀김보다는 볶음이나 류채 중에서 선택해야 조화롭다.

point…2 모임 성격에 따라 메뉴를 고르세요

메뉴를 고를 때는 모임의 성격도 중요하다. 남편 친구들을 초대할 때는 식사보다는 술안주가 주가 될 것이므로 안주로도 어울리는 메뉴를 고르는 것이 좋고, 웃어른을 초대할 때는 느끼한 쪽보다는 담백하고 소화가 잘되는 메뉴를 선택해야 실패가 없다. 아이들을 위한 상차림에는 독특한 중국 향신료가 적게 쓰이고 맛이 자극적이지 않은 음식을 선택해야 성공할 수 있다.

푸짐하고 솜씨 있게 손님상 차리기

중국요리는 맛있을 뿐 아니라 푸짐하고 화려해서 손님을 접대하기에 좋은 메뉴다. 요리 대부분이 술안주와 밥반찬으로, 서로 맛이 어울려서 밥과 함께 술을 곁들이기 좋아하는 우리 문화와도 잘 맞는다. 중국요리로 메뉴를 정했다면 남은 것은 주부의 솜씨를 더욱 빛내줄 상차림! 기본 요령 몇 가지만 알면 멋지고 푸짐한 손님상을 차릴 수 있다.

point…3 요리 가짓수는 사람 수에 맞추세요

준비해야 할 요리의 가짓수는 예산이나 모임의 성격에 따라 달라질 수 있지만 손님 숫자에 맞추는 것이 가장 적당하다. 예를 들어 네 명을 초대한다면 요리도 네 가지 정도를 준비하면 먹기에 알맞다. 사람 수가 늘었다고 음식량을 늘리기보다는 가짓수를 늘려야 취향에 따라 선택해 먹기가 좋다.

point…4 기본양념을 세팅해 두세요

중국요리를 먹다 보면 간장, 식초, 고추기름, 겨자소스 등이 기본적으로 필요하다. 손님 수나 테이블 크기를 고려해 두세 벌 정도 준비한 다음 테이블 중간에 미리 세팅해 두면 손님들이 편하게 요리를 즐길 수 있다. 양념과 함께 찻주전자도 미리 세팅해 두는 것이 좋다. 중국요리를 먹을 때는 차를 자주 마시게 되므로 곧잘 찻잔이 비기 때문이다.

point…5 중국풍의 소품도 준비해 보세요

중식 상차림이라고 해서 중국 전통 그릇을 세트로 구입하면 비용도 많이 들 뿐 아니라 자칫 촌스러운 느낌이 들어 역효과가 날 수도 있다. '렝게' 라고 불리는 스푼이나 전통 문양의 젓가락, 중국풍 테이블매트, 전통 찻잔이나 주전자 등 간단한 소품을 준비하는 것으로도 분위기를 내는 데는 충분하다.

point…6 개인 접시를 준비하세요

중국요리를 상에 낼 때는 큼직한 접시에 푸짐하게 담아 덜어 먹을 수 있는 서브용 스푼과 함께 내는 것이 요령이다. 각자 자유롭게 덜어 먹을 수 있게 개인접시를 자리마다 세팅해야 하는데, 요리 종류가 많으면 개인접시도 여러 개 준비하는 것이 좋다. 탕이나 수프를 준비했을 때는 작은 볼도 함께 세팅해 두어야 한다. 개인접시 옆에는 중국식 오이피클이나 양파, 짜사이무침 등 기본 반찬을 조금씩 놓아 두는 것이 좋다.

중식기능사 자격증 시험
예 | 상 | 문 | 제

중국요리 조리기능사를 꿈꾸세요? 자주 출제되는 시험문제나 유의사항,
포인트를 미리 숙지하면 좋은 결과를 얻는 데 도움이 됩니다. 시험장의 시험문제
형식으로 만든 요리 문제 20문항을 토대로 자신의 실력을 테스트해보고
부족한 부분을 보충하세요. 여경옥 선생님의 실전 포인트도 놓치지 마세요!

Executive Chef
Yeo Kyung ak
luii
CHINESE
CUISINE
luii

01

탕수육

시험 문제

주어진 재료를 사용하여 탕수육을
만드시오.
1 돼지고기는 길이 4cm,
  두께 1cm 정도 긴 사각형으로 써시오.
2 채소는 편으로 써시오.

수험생 유의사항

1 소스 농도에 유의한다.

2 신맛과 단맛은 동일해야 한다.

3 불을 사용하는 조리작품은 반드시 익혀야 한다.

4 요구 작품이 두 가지인 경우 한 가지만 만들었을 때는
  채점 대상에서 제외된다.

5 조리 순서는 틀리지 않아야 한다.

돼지고기	150g	[밑간]	
양파	1/5개	다진생강·소금	조금씩
완두콩	15g		
당근	1/5개	[소스]	
오이	1/5개	식용유	2큰술
목이버섯	30g	간장	1큰술
대파	5g	설탕	4큰술
생강	1쪽	식초	3큰술
달걀	1개	물	1컵
녹말	2/3컵	물녹말	3큰술
식용유	3컵		

여경옥 선생님의 실전 포인트

1. 고기는 너무 길거나 굵게 썰지 않도록 주의하세요.
2. 튀길 때 넣는 속도가 느리면 두 번에 걸쳐 넣어야 튀김이 바삭해집니다. 즉, 반 정도 넣고 튀긴 다음 나머지 반을 넣고 튀기세요.
3. 튀기는 중간에 한 번쯤 튀김을 꺼내어 국자 등으로 쳐줘야 튀김의 수분이 빠져 바삭하게 튀겨집니다.
4. 튀김은 5분 정도 튀겨야 바삭해요.
5. 소스에 버무릴 때 될 수 있으면 빨리 버무려 눅눅해지는 것을 방지합니다.
6. 두 가지 시험을 함께 치르는 경우에는 탕수육을 나중에 만들어 내야 고기가 덜 눅눅해져요.

1 돼지고기 썰기

돼지고기는 길이 3~4cm, 굵기 1cm 미만으로 썰어 물기를 닦은 다음 소금과 다진생강을 넣고 밑간한다.

2 야채 썰기

당근, 오이, 대파, 생강은 편으로 썰고, 양파는 3~4cm 정도 삼각형으로 썬다. 목이버섯은 물에 담가 불린다. 배추를 사용하려면 편으로 썰어 준비한다.

3 고기에 튀김옷 입히기

밑간해 둔 고기에 달걀과 녹말 2/3컵을 넣고 잘 버무린 다음 튀김옷을 입힌다.

4 고기 튀기기

튀김옷을 입힌 고기는 170℃ 온도의 기름에 하나씩 넣는다. 고기를 다 넣었으면 약 10~20초 정도 튀긴 다음 건진다.

5 고기 국자로 툭툭 치기

건져낸 고기를 국자나 주걱으로 툭툭 쳐서 붙어 있는 고기를 떼어낸다.

6 한 번 더 튀기기

튀김팬에 튀긴 돼지고기를 넣어 한 번 더 튀긴다.

7 소스 재료 볶기

팬에 식용유 2큰술을 두르고 대파, 생강을 볶다가 나머지 야채를 넣어 볶는다. 오이는 변색될 수 있으므로 맨 나중에 넣는다.

8 소스에 고기 버무리기

⑦에 물 1컵을 붓고 간장, 설탕, 식초를 넣고 끓인다. 끓기 시작하면 물녹말을 넣어 걸쭉해지면 튀긴 고기를 넣고 재빨리 버무려 접시에 담는다.

라조기

시험 문제

주어진 재료를 사용하여 라조기를
만드시오.
1 닭은 5cm×1cm 길이로 써시오.
2 야채는 6cm×1cm 길이로 써시오.

수험생 유의사항

1 소스 농도에 유의한다.

2 야채 색이 퇴색되지 않도록 한다.

3 불을 사용하는 조리작품은 반드시 익혀야 한다.

4 요구 작품이 두 가지인 경우 한 가지만 만들었을 때는
  채점 대상에서 제외된다.

5 조리 순서는 틀리지 않아야 한다.

재료

		[밑간]	
닭	300g	간장	1/2큰술
달걀	1개	청주 · 후춧가루	조금씩
녹말	1/2컵		
청 · 홍고추	2개씩	[소스]	
표고버섯	2개	식용유	2큰술
죽순	30g	청주 · 간장	1큰술
대파	1/2대	소금 · 조미료	조금씩
마늘	3쪽	후춧가루 · 참기름	조금씩
생강	1쪽	육수	1컵
식용유	3컵	물녹말	2큰술

1. 지급 재료로 마른표고가 나올 경우에는 먼저 끓는물에 삶거나 담가서 불리세요.
2. 지급 재료로 고춧가루가 나올 경우에는 미리 고추기름을 만들어 놓고 마지막에 넣어 주세요. 그래야 색도 곱고 먹음직스러워요.
3. 닭고기는 튀기면 크기가 불어나므로 튀겼을 때의 크기를 예상해서 써세요.
4. 소스 만들 때 사용하는 물과 녹말의 비율은 3:1입니다. 그래야 소스가 걸쭉하면서도 잘 만들어져요.
5. 육수나 물 1컵을 붓고 닭고기를 조릴 때는 시간이 길어지면 소스가 줄어들므로 물을 조금 더 넣으세요.

---

1 닭고기 길쭉하게 썰기

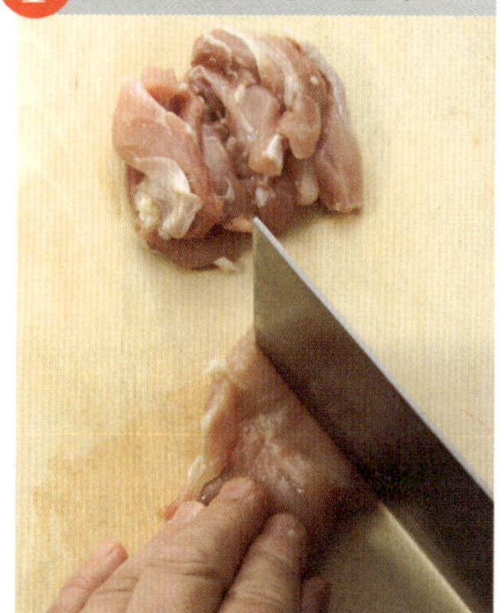

닭고기는 꽁지에 있는 기름기를 제거하고 길이 5cm, 굵기 1cm 크기로 썬다.

2 밑간해 튀김옷 입히기

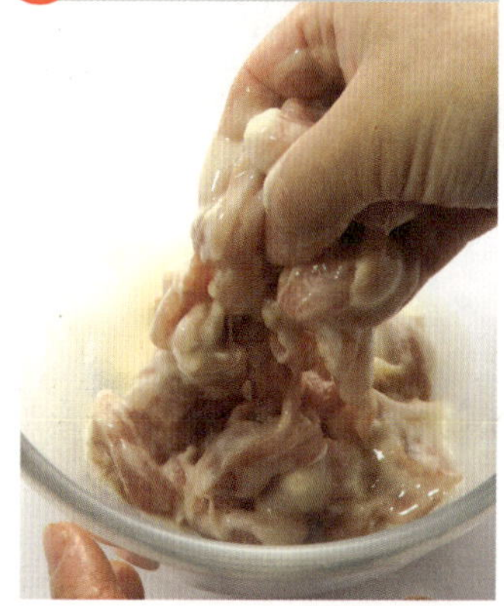

닭고기에 간장, 청주, 후춧가루를 넣고 밑간한 다음 달걀, 녹말을 넣고 버무린다.

3 야채 썰기

표고버섯, 죽순은 저며 썰고 고추는 반 갈라 씨를 뺀 후 길게 편으로 썬다. 대파, 생강, 마늘도 편으로 썬다.

4 튀김옷 입힌 닭고기 튀기기

기름 온도가 170℃ 정도가 되면 튀김옷을 입힌 닭고기를 넣고 노릇하게 튀긴다. 1분 정도 지난 다음 닭고기를 꺼내 수분이 빠지도록 국자로 툭툭 쳐 주고 다시 한 번 바삭하게 튀긴다.

5 향신 채소 볶기

다른 팬에 대파, 생강, 마늘을 넣어 향이 나도록 볶는다.

6 야채 넣고 육수 붓기

⑤에 청주, 간장을 1큰술씩 넣고 나머지 야채를 넣어 10초 정도 볶다가 육수나 물 1컵을 붓는다.

7 소스에 튀긴 닭고기 넣기

⑥에 후춧가루, 소금을 넣어 간을 맞춘 다음 튀긴 닭고기를 넣는다.

8 물녹말과 참기름 넣기

약 20초 정도 버무리다 물녹말을 부어 농도를 맞춘다. 참기름으로 마무리하고 접시에 담는다.

03

깐풍기

시험 문제

주어진 재료를 사용하여 깐풍기를
만드시오.
1 닭은 사방 4cm 정도 사각형으로 써시오.
2 닭을 튀기기 전에 튀김옷을 입히세요.

수험생 유의사항

1 프라이팬에서 고기와 소스를 혼합할 때 타지 않도록
　주의한다.
2 신맛과 단맛은 동일해야 한다.
3 불을 사용하는 조리작품은 반드시 익혀야 한다.
4 요구 작품이 2가지인 경우 한 가지만 만들었을 때는
　채점 대상에서 제외된다.
5 조리 순서는 틀리지 않아야 한다.

닭 ·················300g	**[밑간]**
피망 ···············1/2개	청주·간장 ·······1작은술씩
홍고추 ···············1개	후춧가루 ··············조금
대파 ···············1/2대	
생강 ················1쪽	**[소스]**
마늘 ················3쪽	물·식초 ··········2큰술씩
달걀 ················1개	간장 ················2큰술
녹말 ···············100g	설탕 ················1큰술
청주 ···············1큰술	조미료·후춧가루 ··조금씩
식용유 ···············3컵	참기름 ················조금

여경옥 선생님의 실전 포인트

1. 시험장의 화력은 그다지 세지 않으므로 최대한 센불로 조리하세요.
2. 튀김용 녹말을 만들 때는 녹말과 물의 비율을 1:1로 맞춰 섞으세요.
3. 소스 재료를 섞을 때는 참기름을 제외하고 섞으세요.
4. 튀김은 두 번 튀겨야 훨씬 바삭합니다.

① 닭고기 먹기 좋게 자르기

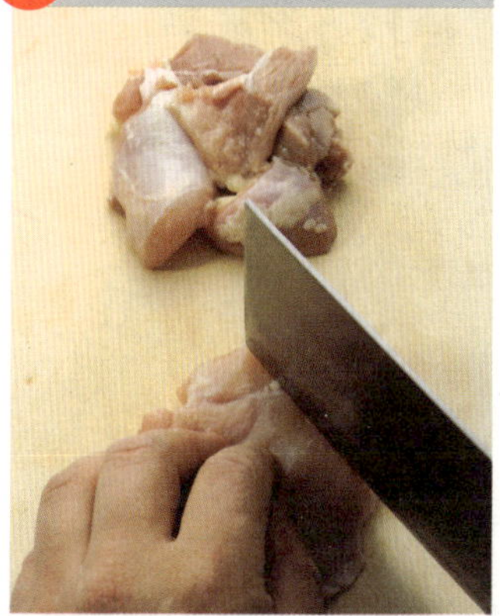

닭은 3~4cm 크기로 먹기 좋게 자른다.

② 피망 썰기

홍고추, 대파, 마늘, 생강, 피망은 잘게 다진다.

③ 소스 재료 분량대로 섞기

그릇에 물, 식초, 간장, 조미료, 설탕, 후춧가루를 분량대로 넣고 섞는다.

④ 닭고기에 밑간하기

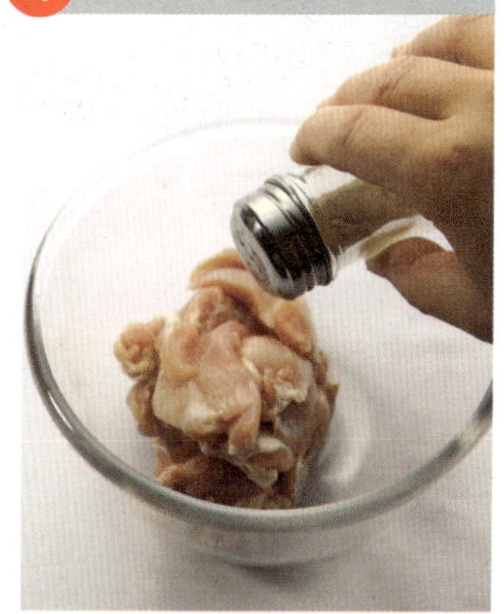

썰어 놓은 닭고기에 청주, 간장, 후춧가루를 조금씩 넣고 밑간한 다음 달걀, 녹말을 분량대로 넣어 잘 버무린다.

⑤ 튀김옷 입힌 닭 튀기기

기름 온도가 180℃ 정도 되면 닭을 하나씩 넣고 노릇하게 튀긴다. 약 1분 후 꺼내어 국자로 툭툭 쳐서 닭의 수분을 뺀 다음 바삭해질 때까지 튀긴다.

⑥ 잘게 썬 야채 볶기

다른 팬에 식용유 2큰술을 넣고 썰어 놓은 ②의 야채를 넣고 10~15초 정도 볶는다.

⑦ 청주 넣기

⑥에 청주 1큰술을 넣고 튀긴 닭고기를 넣는다.

⑧ 참기름으로 마무리하기

닭고기 위에 만들어 놓은 소스를 붓고 닭고기와 소스가 잘 버무려지도록 센불에서 재빨리 섞는다. 마지막에 참기름을 조금 넣고 접시에 담는다.

시험시간 **30**분

난**자**완스

주어진 재료를 사용하여 난자완스를
만드시오.
1 완자는 지름 4cm 정도로 둥글고
   납작하게 만드시오.
2 채소는 4cm 크기, 편으로 써시오.
   (단, 대파는 3cm 정도)

1 완자는 갈색이 나도록 익혀야 한다.

2 소스 농도에 유의한다.

3 불을 사용하는 조리작품은 반드시 익혀야 한다.

4 요구 작품이 두 가지인 경우 한 가지만

   만들었을 때는 채점 대상에서 제외된다.

5 조리 순서는 틀리지 않아야 한다.

돼지고기 ┄┄┄┄┄200g	**[소스]**
배추 ┄┄┄┄┄┄25g	청주 · 간장 ┄┄┄1큰술씩
죽순 ┄┄┄┄┄┄30g	조미료 ┄┄┄┄┄┄조금
표고버섯 ┄┄┄┄┄2개	후춧가루 ┄┄┄┄┄조금
당근 ┄┄┄┄┄┄20g	육수(물) ┄┄┄┄┄1컵반
대파 ┄┄┄┄┄┄1/2대	물녹말 ┄┄┄┄┄┄2큰술
마늘 ┄┄┄┄┄┄2쪽	참기름 ┄┄┄┄┄┄조금
생강 ┄┄┄┄┄┄1쪽	
달걀 ┄┄┄┄┄┄1개	
녹말 ┄┄┄┄┄┄1/2컵	
식용유 ┄┄┄┄┄┄1컵	

여경옥 선생님의 실전 포인트

1. 완자는 8개 정도 빚으세요.
2. 다진고기는 달걀, 녹말 등을 넣고 잘 치대야 완자가 깨지지 않고 부드럽게 만들어져요.
3. 처음 완자를 넣고 튀길 때는 화력을 약하게 하세요.
4. 완자를 익힐 때는 겉이 완전히 익지 않았을 때 눌러 줘야 둥그스름하면서도 납작한 모양이 완성됩니다.
5. 물녹말을 만들 때는 녹말과 물의 비율을 1:3으로 맞추세요.
6. 물이나 육수 1컵반을 부어도 너무 오래 볶으면 소스가 졸아들어요. 이때는 물을 조금 더 붓고 저어 주세요.
7. 간을 맞출 때는 소금보다 간장을 쓰는 것이 간 맞추기가 쉬워요.

① 야채 썰기

주어진 야채는 길이 4cm 크기로 편으로 썰고 파, 마늘, 생강도 편으로 썬다.

② 완자 빚기

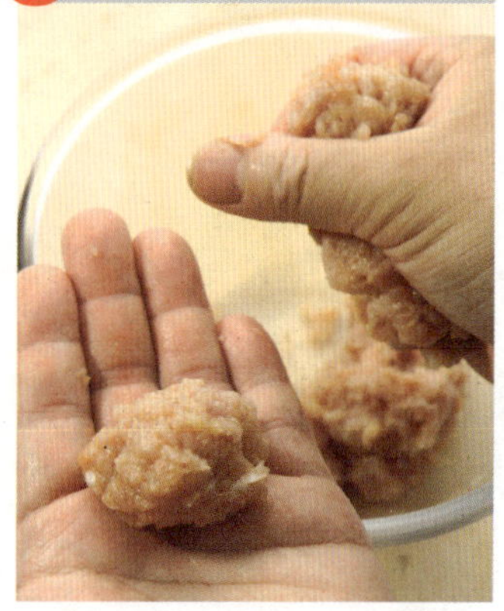

돼지고기는 곱게 다져 청주, 간장, 후춧가루를 넣어 밑간한 다음 달걀과 녹말을 넣고 여러 번 치댄다. 반죽이 되면 지름 2.5cm 크기로 동그랗게 완자를 빚는다.

③ 완자 노릇하게 익히기

기름 온도가 100~120℃ 정도 되면 완자를 놓아 겉이 살짝 익으면 뒤집어 살짝 눌러가며 납작하게 모양을 만든다. 완자 표면이 갈색을 띨 때까지 익힌다.

④ 야채 양념하여 볶기

팬에 식용유를 1큰술 두르고 썰어 놓은 파, 마늘, 생강을 5초 정도 볶다가 청주와 간장을 넣고 향을 낸 뒤 나머지 야채를 넣고 15초 정도 볶는다.

⑤ 간 맞추기

④에 물을 붓고 조미료, 후춧가루 등으로 간을 맞춘다.

⑥ 완자 넣어 조리기

⑤에 튀긴 완자를 넣고 소스를 끼얹어 가며 1분 정도 조린다.

⑦ 물녹말 넣어 농도 맞추기

맛이 배어들면 물녹말을 조금 풀어서 걸쭉한 상태로 만든다.

⑧ 참기름 넣기

참기름으로 고소하게 향을 내고 접시에 담는다.

부추잡채

시험시간 **20**분

시험 문제

주어진 재료를 사용하여 부추잡채를
만드시오.
1 부추는 6cm 길이로 써시오.
2 고기는 0.3cm×6cm 길이로 써시오.

1 야채의 색이 퇴색되지 않도록 한다.

2 불을 사용하는 조리작품은 반드시 익혀야 한다.

3 요구 작품이 두 가지인 경우 한 가지만

　만들었을 때는 채점 대상에서 제외된다.

4 조리 순서는 틀리지 않아야 한다.

재료	
돼지고기 ··············80g	**[양념]**
부추 ···············100g	식용유 ···············2큰술
생강 ·················5g	간장 ···············1작은술
달걀 ·················1개	청주 ················1큰술
녹말 ··············1작은술	소금 ·················3g
식용유 ···············1컵	후춧가루 ··············조금
	조미료 ·················2g
	참기름 ···············조금

1. 부추를 볶을 때는 최대한 센불로 볶아야 야채의 숨이 죽지 않아요.
2. 팬을 달군 후 청주와 부추를 동시에 넣거나 부추를 넣은 다음 청주를 넣고 볶으세요. 자칫하면 불이 붙을 수 있어요.
3. 달걀은 하나를 다 쓰지 않고 고기와 버무릴 정도만 사용해 농도를 조절하세요.
4. 소금과 조미료를 먼저 부추에 뿌리고 볶으면 양념하는 시간을 절약할 수 있습니다.
5. 생강은 얇게 채썰어 고기와 같이 볶거나 부추와 같이 볶으세요.

---

1 고기와 생강 썰기

고기는 6cm 길이로 일정하게 썰고 생강은 얇게 채썬다.

2 부추 손질해 썰기

부추는 깨끗이 씻은 후 물기를 제거해 6cm 길이로 자르되 흰 줄기 부분과 잎 부분을 구분해 썬다.

3 고기에 달걀흰자 넣기

채썬 고기에 생강, 간장, 후춧가루를 넣고 밑간한 다음 달걀흰자를 1/3 정도만 넣고 잘 버무린다.

4 기름에 고기 익히기

팬에 기름을 넉넉히 두르고 고기를 익힌 다음 체로 건져 기름기를 뺀다.

---

5 부추 흰 부분 볶기

팬에 식용유를 2큰술 두르고 가열한 다음 청주를 넣고 억센 부추의 흰 줄기 부분을 먼저 볶는다.

6 부추 파란 부분 볶기

⑤에 소금, 조미료를 넣어 간을 맞추고 20초 정도 볶다가 부추의 잎 부분을 넣고 볶는다.

7 부추에 고기 섞어 볶기

⑥을 10~20초 정도 타지 않게 볶다가 미리 익힌 고기를 넣고 잘 섞이도록 볶는다.

8 참기름 넣기

⑦에 참기름을 넣고 섞은 다음 접시에 보기 좋게 담는다.

06

홍소두부

시험 문제

주어진 재료를 사용하여 홍소두부를
만드시오.
1 두부는 길이가 5cm, 두께가 1cm
삼각형으로 써시오.
2 두부는 서로 붙지 않게 잘 튀겨 내고
채소는 편으로 써시오.

수험생 유의사항

1 두부는 으깨지지 않아야 하며 갈색을 띠도록 튀긴다.

2 물녹말을 넣을 때 농도에 유의한다.

3 불을 사용하여 만든 조리작품은 반드시 익혀야 한다.

4 요구 작품이 두 가지인 경우 한 가지만

　만들었을 때는 채점 대상에서 제외된다.

5 조리 순서는 틀리지 않아야 한다.

두부 ·················1모	**[소스]**
돼지고기 ············50g	식용유 ·············2큰술
죽순 · 당근 ········30g씩	청주 · 간장 ·······1큰술씩
표고버섯 ·············2개	조미료 ···············2g
대파 ················10g	후춧가루 ············조금
마늘 ················1개	물 ·················1컵
생강 ················1쪽	설탕 ···············조금
식용유 ··············3컵	물녹말 ···········2큰술

여경옥 선생님의 실전 포인트

1. 두부를 튀기기 전에 키친타월 등으로 물기를 완전히 제거해야 바삭하게 튀겨져요.
2. 두부는 연한 갈색을 띨 때까지 튀겨야 겉이 단단해져서 부서지거나 으깨지지 않아요.
3. 두부 위에서 X자 모양으로 자르면 삼각형 모양이 만들어집니다. 그런 다음 옆으로 세워 굵기 1cm 정도로 썰면 쉽고 예쁘게 삼각 모양을 만들 수 있어요.
4. 물녹말을 만들 때는 마른녹말과 물의 비율을 1:3으로 맞추세요.
5. 물녹말을 풀 때는 조금씩 넣고 잘 저어야 소스가 뭉치지 않고 걸쭉해져요.

① 두부 삼각형으로 썰기

두부는 물기를 제거한 다음 두께 1cm 삼각형으로 썬다.

② 고기와 야채 썰기

돼지고기, 죽순, 표고버섯, 당근은 편으로 썬다. 대파, 생강, 마늘도 잘게 편으로 썬다.

③ 두부 물기 제거해 튀기기

두부는 키친타월이나 면보로 남은 물기를 닦아낸 다음 기름에 노릇하게 튀긴다. 연한 갈색을 띨 때까지 튀긴 다음 체로 건져 기름기를 뺀다.

④ 팬에 고기 볶기

팬에 식용유를 2큰술 두르고 고기를 먼저 달달 볶다가 대파, 생강, 마늘을 넣고 향이 배도록 같이 볶는다.

⑤ 나머지 야채 넣어 볶기

④에 청주, 간장을 1큰술씩 넣고 썰어놓은 나머지 야채도 같이 넣어 30초 정도 달달 볶는다.

⑥ 물 붓고 간 맞추기

⑤에 물 1컵을 넣고 조미료, 후춧가루, 설탕 등으로 간을 맞춘다.

⑦ 튀긴 두부 넣어 볶기

⑥에 튀긴 두부를 넣어 버무리듯 30초 정도 볶는다.

⑧ 접시에 담기

물녹말을 넣어 걸쭉해질 때까지 풀어준 다음 접시에 보기 좋게 담는다.

07

마**파**두부

시험 문제

주어진 재료를 사용하여 마파두부를 만드시오.
1 두부는 사방 1.5cm 크기의 주사위 모양으로 써시오.
2 두부가 차지 않게 하시오.

수험생 유의사항

1 두부가 으깨지지 않아야 한다.

2 녹말 농도에 유의한다.

3 불을 사용하여 만든 조리작품은 반드시 익혀야 한다.

4 요구 작품이 두 가지인 경우 한 가지만

  만들었을 때는 채점 대상에서 제외된다.

5 조리 순서는 틀리지 않아야 한다.

두부	200g	조미료 · 설탕	조금씩
대파	1/2대	후춧가루	조금
마늘	2쪽	두반장	1큰술
생강	1쪽	물	1컵
청고추 · 홍고추	1개씩	물녹말	2큰술
다진돼지고기	50g	참기름	5cc

[소스]

식용유	2큰술
청주	1큰술
간장	1작은술

여경옥 선생님의 실전 포인트

1. 지급 재료로 고춧가루가 나오면 미리 고추기름을 만들어 참기름을 넣을 때 함께 사용해 색을 내세요.
2. 조리할 때 대파를 조금 남겼다가 완성된 마파두부 위에 올려 주면 훨씬 먹음직스럽고 보기도 좋아요.
3. 두반장은 맵고 짜므로 간을 할 때 많이 넣지 않도록 주의하세요.
4. 물녹말을 만들 때는 마른녹말과 물의 비율을 1:3으로 맞추세요.
5. 물녹말을 풀 때는 조금씩 넣고 잘 저어야 소스가 뭉치지 않고 걸쭉해집니다.

---

① 두부 깍둑썰기

두부는 사방 1.5cm 크기로 깍둑썬다.

② 야채 잘게 다지기

대파, 마늘, 생강, 청고추, 홍고추는 잘게 썰거나 다진다.

③ 두부 데치기

팬에 물을 끓인 후 소금을 조금 넣고 두부를 데친 다음 체에 건져 물기를 뺀다. 이때 데친 두부는 찬물에 씻지 않는다.

④ 고기와 향신 채소 볶기

팬에 식용유를 2큰술 두르고 고기를 볶다가 대파, 마늘, 생강을 넣고 10초 정도 볶는다.

---

⑤ 소스 끓이기

④에 청주, 간장을 넣고 섞은 다음 두반장, 후춧가루, 조미료, 설탕을 넣어 양념하고 마지막으로 물을 부어 끓인다.

⑥ 두부 넣어 조리기

⑤가 바글바글 끓으면 두부를 넣고 1~2분간 조린다.

⑦ 물녹말 넣기

⑥에 물녹말을 부어가며 골고루 잘 섞는다. 걸쭉해지면 참기름을 넣고 가볍게 섞는다.

⑧ 마파두부에 대파 장식하기

완성된 마파두부 위에 풋고추나 대파채를 올려 상에 낸다.

08

고추잡채

시험 문제

주어진 재료를 사용하여 고추잡채를
만드시오.
1 주재료인 피망과 고기는 5cm 정도로
  채써시오.
2 고기에 밑간을 하시오.

수험생 유의사항

1 팬이 완전히 달궈진 다음 기름을 둘러 코팅한다.

2 피망은 선명한 색이 살아 있도록 오래 볶지 않는다.

3 불을 사용하여 만든 조리작품은 반드시 익혀야 한다.

4 요구 작품이 두 가지인 경우 한 가지만 만들었을 때는
  채점 대상에서 제외된다.

5 조리 순서는 틀리지 않아야 한다.

돼지고기 …………100g	달걀 ………………1개
양파 …………………1/2개	녹말 ………………2큰술
피망 …………………100g	
죽순 …………………30g	**[양념]**
표고버섯 ……………2개	식용유 ……………2큰술
대파 …………………1/2대	청주 · 간장 ………1큰술씩
마늘 · 생강 ………1쪽씩	소금 ………………조금
	조미료 ……………조금
[밑간]	참기름 ……………5cc
청주 · 간장 ………조금씩	

여경옥 선생님의 실전 포인트

1. 지급 재료로 마른표고가 나올 경우에는 먼저 끓는물에 삶거나 담가서 불리세요.
2. 고기에 밑간할 때 청주와 간장은 각 0.3cc 정도로 약하게 하세요.
3. 고기에 녹말과 달걀흰자를 넣을 때는 녹말 1큰술에 달걀흰자 1/3개 정도가 좋아요.
4. 기름이 지나치게 뜨거우면 고기가 팬에 달라붙을 수 있으므로 처음부터 기름이 너무 뜨겁지 않도록 주의하세요.
5. 야채는 색이 죽지 않도록 센불에 빠르게 볶으세요.
6. 양념해서 볶을 때 간을 맞추기 어렵다면 소금을 쓰지 말고 조미료와 간장만 넣어 간을 맞추세요.

---

① 야채 채썰기

피망은 반을 갈라서 씨를 제거한 다음 채썬다. 표고버섯, 죽순, 양파도 피망과 같은 굵기로 채썬다.

② 향신 채소 채썰기

대파, 마늘, 생강도 깨끗이 손질해 잘게 채썬다.

③ 녹말 · 달걀흰자 넣기

돼지고기는 채썰어 청주, 간장으로 밑간한 다음 녹말, 달걀흰자를 넣고 잘 버무린다.

④ 고기와 향신 채소 볶기

팬에 식용유 2큰술을 두르고 고기를 먼저 익힌 다음 대파, 마늘, 생강을 넣고 볶는다.

---

⑤ 손질한 야채 넣어 볶기

④에 청주, 간장을 1큰술씩 넣은 다음 양파를 넣고 살짝 볶다가 나머지 야채를 넣고 볶는다.

⑥ 간 맞추기

⑤에 조미료, 소금으로 간을 한 다음 살짝 볶는다.

⑦ 참기름 넣기

약 1분 정도 볶은 다음 참기름을 넣어 윤기와 향을 더한다.

⑧ 접시에 담기

접시에 소복하게 담는다. 이때 접시 주위에 기름이 묻지 않도록 주의한다.

09

물만두

시험 문제

주어진 재료를 사용하여 물만두를
만드시오.
1 만두피는 찬물에 반죽하시오.
2 만두피는 지름 6cm 정도로 만드시오.
3 만두는 8개 만드시오.

수험생 유의사항

1 만두소를 넣을 때 적당량만 넣어 피가 찢어지지 않게 한다.

2 만두피를 만들 때 반죽이 마르지 않게 유의한다.

3 불을 사용하여 만든 조리작품은 반드시 익혀야 한다.

4 요구 작품이 두 가지인 경우 한 가지만 만들었을 때는

　채점 대상에서 제외된다.

5 조리 순서는 틀리지 않아야 한다.

돼지고기 ……………50g	**[만두소 양념]**
배추 · 부추 ………25g씩	청주 · 간장 ………1큰술씩
대파 ……………1/2대	소금 ………………조금
생강 ………………1쪽	조미료 ………………조금
	참기름 …………1작은술

[만두피]

밀가루(중력분) ……150g
물 …………………1/4컵
소금 ………………조금

여경옥 선생님의 실전 포인트

1. 만두소를 너무 많이 채워 속이 터지지 않도록 주의하세요.
2. 반죽할 때 주어진 밀가루를 모두 사용하지 마세요. 반죽을 치대거나 만두피를 만들 때도 필요합니다.
3. 만두피 만들 때 반죽을 잘 치대고 만두피 중앙이 도톰하도록 밀어야 잘 터지지 않아요.
4. 평소 만두피 만드는 법과 만두 싸는 법을 많이 연습해 두세요.
5. 돼지고기가 덩어리로 나올 경우는 반드시 다져서 사용하세요.

① 밀가루 반죽하기

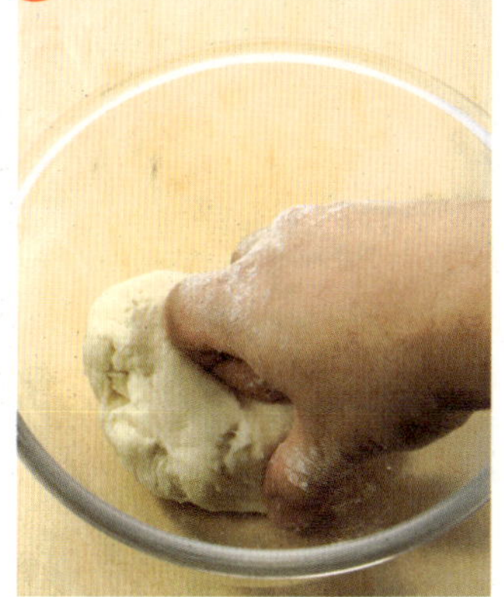

밀가루 100g에 소금, 물을 넣고 반죽한 다음 잘 치대어 비닐로 잠시 덮어 둔다.

② 배추 손질해 재료와 섞기

배추는 썰어서 소금을 넣고 약간 절인 다음 소금물을 빼고 곱게 다져서 다진 돼지고기, 생강, 잘게 썬 부추, 파와 같이 섞는다.

③ 양념하여 만두소 만들기

②에 청주, 간장, 소금, 조미료, 참기름을 넣고 잘 버무려 만두소를 준비한다.

④ 밀가루 반죽 밀기

①의 밀가루 반죽을 여러 번 치댄 다음 바닥에 대고 돌돌 밀어 손가락 굵기로 길게 만든다. 반죽 모양이 자리를 잡으면 1.2cm씩 손가락으로 뚝뚝 떼어 손바닥으로 납작하게 누른다.

⑤ 만두피 만들기

납작해진 반죽을 지름 약 6cm가 되도록 밀대로 밀어 만두피를 만든다. 이때 만두피 중앙이 약간 도톰해지도록 민다.

⑥ 만두피에 만두소 넣기

만두피에 만두소를 한 숟가락 정도 넣은 다음 양쪽 엄지로 꾹꾹 눌러 만두를 만든다.

⑦ 물만두 삶기

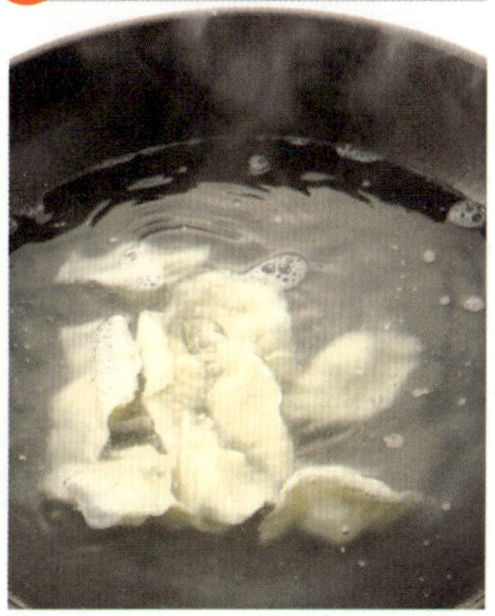

끓는물에 소금을 조금 넣고 만두를 삶는다.

⑧ 접시에 담기

물이 끓으면 찬물을 조금씩 넣어 가며 3번 반복해 삶은 다음 쪼글쪼글해진 물만두를 접시에 담는다. 이때 접시에 물을 조금 붓는다.

짜춘권

시험 문제

주어진 재료를 사용하여 짜춘권을
만드시오.
1 작은 새우를 제외한 야채는 4cm 정도로
써시오.
2 지단에 재료를 넣고 말 때는 지름 3cm
크기의 원통형으로 하시오.

수험생 유의사항

1 새우의 내장을 제거한다.

2 타지 않게 튀긴 다음 썰어야 한다.

3 불을 사용하여 만든 조리작품은 반드시 익혀야 한다.

4 요구 작품이 두 가지인 경우 한 가지만 만들었을 때는

　채점 대상에서 제외된다.

5 조리 순서는 틀리지 않아야 한다.

돼지고기 ··········· 50g	**[양념]**
새우 ················ 50g	식용유 ············· 2큰술
양파 ··············· 1/3개	청주 · 간장 ········ 1큰술씩
당근 ················ 40g	조미료 · 소금 ······ 조금씩
부추 ················ 20g	후춧가루 ··········· 조금
표고버섯 ············ 2개	참기름 ············· 5cc
식용유 ·············· 3컵	
	[물풀]
[달걀피]	밀가루 ············· 3큰술
달걀 ················ 2개	물 ················· 6큰술
물녹말 ············· 1큰술	
소금 ················ 조금	

여경옥 선생님의 실전 포인트

1. 마른녹말을 쓸 때는 미리 물에 약간 섞은 다음 사용해야 달걀과 잘 섞입니다.
2. 시험 중 조리시간이 부족할 때는 조리순서 3번을 생략해도 무방해요.
3. 재료를 볶을 때는 너무 오래 볶지 않는다. 지나치게 오래 볶으면 재료가 숨이 죽어 먹음직스럽지 않아요.
4. 가정용 팬이 지급되면 달걀 1개당 지단 하나를 만들고 업소용 팬이 지급되면 달걀 2개를 넣어 지단을 만든 다음 반을 갈라 사용하세요.
5. 지단을 말 때 속재료를 지나치게 많이 넣지 마세요. 적당량만 넣고 말아야 지름 3cm의 예쁜 모양이 됩니다.
6. 이미 속재료를 익힌 것이므로 춘권을 살짝만 튀긴 다음 바로 꺼내 써세요.

① 달걀지단 만들기

달걀을 깬 다음 소금과 녹말을 넣고 젓가락을 이용하여 골고루 섞은 다음 지단 2개를 만든다.

② 새우·돼지고기·야채 썰기

새우는 등에 있는 검은 내장을 빼고 돼지고기는 가늘게 채썬다. 양파, 당근, 표고버섯도 같은 크기로 채썰고 부추는 5cm 길이로 썬다.

③ 새우와 고기 볶기

팬에 식용유를 2큰술 정도 두르고 새우와 고기를 넣어 10초 정도 볶는다.

④ 청주·간장·야채 넣기

어느 정도 익으면 청주, 간장을 넣고 부추를 제외한 나머지 야채를 넣고 볶는다.

⑤ 부추 넣고 양념해 섞기

썰어 둔 부추, 조미료, 후춧가루 등을 넣고 간을 한 다음 참기름을 넣고 잘 섞어 그릇에 담아 약간 식힌다.

⑥ 물풀 만들기

밀가루와 물을 분량대로 섞어 물풀을 만든다.

⑦ 지단에 재료 넣어 말기

지단 위에 미리 볶아 놓은 재료를 넣고 김밥 말듯이 손으로 돌돌 말다가 중간쯤에서 양 끝을 접어 말아 준다. 이때 지단 끝이 풀리지 않도록 물풀을 바른다.

⑧ 튀긴 춘권 썰기

팬에 식용유를 넣고 온도가 160~170℃가 되면 지단을 넣어 연한 갈색을 띨 때까지 튀긴 다음 2cm 길이로 썬다. 일정하게 썬 짜춘권을 접시에 담는다.

11

시험시간 20분

달걀탕

시험 문제

주어진 재료를 사용하여 달걀탕을 만드시오.

1 죽순, 표고버섯, 대파는 4cm 정도로 채써시오.
2 수프의 색이 혼탁하지 않게 하시오.

수험생 유의사항

1 달걀이 뭉치지 않게 풀어 가며 익힌다.
2 녹말가루의 농도에 유의한다.
3 불을 사용하여 만든 조리작품은 반드시 익혀야 한다.
4 요구 작품이 두 가지인 경우 한 가지만 만들었을 때는 채점 대상에서 제외된다.
5 조리 순서는 틀리지 않아야 한다.

달걀 ·····················1개	**[소스]**
죽순 ·····················30g	청주 ·····················1큰술
표고버섯 ···············2개	간장 ·····················1큰술
청경채 ···················30g	육수(물) ···············2컵반
대파 ·····················1/2대	소금 · 후춧가루 ····조금씩
	조미료 ·················조금
	참기름 ·················조금
	물녹말 ·················3큰술

여경옥 선생님의 실전 포인트

1. 지급 재료로 마른표고가 나올 경우에는 먼저 끓는물에 삶거나 담가서 불리세요.
2. 달걀은 흰자와 노른자가 골고루 섞이도록 잘 풀어 주세요.
3. 물녹말을 만들 때는 마른녹말과 물의 비율을 1:3으로 맞추세요.
4. 물녹말을 풀 때는 불을 줄인 후 재빨리 국자로 저어가며 풀어 줘야 멍울이 생기지 않아요.
5. 달걀을 넣자마자 저으면 달걀이 부서져 혼탁해질 수 있어요.
6. 탕을 너무 오래 끓이지 마세요. 지나치게 오래 끓이면 국물이 혼탁해집니다.

1 재료 썰기

죽순, 표고버섯, 청경채, 대파를 손질해 4cm 길이로 채썬다.

2 팬에 청주·육수 넣기

팬에 청주를 넣고 육수(물)를 부어 바글바글 끓인다.

3 야채 넣어 끓이기

②에 간장, 소금, 후춧가루로 간을 한 다음 미리 썰어 놓은 야채를 넣고 끓인다.

4 물녹말 넣기

끓기 시작하면 불을 줄이고 물녹말을 조금씩 넣는다. 이때 물녹말에 덩어리가 생기지 않도록 국자로 잘 저어준다.

5 달걀 풀기

달걀노른자와 흰자가 골고루 섞이도록 젓가락으로 푼다.

6 달걀 넣어 익히기

④가 끓으면 풀어준 달걀을 넣고 익을 때까지 잠시 기다린다.

7 국자로 달걀 풀어주기

달걀이 끓어오르면 달걀이 뭉치지 않고 골고루 잘 풀어지도록 국자로 천천히 젓는다.

8 참기름 넣기

마지막에 참기름을 한 방울 넣고 빠르게 저어 그릇에 담는다.

12

생선완자탕

시험 문제

주어진 재료를 사용하여 생선완자탕을
만드시오.
1 완자는 흰살 생선과 달걀흰자,
  녹말가루로 만드시오.
2 국그릇에 완자를 담고 국물을 부어
  내시오.

수험생 유의사항

1 완자를 치댈 때 공기가 들어가도록 반죽한다.

2 국물은 맑게 끓여야 한다.

3 요구 작품이 두 가지인 경우 한 가지만 만들었을 때는
  채점 대상에서 제외된다.

4 조리 순서는 틀리지 않아야 한다.

흰살 생선 …………100g	**[소스]**	
죽순 …………………50g	청주 ……………………1큰술	
표고버섯 ……………2개	간장 · 소금 ………조금씩	
청경채 …………………1개	조미료 …………………2g	
대파 …………………1/2대	참기름 ……………1/2큰술	
달걀 …………………1개	육수(물) …………2컵반	
녹말 …………………3큰술		

여경옥 선생님의 실전 포인트

1. 지급 재료로 마른표고가 나올 경우에는 먼저 끓는물에 삶거나 담가서 불리세요.
2. 달걀은 하나를 다 쓰지 않고 생선과 버무릴 정도만 사용해 농도를 조절하세요.
3. 다진생선살, 달걀흰자, 녹말을 넣고 골고루 잘 치대야 완자에 공기가 들어가고 부서지지 않아요.
4. 완자를 삶을 때는 불을 약간 줄인 다음 완자를 넣어야 부서지지 않아요.
5. 완자수프를 끓일 때는 물이 끓기 시작한 다음 양념과 야채를 넣어 오래 끓이지 않고 우르르 끓인 다음 바로 그릇에 담으세요.
6. 생선 대신 새우가 나오는 경우에는 새우의 수분을 제거한 다음 다져서 같은 방법으로 만드세요.

1 달걀흰자 · 녹말 넣기

생선은 뼈와 껍질을 제거하고 살만 발라 곱게 다진 다음 소금, 달걀흰자, 녹말을 넣고 약 1분 이상 잘 치댄다.

2 야채 썰기

표고버섯, 죽순, 청경채는 4cm 길이 편으로 썰고 대파는 채썬다.

3 동그랗게 완자 빚기

치댄 생선살로 동그랗게 완자를 빚어 물이 끓으면 불을 줄이고 완자를 넣는다.

4 약한불에서 완자 익히기

약한불에서 약 1~2분 정도 삶는다.

5 익은 완자 꺼내기

완자가 물 위로 떠오르면 익은 것이므로 꺼내어 그릇에 담는다.

6 육수에 야채 넣고 끓이기

팬에 청주를 넣고 육수, 소금, 조미료로 양념한 후 야채를 넣고 끓인다.

7 완자 위에 국물 붓기

⑥이 끓으면 참기름을 1/2큰술 넣고 그릇에 담아 둔 완자 위에 붓는다.

8 모양내 그릇에 담기

젓가락으로 야채 등을 먹음직스럽게 올린다.

13

고구마탕

시험 문제

주어진 재료를 사용하여 고구마탕을
만드시오.

1 고구마는 껍질을 벗기고 길게
　4등분 한 다음 4cm 길이의 다각형으로
　돌려 써시오.
2 바삭한 튀김이 되도록 하시오.

수험생 유의사항

1 시럽이 산화되지 않도록 한다.

2 불을 사용하는 조리작품은 반드시 익혀야 한다.

3 요구 작품이 두 가지인 경우 한 가지만 만들었을 때는
　채점 대상에서 제외된다.

4 조리 순서는 틀리지 않아야 한다.

고구마 ··········1개(200g)
튀김기름 ·············3컵

[시럽]
식용유 ·············1큰술
설탕 ·············3큰술

여경옥 선생님의 실전 포인트

1. 기름이 지나치게 뜨거우면 고구마가 탈 수 있으므로 불을 줄이세요.
2. 고구마 색이 황금색을 띨 정도로 튀기는 것이 보기도 좋고 맛도 좋아요.
3. 시럽을 만들 때 식용유나 설탕에 이물질이 들어 있으면 시럽이 탈 수 있으므로 주의하세요. 팬도 사용하기 전에 깨끗한지 확인하세요.
4. 시럽을 만들 때는 국자나 주걱으로 계속 저어 설탕이 부분적으로 타지 않도록 주의를 기울이세요.
5. 설탕을 녹이면 처음에는 하얀색을 띠다가 점점 노랗게 변해요. 이때 방심하면 검게 탈 수 있으므로 주의하세요. 숙련자는 노란색을 띠면 고구마를 버무리고 초보자는 하얗게 녹았을 때 고구마를 넣고 버무리세요. 버무리는 시간이 길어지면 시럽의 색도 변합니다.
6. 접시에 담긴 고구마를 빨리 떼어내지 않으면 달라붙어요.

① 고구마 돌려 썰기

고구마는 껍질을 벗긴 다음 4cm 길이 다각형으로 돌려 썬다.

② 고구마 튀기기

기름 온도가 170~180℃ 정도가 되면 약 2분간 고구마를 노릇노릇하게 튀긴다.

③ 접시에 기름 바르기

접시에 붓이나 깨끗한 행주로 기름을 조금 바른다.

④ 팬에 기름과 설탕 넣기

팬에 식용유 1큰술과 설탕 3큰술을 넣고 가열한다.

⑤ 국자로 시럽 젓기

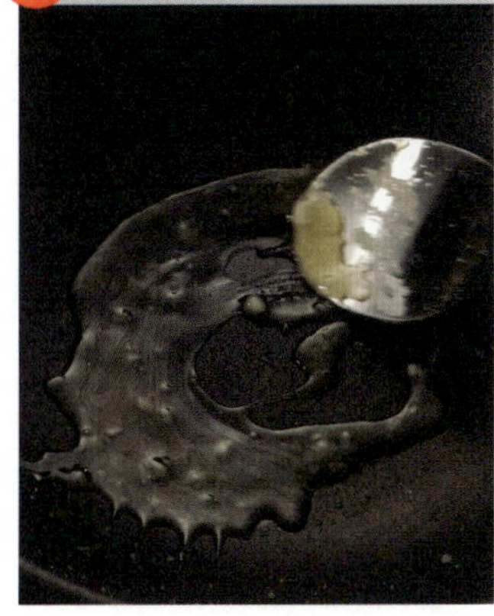

가열하면서 설탕이 골고루 녹도록 국자로 계속 저어 준다.

⑥ 고구마 넣고 버무리기

시럽 상태가 되면 타지 않도록 불을 약간 줄이고 고구마를 재빨리 버무린다.

⑦ 기름 바른 접시에 담기

시럽이 골고루 고구마에 묻으면 기름을 바른 접시에 담는다.

⑧ 다른 접시에 옮겨 담기

시럽 묻은 고구마를 젓가락으로 달라붙지 않도록 떼어 놓고 식힌 다음 다른 접시에 담는다.

14

옥수수탕

시험 문제

주어진 재료를 사용하여 옥수수탕을
만드시오.
1 완자는 지름 3cm 크기, 공 모양으로
하시오.
2 설탕시럽은 혼탁하지 않은 갈색을
띠도록 하시오.

수험생 유의사항

1 시럽을 만들 때 설탕이 타지 않아야 한다.

2 완자 모양이 흐트러지지 않아야 한다.

3 불을 사용하는 조리작품은 반드시 익혀야 한다.

4 요구 작품이 두 가지인 경우 한 가지만 만들었을 때는

채점 대상에서 제외된다.

5 조리 순서는 틀리지 않아야 한다.

옥수수(통조림) ········1/2캔
밀가루 ·················1컵
달걀 ··················1개
튀김기름 ···············3컵

[시럽]
설탕 ··················3큰술
식용유 ·················1큰술

여경옥 선생님의 실전 포인트

1. 옥수수를 튀길 때 기름이 지나치게 뜨겁지 않도록 주의하세요.
2. 시럽을 만들 때 골고루 잘 저어주지 않으면 시럽이 탈 수 있어요.
3. 시럽과 옥수수를 버무린 후 찬물을 5cc 정도 끼얹으면 시럽이 빨리 굳어 둥근 모양이 유지됩니다.
4. 시럽을 만들 때는 기름을 넣는 방법과 물을 넣는 방법이 있어요. 기름을 넣으면 속도가 빠르나 자칫하면 탈 수 있고 물을 넣으면 잘 타지는 않으나 자칫하면 완성 후 설탕처럼 하얗게 변할 수 있지요. 초보자는 기름을 사용하는 것이 쉽습니다.
5. 옥수수탕을 만든 후 접시에 담을 때는 반드시 기름을 조금 발라 주세요. 그렇지 않으면 옥수수가 접시에 달라붙어요.
6. 땅콩이나 캐슈넛이 지급될 경우에는 잘게 으깨서 옥수수 반죽에 섞으세요.

1 옥수수 물기 빼서 다지기

시중에 판매하는 옥수수캔을 준비해 뚜껑을 따고 물기를 뺀 다음 알이 굵은 옥수수를 살짝 다진다.

2 밀가루 넣어 반죽하기

옥수수에 밀가루를 넣고 반죽한다. 달걀로 반죽의 농도를 맞춘다.

3 옥수수 완자 만들기

옥수수 반죽을 손이나 숟가락을 이용해 지름 2.5cm 정도로 둥글게 빚는다.

4 옥수수 완자 튀기기

팬에 기름을 넣고 튀김 온도가 140~150℃가 되도록 가열한 다음 약한불에서 옥수수 완자를 넣고 튀긴다.

5 시럽 만들기

팬에 설탕 3큰술, 식용유 1큰술을 넣고 약한불에서 잘 저어 가면서 1분 정도 녹인다. 이때 설탕 시럽이 타지 않고 연한 노란색을 띠는 것이 좋다.

6 시럽에 완자 버무리기

완성된 시럽에 튀긴 옥수수를 넣어 재빨리 섞는다.

7 접시에 기름 바르기

옥수수탕이 접시에 달라붙지 않도록 기름을 조금 바른다.

8 기름 바른 접시에 담기

기름 바른 접시 위에 옥수수탕을 담고 달라붙지 않게 젓가락으로 떼어 놓는다.

15

탕수조기

시험 문제

주어진 재료를 사용하여 탕수조기를
만드시오.
1 조기는 아가미로 내장을 빼고 가로로
   2cm 정도 간격으로 칼집을 넣으시오.
2 채소는 채썰어 소스를 만들고 통생선
   위에 얹어 놓으시오.

수험생 유의사항

1 생선은 비늘을 벗기고 아가미로 내장을 제거한다.

2 소스를 만들 때는 너무 묽거나 걸쭉해지지 않도록 주의한다.

3 요구 작품이 두 가지인 경우 한 가지만 만들었을 때는

   채점 대상에서 제외된다.

4 조리 순서는 틀리지 않아야 한다.

조기 ··················1마리	[소스]
양파 ················1/5개	청주 ··················1큰술
대파 ················1/2대	설탕 ··················4큰술
당근 ··················50g	간장 ··················2큰술
목이버섯 ·············2개	식초 ··················3큰술
배춧잎 ················1장	물 ····················2컵
생강 · 마늘 ·········1쪽씩	물녹말 ················2큰술
달걀 ··················1개	
녹말 ················1/2컵	
식용유 ················3컵	

여경옥 선생님의 실전 포인트

1. 지급재료로 조기 대신 다른 생선이 나올 수 있지만, 조리법은 같습니다.
2. 비늘을 제거할 때는 숟가락이나 칼 등을 이용하세요.
3. 생선 대가리 부분은 잘 익도록 칼로 몇 번 찔러주세요.
4. 달걀은 하나를 다 쓰지 말고 농도를 조절해가며 사용하세요.

❶ 조기 손질하기

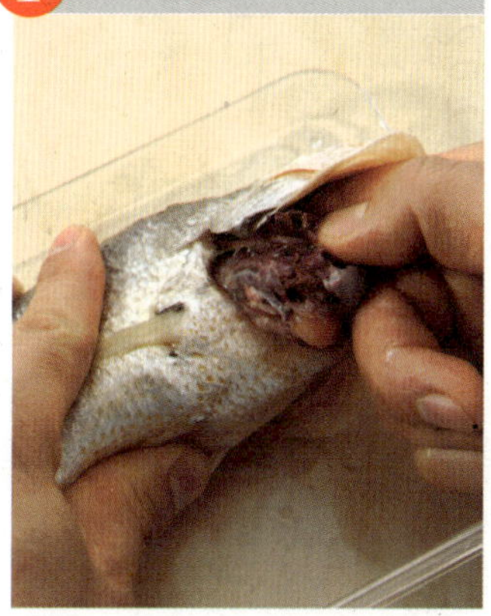

조기는 젓가락이나 손가락을 이용해 아가미 쪽으로 내장을 뺀다.

❷ 조기 칼집 넣기

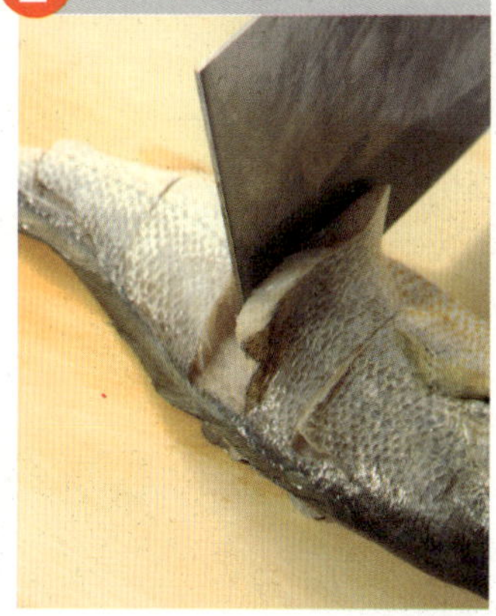

조기의 양쪽 표면에 가로로 칼집을 넣는다.

❸ 튀김옷 만들기

녹말과 물, 달걀을 섞어서 튀김옷을 만든다.

❹ 조기에 튀김옷 입히기

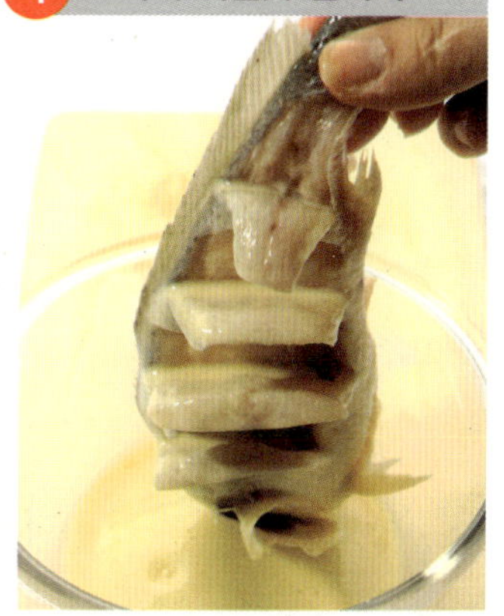

칼집을 넣은 조기의 머리 부분을 아래로 향하게 한 뒤 튀김옷을 입힌다. 이때 칼집을 넣은 곳까지 골고루 튀김옷을 묻힌다.

❺ 조기 튀기기

튀김옷을 입힌 조기는 기름에 노릇해질 때까지 약한불에서 약 4분 정도 서서히 익힌 다음 접시에 놓는다. 세워지지 않으면 옆으로 뉘어 놓는다.

❻ 야채 썰기

양파, 대파, 당근, 목이버섯, 배추는 각각 채썬다.

❼ 소스 끓이기

팬에 물, 설탕, 식초, 간장, 청주를 넣고 간을 한 다음 채썬 야채를 넣고 끓인다.

❽ 조기 위에 소스 끼얹기

끓으면 물녹말을 넣고 걸쭉하게 만든 다음 완성된 탕수소스를 조기 위에 끼얹는다.

16

해파리 냉채

시험 문제

주어진 재료를 사용하여 해파리냉채를
만드시오.
1 해파리에 염분이 없도록 하시오.
2 오이는 6cm × 0.2cm 채로 써시오.

수험생 유의사항

1 냉채에 소스가 배도록 한다.

2 냉채는 함께 섞어 버무려 담는다.

3 불을 사용하여 만든 조리작품은 반드시 익혀야 한다.

4 요구 작품이 두 가지인 경우 한 가지만 만들었을 때는
  채점 대상에서 제외된다.

5 조리 순서는 틀리지 않아야 한다.

해파리	70g
오이	1/2개
마늘	10g

[소스]

육수(물)	3큰술
간장	1큰술
설탕	1큰술
식초	2큰술
참기름	5cc
소금	1작은술

여경옥 선생님의 실전 포인트

1. 끓는물에 해파리를 데칠 때는 젓가락으로 저어 가며 골고루 데치세요.
2. 끓는물을 붓고 5~10초 내에 해파리를 찬물에 씻지 않으면 해파리가 질겨져요.
3. 데친 해파리는 비릿한 냄새가 날 수 있으므로 물에 담가 냄새를 제거하세요.
4. 실수로 지나치게 데쳤을 때는 잘 비벼 씻은 뒤 찬물에 불려 놓으면 시간이 지나면서 다시 부드러워집니다. 단, 시간은 조금 걸려요.
5. 소스는 분량대로 미리 잘 섞어 놓으세요.
6. 불린 해파리는 맛이 배도록 소스를 약간 넣고 버무리세요.
7. 해파리와 오이를 버무릴 때는 해파리를 조금 남겨 접시에 올릴 때 윗부분에 올리세요. 그럼 훨씬 먹음직스러워요.

1 해파리 데치기

해파리는 찬물에 깨끗이 헹궈 끓는 물에 데친다. 그럼 해파리가 약간 오므라든다.

2 데친 해파리 찬물에 씻기

골고루 데친 해파리는 젓가락으로 잘 저은 다음 찬물로 씻는다.

3 해파리 찬물에 불리기

데친 해파리는 손으로 잘 비벼 씻어 소금기를 없앤 다음 찬물에 불린다.

4 소스 만들기

오목한 볼에 물, 간장, 설탕, 식초, 소금, 참기름을 섞은 다음 마늘을 곱게 다지거나 썰어 넣고 소스를 만든다.

5 오이 채썰기

오이는 굵은소금으로 문질러 씻은 다음 채썬다.

6 소스 넣고 버무리기

찬물에 불려 놓은 해파리는 물기를 뺀 다음 만들어 놓은 소스를 1/3 정도 넣고 버무린다.

7 오이채와 해파리 버무리기

썰어 놓은 오이채와 해파리를 잘 섞은 다음 접시에 소복하게 담는다.

8 소스 끼얹기

⑦의 위에 다시 해파리를 올리고 나머지 소스를 끼얹는다.

17

오징어냉채

시험시간 **20**분

주어진 재료를 사용하여 오징어냉채를
만드시오.

1 오징어는 가로, 세로로 칼집을 내어
　3cm 정도로 자르시오.

2 오이는 얇게 3cm 정도 편으로 써시오.

3 겨자는 숙성시킨 후 소스를 만드시오.

1 오징어는 반드시 데쳐서 사용한다.

2 간을 맞출 때는 소금으로 적당히 맞추어야 한다.

3 불을 사용하여 만든 조리작품은 반드시 익혀야 한다.

4 요구 작품이 두 가지인 경우 한 가지만 만들었을 때는
　채점 대상에서 제외된다.

5 조리 순서는 틀리지 않아야 한다.

오징어 ……………1/2마리
오이 ………………1/2개

[소스]
겨자 ………………1큰술
따뜻한 물 …………1큰술
찬물 ………………2큰술
식초 ………………1큰술
설탕 ………………1큰술
소금 ………………1작은술
참기름 ……………조금

여경옥 선생님의 실전 포인트

1. 겨자는 따뜻한 곳에서 발효시켜야 쓴맛이 사라
   져요.
2. 오징어에 칼질하는 것은 미리 연습해 두세요.
3. 시험이 시작되면 먼저 겨자를 숙성시킨 다음 오
   징어를 썰어 데치세요. 그리고 다시 겨자소스를
   만들어야 조리시간이 절약됩니다.
4. 오징어를 지나치게 오래 데치면 질겨져요.

① 겨자 발효시켜 소스 만들기

겨자가루와 따뜻한 물을 1:1분량으로 섞어 따뜻한 곳에 약 10분 정도 두어 발효시킨 다음 찬물, 식초, 설탕, 소금, 참기름을 넣고 골고루 섞는다.

② 오징어 손질해 칼집 넣기

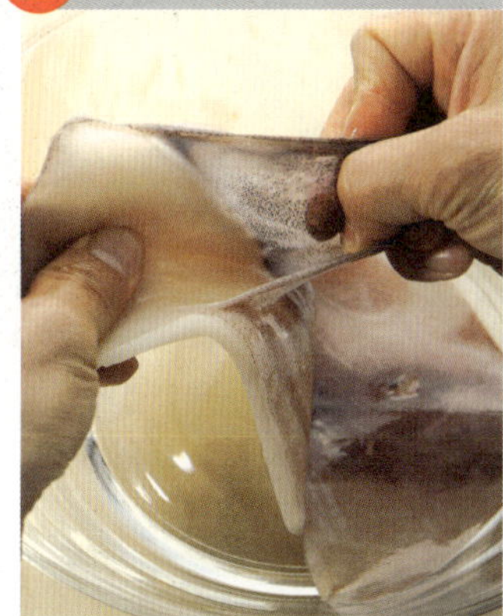

오징어는 껍질을 제거하고 한쪽 면에 깊숙이 칼집을 넣은 다음 반대 방향으로 칼집을 넣는다.

③ 오징어 자르기

칼집을 일정하게 넣은 오징어를 길이 3~4cm, 굵기 2cm 정도로 일정하게 자른다.

④ 오징어 데치기

③의 손질한 오징어는 끓는물에 넣고 살짝 데친 다음 건져 찬물에 식힌 후 물기를 뺀다.

⑤ 오이 썰어 접시에 깔기

오이를 반으로 갈라 반달 모양으로 썬 다음 접시에 보기 좋게 깔아 준다.

⑥ 겨자소스 넣고 버무리기

데친 오징어에 만들어 놓은 겨자소스를 약간 넣고 손으로 잘 버무린다.

⑦ 오징어 오이 위에 올리기

버무린 오징어를 오이 위에 보기 좋게 올린다.

⑧ 겨자소스 뿌리기

남은 겨자소스는 상에 낼 때 곁들여 내거나 ⑦의 오징어 위에 뿌린다.

시험시간
25분

새우케첩볶음

주어진 재료를 사용하여 새우케첩볶음을
만드시오.
1 새우의 내장을 제거하시오.
2 당근과 양파는 2cm 정도 크기 편으로
써시오.

1 새우를 초벌로 튀길 때 팬에 눌어붙지 않도록 한다.

2 녹말가루 농도에 유의한다.

3 불을 사용하는 조리작품은 반드시 익혀야 한다.

4 요구 작품이 두 가지인 경우 한 가지만 만들었을 때는
채점 대상에서 제외된다.

5 조리 순서는 틀리지 않아야 한다.

새우 ·················100g	[소스]	
완두콩 ···············15g	청주 ·················1큰술	
당근 ·················50g	케첩 ·················3큰술	
양파 ················1/3개	설탕 ·················3큰술	
달걀 ·················1개	물 ···················2/3컵	
녹말 ···············1/2컵	물녹말 ···············2큰술	
	식용유 ················3컵	

여경옥 선생님의 실전 포인트

1. 마른녹말이 지급될 경우는 소스용 녹말 10g을 남겨놓고 튀김옷을 만드세요.
2. 완두콩이 날것일 때는 미리 삶아 익히세요.
3. 달걀은 다 쓰지 않고 새우와 버무릴 정도만 사용해 농도를 조절하세요.
4. 요구 작품이 두 가지이므로 식재료가 중복되지 않게 분배해 사용하세요.
5. 소스용 물녹말은 녹말과 물의 비율을 1:3으로 맞추세요.
6. 소스를 끓이거나 양념에 버무릴 때는 시간이 지체되지 않게 하세요.

---

① 새우 손질하기

새우는 대나무 꼬챙이나 이쑤시개로 등에 있는 내장을 제거한 다음 키친 타월로 물기를 잘 닦는다.

② 야채 준비하기

양파, 당근은 2cm 크기 편으로 썰고 완두콩은 분량대로 손질한다.

③ 새우 버무리기

새우에 달걀, 녹말을 넣고 골고루 버무려 튀김옷을 입힌다.

④ 새우 튀기기

팬에 기름을 넣고 온도가 170℃ 정도가 되면 새우를 튀긴다.

⑤ 야채에 양념 넣어 볶기

팬에 썰어 놓은 야채와 완두콩, 케첩 3큰술을 넣고 살짝 볶는다.

⑥ 소스 완성하기

⑤에 청주, 물, 설탕을 넣고 끓으면 물녹말을 풀어 저어 준다.

⑦ 튀긴 새우 소스에 버무리기

⑥이 걸쭉해지면 튀긴 새우를 넣고 빠르게 버무린다.

⑧ 접시에 담기

접시에 보기 좋게 담는다.

양장피잡채

시험 문제

주어진 재료를 사용하여 양장피잡채를
만드시오.
1 양장피는 사방 4cm 길이로 써시오.
2 고기와 야채는 5cm 길이로
  채써시오.
3 겨자는 숙성시켜 사용하시오.

수험생 유의사항

1 접시에 담아 낼 때 모양에 유의한다.

2 볶는 재료와 볶지 않는 재료를 잘 나눈다.

3 불을 사용하는 조리작품은 반드시 익혀야 한다.

4 요구 작품이 두 가지인 경우 한 가지만 만들었을 때는

  채점 대상에서 제외된다.

5 조리 순서는 틀리지 않아야 한다.

양장피 ·················1장	**[겨자소스]**
당근 ···············1/3개	겨자가루 ··········1큰술
오이 ···············1/3개	따뜻한 물 ··········1큰술
달걀 ·················1개	찬물 ··············2큰술
오징어 · 새우 ······50g씩	식초 · 설탕 ······1큰술씩
표고버섯 ···············2개	소금 ··············1작은술
돼지고기 ··············50g	
양파 ···············1/3개	**[볶음양념]**
호박 · 부추 ·········30g씩	청주 · 간장 ······1큰술씩
대파 ···············1/2대	소금 · 조미료 ·····조금씩
생강 ·················1쪽	참기름 ··············조금
목이버섯 ·············30g	후춧가루 ············조금
	식용유 ············2큰술

여경옥 선생님의 실전 포인트

1. 겨자는 따뜻한 물에 갠 다음 10분 정도 숙성시켜야 쓴 맛이 사라집니다.
2. 양장피를 너무 일찍 담으면 접시에 달라붙으니 주의 하세요.
3. 데커레이션 재료에는 간이 되어 있지 않으므로 볶음 재료 간을 조금 세게 하세요.
4. 달걀은 흰자와 노른자를 분리하여 지단을 만드세요.
5. 볶음재료는 너무 오래 볶지 마세요.
6. 표고버섯이 제철일 때는 볶음재료로 사용해도 무방 하지만 데커레이션으로 사용할 때는 간장을 약간 넣 어 볶은 다음 사용하세요.

---

① 겨자 발효시키기

겨자가루와 따뜻한 물을 1:1 분량으로 섞고 따뜻한 곳에서 약 10분 정도 발효시킨다.

② 야채와 해산물 채썰어 담기

새우와 오징어는 끓는물에 데치고 달걀은 노른자와 흰자를 분리해 지단을 만든 다음 채썬다. 당근과 오이도 채썰어 접시에 돌려가며 담는다.

③ 데친 양장피 양념하기

양장피는 끓는물에 데치되 말랑해지면 꺼내서 찬물에 헹군다. 찬물에 헹군 양장피는 물기를 빼고 간장과 참기름을 조금 넣고 버무린 다음 접시 중앙에 담는다.

④ 채썬 고기 밑간하기

고기는 채썬 다음 간장, 청주를 넣고 밑간한다.

---

⑤ 나머지 야채 썰기

양파, 호박, 대파, 생강, 표고버섯은 채썰고 목이버섯은 먹기 좋게 손질한다. 부추는 5cm 길이로 썰어 따로 준비한다.

⑥ 고기와 야채 볶기

고기와 대파, 생강을 볶은 다음 청주, 간장을 넣고 부추를 제외한 ⑤의 야채를 볶는다. 야채가 어느 정도 익으면 조미료, 후춧가루로 간하고 부추를 넣어 약 30초간 볶는다.

⑦ 참기름 넣기

⑥에 참기름을 넣어 잘 버무린 다음 양장피 중앙에 올린다.

⑧ 겨자소스 뿌리기

숙성된 겨자는 찬물, 식초, 설탕, 소금을 넣고 잘 섞어 소스를 완성한 다음 재료 위에 조금씩 뿌린다. 남은 소스는 작은 접시에 따로 담아 곁들인다.

야채볶음

시험 문제

주어진 재료를 사용하여 야채볶음을
만드시오.
1 모든 야채는 길이 4cm 정도 편으로
  써시오.
2 대파, 마늘, 생강을 제외한 모든 채소는
  끓는물에 데쳐 사용하시오.

수험생 유의사항

1 팬에 눌어붙거나 타지 않게 볶아야 한다.

2 재료에서 물이 흘러나오지 않게 색을 살려야 한다.

3 불을 사용하는 조리작품은 반드시 익혀야 한다.

4 요구 작품이 두 가지인 경우 한 가지만 만들었을 때는
  채점 대상에서 제외된다.

5 조리 순서는 틀리지 않아야 한다.

재료

재료	
양파 · 당근 ·········1/2개씩	**[소스]**
죽순 ·····················50g	식용유 ···············2큰술
표고버섯 ················2개	청주 ·····················1큰술
양배추 ·················100g	소금 · 조미료 ······조금씩
피망 ·······················1개	간장 ·····················1큰술
대파 ··················1/2대	참기름 ·················조금
마늘 ·······················1쪽	물녹말 ·················1큰술

1. 지급 재료로 마른표고가 나올 경우에는 먼저 끓는물에 삶거나 담가서 불리세요.
2. 야채는 살짝 데쳐서 물기를 빼고 뜨거울 때 바로 센 불에서 빠르게 볶으면 야채의 색이 죽지 않고 선명하며 물이 생기지 않아요.
3. 물녹말은 야채볶음을 할 때 물이 생기지 않도록 하는 역할을 하므로 물기가 없을 때는 사용하지 않아도 됩니다.
4. 요구 작품이 두 가지 이상일 때는 야채볶음을 나중에 내야 야채의 색이 예뻐요.

① 야채 썰기

양파, 당근, 죽순, 표고버섯, 양배추, 피망, 대파, 마늘은 굵게 편으로 썬다.

② 야채 데치기

끓는물에 소금과 식용유를 조금씩 넣고 야채를 살짝 데친다. 이때 대파와 마늘은 데치지 않는다.

③ 야채 건져 물기 빼기

데친 야채는 조리나 체로 건져내 씻지 않고 그대로 물기를 뺀다.

④ 향신 채소 볶기

팬에 식용유를 두르고 대파, 마늘을 넣어 볶는다.

⑤ 야채 넣어 볶기

④에 청주, 간장을 넣고 데친 나머지 야채를 넣어 달달 볶는다.

⑥ 간 맞추기

⑤에 소금, 조미료를 조금 넣어 간을 맞춘다.

⑦ 물녹말 넣기

약 30초 정도 볶다가 물녹말을 조금 풀어서 걸쭉한 상태로 만든다.

⑧ 참기름 넣어 섞기

참기름을 넣고 골고루 섞어 접시에 담는다.

고수의 요리비법 엿보기

중국요리를 하다 보면 생각만큼 근사한 맛이
나지 않아 막막할 때가 있다. 요리에도
숨겨진 노하우가 있는 법. 여경옥 선생님의
수첩 속 요리 비법을 살짝 엿보자.

Q 중국집 탕수육은 꽃이 핀 듯 바삭거리고 고기 맛이 좋던데 어떻게 해야 그 맛이 나나요?

A 튀김옷을 만들 때 감자전분과 달걀흰자를 넣어 보세요. 아마 중국집에서 맛본 탕수육이 될 거예요. 먼저 달걀흰자를 끈기 없이 잘 풀어놓고 여기에 녹말가루와 밀가루를 섞어 고루 저으세요. 약간 흐름 정도의 반죽 상태가 적당해요. 바삭바삭한 맛을 좀 더 내고 싶다면 두 번에 걸쳐 튀기는 것이 좋아요. 한 번 튀긴 고기를 망국자에 담아 끓는 기름에 다시 넣었다 빼서 두 번 튀기면 바삭함이 오래갑니다.

Q 생선찜을 했는데 살이 퍽퍽하고 생선 고유의 향이 배지 않았어요.

A 쫄깃한 질감과 맛을 잘 살려 찌려면 센불로 단시간에 찌는 것이 중요해요. 손질할 때도 비늘을 제대로 긁어내야 양념이 잘 배지요. 찜 재료는 특히 신선도가 필수예요. 냉동 생선은 찜을 했을 때 살이 퍼석퍼석해 제 맛이 나지 않거든요. 꼭 생물을 사다가 하세요. 찔 때 생선에 술을 약간 뿌리고 파와 생강을 밑에 깔면 비린내가 줄어들어 한결 맛있습니다.

Q 두부완자를 튀겼는데 겉은 타고 속은 안 익었어요. 왜 그럴까요?

A 두부를 으깨어 해물이나 채소 등을 잘게 다져 넣고 완자를 빚어 튀기면 겉은 바삭하면서 속은 부드러워 누구나 좋아하죠. 이런 맛을 내려면 기름 온도가 중요해요. 기름의 온도가 너무 높으면 겉만 타고 속은 익지 않거든요. 적당한 온도에서 노릇할 정도로만 튀겨 내는 것이 좋아요. 150℃ 정도가 알맞은데, 튀김옷을 기름에 조금 떨어뜨렸을 때 작은 기포를 내며 떠오르면 적당한 온도입니다. 완자에 들어가는 재료는 잘게 다졌거나 익혀서 넣은 것이기 때문에 오래 튀길 필요는 없어요.

Q 만두소에 돼지고기를 넣으려고 하는데, 어떤 부위가 좋을까요?

A 담백한 맛을 좋아한다면 목살이나 안심 등 기름기가 없는 부위를 이용하세요. 부드러운 감칠맛을 좋아한다면 돼지비계를 조금 넣으세요. 풍미가 살아납니다. 비계가 싫다면 식용유를 조금 넣는 것도 한 방법이지요. 비계와 살코기의 비율이 2:8 정도 되는 것이 가장 적당합니다.

Q 부추잡채를 좋아하는데 부추가 너무 질겨서 먹을 수가 없어요.

A_중국부추는 일반 부추보다 길이도 긴데다 흰 줄기 부분이 굵고 길죠. 먼저 중국부추의 흰 줄기 부분 껍질을 벗기고 깨끗이 다듬어 씻으세요. 고기가 익으면 부추의 흰 부분을 먼저 넣고 볶다가 푸른 잎 부분을 넣어 마저 볶아요. 센불에서 재빠르게 볶으면 숨이 금세 죽어요. 잠깐 볶아 숨이 죽으면 불을 끄고 참기름으로 맛을 내면 중국요리 전문점의 맛을 낼 수 있어요. 부추 대신 피망을 써도 괜찮아요. 좀 더 매콤한 맛을 좋아하면 파망과 풋고추를 반반씩 넣어 볶으면 돼요. 색감을 살리고 싶을 때는 붉은 고추를 썰어 넣으면 먹음직스러워요.

Q 고기두부조림을 만들었는데 양념이 주재료에 잘 배지 않았어요.

A_조림을 할 때 너무 센불로 하면 양념 맛이 제대로 배지 않아요. 약한불에서 뭉근하게 조려야 재료에 쏙쏙 양념이 배어들거든요. 두부는 뜨거울 때 양념이 잘 배므로 느긋하게 조리세요. 중간중간 숟가락으로 양념을 끼얹어 주는 것도 잊지 마세요.

Q 주재료를 볶기 전에 기름에 향을 내는 채소를 먼저 볶던데 향신채에는 어떤 것이 있나요?

A_고기요리를 할 때는 반드시 팬에 넉넉한 기름을 붓고 향을 내는 재료를 넣어 볶다가 고기를 넣는 것이 좋아요. 향을 내는 재료에는 생강, 대파, 마른고추, 마늘, 팔각 등을 주로 써요. 생강은 재료 자체가 가진 맛을 살리면서 비린내, 누린내 등 잡냄새를 없애는 데 효과적이에요. 칼칼한 맛을 좋아하는 사람은 마른 고추를 넣어 볶아 보세요.

Q 깐풍기에 식초를 넣는다는 말을 들었는데, 식초를 넣는 이유가 뭔가요?

A_간혹 깐풍기 양념에 잡냄새를 없애려고 식초를 넣기도 해요. 누린내를 없애기 위해 넣는 정도니깐 조금만 넣어야 해요. 그렇지 않으면 신맛이 나서 깐풍기 본연의 맛이 사라져 버리거든요. 처음 깐풍기를 만드는 경우라면 식초를 안 넣는 게 실패할 확률이 낮아요.

Q 닭고기를 튀길 때 타지 않고 속까지 잘익는 기름 온도는 어느 정도인가요?

A_닭고기에 녹말가루와 달걀흰자를 섞어 튀김옷을 입힌 후 170℃ 정도의 온도에 튀기면 적당해요. 처음에는 낮은 온도에서 시작해 점차 온도를 높여가며 튀겨야 속까지 고루 익고 바삭함이 오래가요. 튀김용기는 두툼하면서 속이 넓고 깊은 것이 좋습니다.

Q 한 번 튀기고 남은 기름은 버리자니 아깝고, 쓰자니 마음에 걸려요. 어떻게 할까요?

A_닭고기요리뿐만 아니라 중국요리 대부분은 튀김요리가 많지요. 튀김하고 남은 기름에 튀김옷이 떨어져 지저분하면 파잎이나 생강, 양파껍질을 넣고 한 번 뜨겁게 달궜다가 식힌 후 기름 거르는 종이로 밭치세요. 여기에 숯을 한 덩어리 담가 두면 냄새도 없어지고 깨끗해져 다시 사용할 수 있어요. 걸러낸 기름은 서늘한 곳에 보관하고 되도록 빠른 시일 내에 사용하세요.

Q 삼선자장, 삼선해물탕 등 삼선이 들어간 이름이 많던데, 삼선이 뭐예요?

A_삼선이란 원래 3종류의 해산물을 뜻하는 것이나 지금은 여러 뜻으로 풀이되고 있어요. 돼지고기, 닭고기, 새우, 전복, 죽순, 표고버섯, 해삼 등에서 3가지로 만들어진 요리를 가리키기도 하지요. 3가지의 채소, 고기, 해산물 모두를 포함하게 된 것이지요.

Q 칵테일새우로 튀김을 하려는데 튀김옷이 잘 입혀지지 않아요.

A_일반 냉동새우보다 튀김옷이 잘 입혀지지 않으므로 튀기기 전에 물기를 잘 닦은 다음 옷을 입혀서 튀기세요. 먼저 새우에 녹말가루를 묻힌 후 튀김옷을 입혀서 튀기는 방법도 있어요. 그래도 안 되면 먼저 새우와 달걀을 넣고 버무린 다음 녹말가루나 밀가루를 넣고 버무려 튀길 수도 있어요.

Q 통조림죽순을 샀는데 냄새가 많이 나요. 어떻게 해야 하나요. 쓰고 남은 죽순은 또 어떻게 하죠?

A_통조림 죽순은 상한 듯 역한 냄새가 나요. 이것을 찬물에 담가 두거나 깨끗이 씻어내고 찬물에 넣어 살짝 삶으면 냄새가 사라집니다. 남은 죽순은 밀폐용기에 담아 찬물을 붓고 냉장고에 넣어 두면 며칠은 괜찮아요. 죽순은 중식뿐만 아니라 한식에도 많이 쓰이는 재료예요. 초림을 해도 되고, 볶아도 아삭아삭 맛있답니다.

Q 마파두부를 만들 때 두부를 꼭 기름에 데쳐서 사용하나요?

A_매콤한 두반장이 들어간 마파두부는 우리 입맛에 잘 맞아요. 좀 더 매콤한 것을 원한다면 두반장 외에 고추기름, 붉은고추 등을 넣어 더 얼얼하게 만들어 드세요. 이렇듯 요리를 만드는 데는 기본은 있지만 꼭 그래야 한다는 공식은 없답니다. 창의력을 발휘해 이렇게도 해보고 저렇게도 해보고, 레시피에 적힌 재료 외에 다른 재료도 넣어 보면서 창의력을 발휘해 보세요.

index